题　记

天长地久。天地所以能长且久者，以其不自生，故能长生。是以圣人后其身而身先，外其身而身存。非以其无私邪！故能成其私。

王弼：《老子道德经注》

老子在《道德经》中指出，天地之所以能够永恒存在，是因为它不仅仅为了自己而生存。因此，能够赢得爱戴的人凡事都让别人占先，也因凡事把自身安危置之度外而生命安全。无论是天地无穷无尽之道还是为人处世之道，"无私长存"是老子留存于世的大智慧。

人类与数百万种动物、植物、微生物共同生活在地球这一美丽的蓝色星球上，这纷繁复杂的生物及其与环境形成的生态复合体以及这个复合体中的各种生态过程一起构成了地球上的生物多样性。生物多样性是人类赖以生存和发展的基础，是地球生命共同体的血脉和根基，但是随着人类改造自然能力的不断提升，人类踏足的领域和对环境的改造程度日益增加，破坏了生态系统的平衡，导致物种灭绝速率快速上升，生物多样性丧失。因此，保护生物多样性就是在保护我们的地球家园，维持人类可持续发展。我们必须清醒地意识到，只有人人常怀"无私的心"才能长久拥抱自然、拥有世界。

无私拥有世界

人类生物多样性保护的初心与使命

The original aspiration and mission
to protect biodiversity

梁敏霞　刘蔚秋　廖文波　主编

中山大学出版社
SUN YAT-SEN UNIVERSITY PRESS

·广州·

图书在版编目（CIP）数据

无私拥有世界：人类生物多样性保护的初心与使命/梁敏霞，刘蔚秋，廖文波主编 . —广州：中山大学出版社，2023.6
ISBN 978 – 7 –306 –07704 –2

Ⅰ.①无…　Ⅱ.①梁…　②刘…　③廖…　Ⅲ.①生物多样化—生物资源保护—研究—中国　Ⅳ.①X176

中国国家版本馆 CIP 数据核字（2023）第 019398 号

审图号：GS 粤（2023）527 号

出 版 人：王天琪
策划编辑：葛　洪
责任编辑：葛　洪
封面设计：林绵华
责任校对：陈　莹　陈晓阳
责任技编：靳晓虹
出版发行：中山大学出版社
电　　话：编辑部 020 – 84111946，84113349，84111997，84110779
　　　　　发行部 020 – 84111998，84111981，84111160
地　　址：广州市新港西路 135 号
邮　　编：510275　传　　真：020 – 84036565
网　　址：http：//www. zsup. com. cn　E-mail：zdcbs@ mail. sysu. edu. cn
印　刷　者：佛山市浩文彩色印刷有限公司
规　　格：787mm×1092mm　1/16　18 印张　342 千字
版次印次：2023 年 6 月第 1 版　2023 年 6 月第 1 次印刷
定　　价：108.00 元

编 委 会

内容简介

　　生物多样性是人类赖以生存的物质基础。进入新时代以来，党和国家越来越重视生物多样性保护和生态文明建设。本书共分为五章，首先简要地论述了生物多样性的价值，继而论述了生物多样性所面临的威胁以及生物多样性保护对人类生态文明建设的重要意义，各国政府和中国为此推出的一系列政策。其三，从多个方面简要地总结了人类为此所确定和开展的各项行动计划，包括建立各类自然保护地、建设生态城市、发展农业绿色生态，第四章则特别介绍了中国提出的"人类命运共同体"理念、"一带一路"倡议、"山水林田湖草冰沙"治理方案；最后，第五章，展示了无私拥有世界——人类将拥有美好的未来和"绿水青山就是金山银山"理念。本书是一本科普著作，20多位年青作者总结了他们对生物多样性的专业研究和对前沿领域的理解，希望能够帮助大家提升对生物多样性保护的意识和投入生态文明建设的决心。本书可供社会各界人士阅读，尤其是可作为自然爱好者、生态科普教育者阅读，也可供政府自然资源保护部门、生态建设规划部门以及高等院校、科研院所从事相关科学研究的人员参考。

Abstract

Biodiversity is the material foundation for human existence. Since entering the new era, the Party and the country have paid increasing attention to the protection of biodiversity and have made a big push to enhance ecological conservation. The book is divided into five chapters. Firstly, it briefly discusses the value of biodiversity, and then discusses the threats faced by biodiversity and the significance of biodiversity protection to promote human ecological civilization. For this purpose, a series of policies were introduced by governments around the world including China. The third part is a brief summary of the various action plans made and carried out by human beings from many aspects, such as the building of all kinds of protected natural areas and ecological cities, and promoting agricultural green ecology. The fourth chapter especially introduces the concept of "the development of a human community with a shared future" proposed by China, the Belt and Road Initiative, and the holistic approach to conserving mountains, rivers, forests, farmlands, lakes, and grasslands. Finally, the fifth chapter, shows that mankind with deep reverence for nature will have a wonderful future. "Lucid waters and lush mountains are invaluable assets." This book is a science popularization. It has over 20 young authors summarizing their professional research on biodiversity and understanding of cutting-edge fields, hoping to help raise public awareness of biodiversity protection and the commitment of devoting to enhancing ecological civilization. This book writes for people from all walks of life, especially for nature lovers and ecological science educators. It can also be reference to people works at government nature conservation and ecological planning departments, and researchers engaged in scientific research in universities and research institutes.

目　录

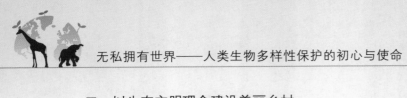

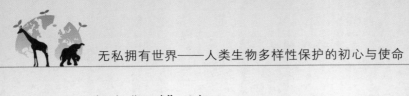

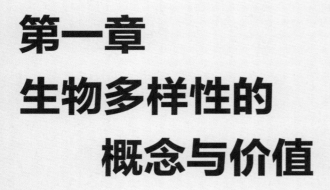

第一章
生物多样性的
　　概念与价值

第一节　人类对生物多样性的认识

2020 UN BIODIVERSITY CONFERENCE
COP 15 · CP/MOP10 · NP/MOP4
Ecological Civilization-Building a Shared Future for All Life on Earth
KUNMING · CHINA

图 1-1　《生物多样性公约》第十五次缔约方大会宣传海报

2021 年 10 月 12 日，中华人民共和国主席习近平在《生物多样性公约》第十五次缔约方大会领导人峰会视频讲话中提出："万物各得其和以生，各得其养以成。生物多样性使地球充满生机，也是人类生存和发展的基础。保护生物多样性有助于维护地球家园，促进人类可持续发展。"（专栏 1）①

---

①　本报讯：《联合国〈生物多样性公约〉秘书处官网向全球发布 COP15 主题》，载《中国环境报》，2019 年 9 月 17 日第 8 版。

《生物多样性公约》（简称《公约》）

1992 年 5 月 22 日，《公约》在里约热内卢的内罗毕讨论通过。它是生物多样性保护进程中具有划时代意义的里程碑，首次综合提出地球生物多样性的保护、生物资源的可持续利用，以及公平公正地分享利用遗传资源所产生的惠益。自 1994 年起，缔约方大会每两年开办一次，讨论如何保护生物多样性。《公约》缔约方大会第十五次会议（COP 15）在中国昆明举行，会议主题为"生态文明：共建地球生命共同体"。COP 15 旨在推动全球生态文明建设，努力达到 2050 年实现生物多样性可持续利用和惠益分享，实现人与自然和谐共生的美好愿景。

近年来，随着我国生态文明建设的开展，"生物多样性"已经从专业术语变成老百姓耳熟能详的词汇。那么，"生物多样性"到底指的是什么？

生物多样性是生物及其环境形成的生态复合体以及与此相关的各种生态过程的综合，包括动物、植物、微生物和它们所拥有的基因，以及它们与其生存环境形成的复杂的生态系统。[①]

生物多样性由遗传多样性、物种多样性和生态系统多样性三部分组成。[②]

遗传多样性： 广义的遗传多样性指的是地球上所有生物所携带的各种遗传信息的总和。一般指的是物种内的遗传多样性，或称之为遗传变异——体内遗传物质发生变化从而遗传给后代的变异。某物种遗传多样性越高，对环境变化的适应能力越强。

物种多样性： 一定时间一定空间内全部生物或者某一特定生物类群的物种数目，以及各个物种的个体分布状况。

生态系统多样性： 生物圈内生态系统类型多样性和功能多样性，也包括各种生态系统过程的多样性（如图 1-2 所示）。

---

① 蒋志刚：《保护生物学》，浙江科学技术出版社，1997 年版，第 12 页。

② 张林波：《国家重点生态功能区生态系统状况评估与动态变化》，中国环境出版集团，2018 年版，第 146 页。

（a）

（b）

（c）

（d）

图1-2 生态系统多样性 （a）森林生态系统，（b）人工鱼礁生态系统，（c）草原生态系统，（d）红树林生态系统 （供图：雷纯义、张玉香、罗珊、黄子健）

　　中国幅员辽阔，地势复杂，可划分为12个温度带（赤道热带、边缘热带、南亚热带、中亚热带、北亚热带、暖温带、中温带、寒温带、高原温带、高原亚温带、高原亚寒带和高原寒带）①。再加上复杂多样的自然地势，使中国成为全球生态系统类型最多的国家，包括森林、草地、荒漠、高山、湿地、海洋、洞穴等，其中，陆地生态系统共计683种类型（图1-3）②。

　　① 陈建伟：《自然保护地——典藏中国生物多样性》，载《森林与强》2021年第9期。

　　② 任海、金效华、王瑞江等：《中国植物多样性与保护》，河南科学技术出版社，2022年版，第8页.

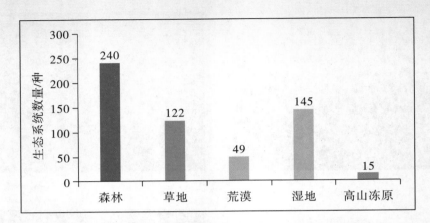

图1-3 我国陆地生态系统类型（纵坐标指代生态系统类型的数量）

　　生物物种是自然界最重要的分类单元。为了摸清中国生物多样性的家底并支持履行《生物多样性公约》，中国科学院生物多样性委员会组织专家全面系统地收集并整理了中国生物物种数据，汇编成《中国生物物种名录》。迄今为止，2022年版的《中国生物物种名录》共收录植物物种及种下单元46725个，动物物种及种下单元68172个，真菌物种及种下单元17173个。此外，其他物种及种下单元还有原生动物界2566个、藻界2383个、细菌界469个和病毒805个。① 我国高等植物的物种多样性仅次于巴西和马来西亚。

（本节撰稿人：梁敏霞）

第二节　生物多样性是人类
生存的物质基础

　　生物多样性是人类生存的物质基础。生物多样性为人类提供呼吸的空气、食用的粮食、治病所需的医药及其他生产生活原料，维持着地球的生命支持系统。

---

　　①　马克平等：《中国生物物种名录》，见物种2000中国节点网（http://sp2000.org.cn/）。

如图 1-4 所示，人类生活所需的淀粉、水、氧气都是由植物的光合作用和固氮作用产生的。例如，水稻、小麦、玉米等是人类所需淀粉的主要来源，花生、大豆是脂肪的主要来源。同时，从古至今，人类一直在利用动植物作为药物。例如，2015 年诺贝尔生理学或医学奖获得者、我国原药科学家屠呦呦，从菊科植物黄花蒿中提取了青蒿素，开创了疟疾治疗新方法，全球数亿人因之受益。

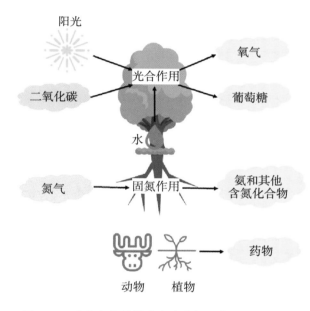

阳光

氧气

光合作用

二氧化碳

葡萄糖

水

氮气

固氮作用

氨和其他
含氮化合物

药物

动物　植物

图 1-4　生物多样性是全人类食物、水和健康的保障

生物多样性为人类提供休闲、美学享受。自然界中生活着的形态各异的野生动植物可以美化人们的生活、陶冶人们的情操，大千世界色彩纷呈的植物和神态各异的动物与名山大川相配合构成赏心悦目的美景，还能激发文学艺术创作的灵感。近些年逐渐广受追捧的观蝶、观鸟、观花活动，以及生态旅游等，均表明生物多样性的美学价值正在日益受到人们的重视。

最后，生物多样性还有间接服务功能。生物多样性调节生态系统过程产生的效应，如预防洪涝灾害和疾病、调节土壤肥力和空气质量、授粉。这些调节功能对于维持生命系统持续和发展不可或缺。人时常把地球看作一个生命有机体，被称为"盖亚方舟"具有特定的自我调节功能，其中，生物多样性就是维持调节功能的最重要因素之一。

地球是目前已知的唯一适合人类居住的星球。地球上的微生物、植物和动

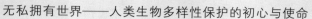

物（也包括人类）组成了一个大家庭，彼此之间通过物质、能量、信息循环建立了紧密的联系。到目前为止，许多物种的价值仍未得到发掘，假如生物多样性遭受破坏，我们的子孙后代将失去开发利用的机会。

经济发展必将伴随自然资源的利用。然而，人类在开发自然的时候，对生物多样性的重要性认识严重不足。工业革命以来，人类创造了巨大的物质财富，全球贸易、消费和人口均呈现为爆炸性增长。"先发展，后治理"的城市化发展模式导致栖息地丧失和气候变化等问题，生物多样性受到威胁，全世界范围内出现多例严重的环境污染事件。例如，1943 年美国洛杉矶的光化学烟雾事件，导致柑橘减产、松树枯黄；1986 年苏联切尔诺贝利核泄漏事件，导致 10 万多平方公里的农田和森林被污染。由于过度捕捞和气候变化，世界上 60% 以上的海底珊瑚濒临灭绝。

2004 年 5 月 22 日是第十个"国际生物多样性日"，联合国环境规划署确定其主题是"生物多样性——全人类食物、水和健康的保障"，强调确保粮食和供水安全以及保护众多传统药物的多样性。

（本节撰稿人：梁敏霞）

第二章
生物多样性保护
与生态文明

第一节 生物多样性面临的威胁

《地球生命力报告 2022》（https：//livingplanet. panda. org/en-US/）

《地球生命力报告 2022》（*Living Planet Report* 2022）于 2022 年 10 月 13 日发布。这项研究是目前对全球生物多样性最全面的评估之一，由来自世界各地的 134 名专家编写。《地球生命力报告 2022》指出，我们正面临着由人类活动引起的气候变化和生物多样性丧失的双重危机，威胁着当代和子孙后代的福祉，我们有最后的机会采取行动。报告指出，从中美洲的热带雨林到太平洋，大自然正在以前所未有的规模被人类开发和破坏。全球野生脊椎动物数量状况在不到 50 年的时间内，地球生命力指数（Living Planet Index，LPI）下降了惊人的三分之二。

地球生命力指数是分别计算目标物种在热带和温带地区的种群趋势，然后求得二者的平均值。作为一个早期预警信号，通过追踪全球近 21000 个哺乳类、鸟类、鱼类、爬虫类以及两栖动物种群的丰富度，衡量地球上生物多样性的变化，从而证明大自然正在面临损失的危机。

我们如何全面地评价生物多样性现状呢？科学家提出了地球生命力指数（Living Planet Index，LPI）（专栏 2）这个概念帮助人们了解并评价生物多样性。这些数据被记录在《地球生命力报告 2022》中。[1]

2022 年的地球生命力报告分析追踪了全球 32000 个种群，比 2020 年增加了 4392 种 11011 个个体的数据。被监测的动物包括备受关注的濒危动物，如熊猫和北极熊，以及不太为人所知的两栖动物、鱼类。最新的数据显示，世界

---

① Almond R. E. A.，Grooten，M.，Juffe Bignoli，et al. Living Planet Report 2022-Building a nature positive society. WWF，Gland，Switzerland（https：//livingplanet. panda. org/en-US/）.

各地脊椎动物的种群数量都在急剧减少。LPI 显示，受监测的野生动物数量在 1970 年至 2018 年期间平均减少了 69%（63% −75%）。自 2020 年 LPI 报告以来，有 838 个新物种和 11011 个新种群（被加入数据集，增加了鱼类物种数量以及对以前认识不足的地区的覆盖面。① 美洲热带地区的 LPI 下降了惊人的 94%，这是目前世界上所能观察到的最大降幅。淡水 6617 个监测种群（含 1398 种，包括哺乳动物、鸟类、两栖动物、爬行动物和鱼类）的 LPI 则平均下降了 83%。由于捕鱼压力的快速增加（约 18 倍），在过去的 50 年里，全球 31 种海洋鲨鱼和鳐鱼中，18 种的数量下降了约 71%。② 科学家表示，自 1500 年以来，人类已经导致至少 680 种脊椎动物灭绝。地球生命力指数中约有一半物种的种群规模呈平均下降趋势。目前，全球陆地生物多样性岌岌可危，全球平均生物多样性完整性指数只有 79%，远低于安全下限值 90%，并且仍在不断下滑。③

美丽的蓝色星球上，生物多样性正面临重重危机。

生态环境部部长李干杰在"5·22 国际生物多样性日"上指出，我国是世界上生物多样性最丰富的国家之一，也是生物多样性受到严重威胁的国家之一。④ 举个例子，河流和淡水生物多样性对人类至关重要。在全球范围内，鱼类能为 30 亿人提供超过 20% 的动物蛋白，但是随着河流生态的不断退化，全球淡水生物多样性持续丧失，水坝阻断迁移路线、砂石开采破坏产卵场、栖息地丧失、野生鱼子酱和鱼肉的非法贸易等原因，导致鲟鱼在全球范围内面临重大威胁。2022 年 7 月 21 日，IUCN 宣布世界现存的 26 种鲟鱼正全部面临灭绝的风险，"中国淡水鱼之王"白鲟（*Psephurus gladius*）灭绝，长江鲟（*Acipenser dabryanus*）野外灭绝。⑤ IUCN 物种红色名录和中国物种红色名录同

———————————

① Almond, R. E. A., Grooten M., Petrsen, T, et al. Living Planet Report 2020-Bending the curve of biodiversity loss. 2020, WWF, Gland, Switzerland（https://livingplanet. panda. org/en-US/）.

② Almond, R. E. A., Grooten M., Petrsen, T, et al. Living Planet Report 2020-Bending the curve of biodiversity loss. 2020, WWF, Gland, Switzerland（https://livingplanet. panda. org/en-US/）.

③ Almond, R. E. A., Grooten M., Petrsen, T, et al. Living Planet Report 2020-Bending the curve of biodiversity loss. 2020, WWF, Gland, Switzerland（https://livingplanet. panda. org/en-US/）.

④ 李飞：《生态环境部部长：中国是生物多样性受威胁最严重国家之一》，见搜狐新闻（https://www.sohu.com/a/315802242_161795）。

⑤ 王震华，蓝婧：《IUCN 更新濒危物种红色名录：中国"淡水鱼之王"长江白鲟灭绝》，见红星新闻网（http://news.chengdu.cn/2022/0721/2276663.shtml）。

时提升了其他 7 种鲟鱼的保护等级。2022 年 8 月儒艮被宣布"功能性灭绝"。生物多样性的丧失无时无刻不在地球上发生，这为人类敲响了警钟，全人类必须行动起来保护生物多样性。于是，全球超过 175 个国家共同签署《生物多样性公约》，这为未来全球生物多样性保护指明了方向。

生物多样性及其提供的服务对人类福祉至关重要，但长期以来一直处于下降趋势。因此，国际社会在 2010 年前通过了《2011—2020 年生物多样性战略计划》。该计划及其"爱知生物多样性保护目标"的使命是防止生物多样性丧失，为人类长期的福祉和消除贫困作出贡献，并实现 2050 年生物多样性愿景，即"与自然和谐相处"。"爱知生物多样性保护目标"是指联合国制定的一个 2011—2020 年的生物多样性目标，它分为 5 个战略目标和 20 个行动目标，为改善驱动因素、压力、生物多样性状况、生物多样性惠益、相关政策和扶持条件的执行设定了基准。在《2011—2020 年爱知生物多样性目标的全球进展总结》（以下称《进展总结》）中，20 个目标没有一个完全实现，只有 6 个部分实现（目标 9、11、16、17、19、20）。①

战略目标A—将生物多样性价值纳入政府和社会主流，解决生物多样性丧失的根本原因	没有实现	部分实现
提高生物多样性保护意识	✖	
将生物多样性价值纳入主流	✖	
改革奖励措施	✖	
可持续生产和消费	✖	

战略目标B—减轻对生物多样性的直接压力，促进资源的可持续利用	没有实现	部分实现
生境丧失减半或减少	✖	
可持续管理水生物资源	✖	
可持续的农业、水产养殖业和林业	✖	
减少污染	✖	
防止和控制入侵外来物种		☂
减少气候变化或海洋酸化对珊瑚礁和其他脆弱生态系统的压力	✖	

战略目标C—通过保护生态系统、物种和遗传多样化，改善生物多样性状况	没有实现	部分实现
保护区系统的构建和管理		☂
降低物种灭绝的风险	✖	
维护遗传多样性	✖	

战略目标D—提高生物多样性和生态系统服务的收益	没有实现	部分实现
生态系统服务得到恢复和保障	✖	
生态系统的恢复工作和复原力	✖	
获取遗传资源和分享其带来的惠益		☂

战略目标E—通过参与式规划、知识管理和能力建设，提高保护水平	没有实现	部分实现
生物多样性战略和行动计划		☂
传统知识和可持续惯例使用	✖	
分享生物多样性信息和知识		☂
从所有来源调动资源		☂

图 2－1　2011—2020 年爱知生物多样性目标的全球进展总结（＜6/20）

尽管爱知生物多样性目标在全球范围内取得的成就有限，但《进展总结》

---

① Montreal，Global Biodiversity Outlook 5，Secretariat of the Convention on Biological Diversity，2020，（https：//www.cbd.int/gbo5）。

记录了许多重要范例。在这些范例中，为实现《2011—2020 年生物多样性战略计划》战略目标和具体目标而采取的行动都产生了圆满的结果。2000—2020年，保护区的面积显著扩大，陆地面积从约 10% 增加到 15%，海洋面积从约 3% 增加到 7%。同期，对生物多样性具有特别重要意义的区域（生物多样性重要区域）的保护也从 29% 增加到 44%。现有证据表明，尽管未能实现《2011—2020 年生物多样性战略计划》的目标，但减缓、制止并最终扭转当前生物多样性下降的趋势还为时不晚。①

我们的生物多样性星球正承受着来自土地利用变化、过度开发、污染、气候变化和入侵物种带来的前所未有的压力，这些压力主要源于人类活动。今时今日，人类从地球提取的资源比以往任何时候都多（约 600 亿吨可再生和不可再生资源），人口翻了一番，全球经济增长了近 4 倍，全球贸易增长了 10 倍。人类的生态足迹已经超过了地球的生物容量，生态足迹记录表明人类过度利用地球至少 75%，相当于以 1.75 个地球在生活。① 这种过度利用侵蚀了地球的健康，同时也侵蚀了人类的前景。人类对自然的影响如此之大，以至于科学家们相信我们正在进入一个新的地质时代，即人类世（指地球最后一个并持续现代和有限未来的时期）。

近现代生物多样性正在面临如下各类威胁。

一、土地利用变化

2022 年最新的地球生命力报告显示，在过去的几十年里，土地利用变化仍是生物多样性丧失最重要的直接驱动因素，主要是将原始的原生栖息地（森林、草原和红树林）转变为农业系统，以及大部分海洋被过度捕捞。河流和溪流的破碎化以及对淡水资源的抽取是淡水栖息常见威胁。目前，陆地的三分之一表面正在用于种植或畜牧业，人们抽取的可用淡水资源中 75% 用于农作物或牲畜。捕鱼是对海洋生态系统生物的直接利用，现已覆盖了海洋表面的一半以上。上述趋势在很大程度上是由 1970 年以来世界人口翻一番、全球经

---

① Almond, R. E. A., Grooten, M., Juffe Bignoli, D. et al. Living Planet Report 2022-Building a nature positive society. *WWF, Gland, Switzerland*, 2022（https://livingplanet. panda. org/en-US/）.

济增长 4 倍和贸易增长 10 倍所推动的。① 目前，人类面临的主要挑战，在于将过去不可持续的农业和渔业生产方式，转变为能够在保护生物多样性的同时，生产我们所需的食品。

二、物种过度开发

过度开发有直接和间接的形式。直接过度开发是指不可持续的狩猎、偷猎或收获，无论是为了生存还是为了贸易。当非目标物种在无意中被杀死时，就会发生间接的过度开发，如作为渔业中的副渔获物。研究发现，红色名录中 8688 种濒危或受威胁物种中有 6241 个物种（72%）被过度开发用于商业、休闲娱乐或生存目的，如苏门答腊犀牛、西部大猩猩和中华穿山甲因市场需求很高而遭到非法猎杀。② 与此同时，不可持续的伐木导致了 4000 多种森林依赖物种的减少，如加里曼丹地鹛（*Ptilocichla leucogrammica*）、印第安的尼科巴鼩鼱（*Crocidura nicobarica*）和怒江金丝猴（*Rhinopithecus strykeri*）。③ 在热带地区，人们每年都会收获超过 600 万吨的中型到大型的哺乳动物、鸟类和爬行动物作为丛林肉。超过 3.5 亿人（主要是非洲、亚洲和拉丁美洲的低收入家庭）依靠非木材森林产品维持生存和收入。④

三、入侵物种和疾病

入侵物种可以与本地物种竞争空间、食物和其他资源，也可以成为本地物种的捕食者，或者传播以前在环境中不存在的疾病。人类还将新的疾病从全球的一个地区运送到另一个地区。由于航运货物占世界到全球贸易目的地货物的

---

① Almond, R. E. A., Grooten M. and Petersen, T. Living Planet Report 2020 – Bending the curve of biodiversity loss. *WWF*, *Gland*, *Switzerland*, 2020(https://livingplanet. panda. org/en-US/).

② IUCN. The IUCN Red List of Threatened Species. Version 2022 – 1 (https://www. iucnredlist. org).

③ Maxwell S L, Fuller R A, Brooks T M, et al. "The ravages of guns, nets and bulldozers." *Nature*, 2016, 536 (7615): 143 – 145.

④ Nasi, R., Taber, A., & Vliet, N. V. Empty forests, empty stomachs? Bushmeat and livelihoods in the Congo and Amazon Basins. *International Forestry Review*, 2011, 13 (3), 355 – 368.

90%，海洋也是外来入侵物种传播的渠道，这些物种经常"搭便车"到新地方——例如，在压舱水中、附着在船体上，或在包装材料、活的植物或土壤中（Hulme，2009；Seebens et al.，2016）。自1950年以来，入侵物种的新引进率急剧上升。① 最新研究发现，37%的外来物种是在1970年至2014年间被引进的。与此同时，在世界范围内，这些外来物种对生物多样性和人类生计的影响不断增加。2019年年底暴发并持续到现在的新冠感染疫情提醒我们，破坏和减损生物多样性就是在破坏生命的网络，增加疾病从野生生物传播到人类的风险。

四、污染

污染可以直接影响一个物种，使环境不适合其生存（如石油泄漏）；还可以通过影响食物的可用性或生殖能力来间接影响物种。最终，种群数量随着时间的推移而减少。众所周知，水是生命的源泉。但是实际上地球上的淡水很稀缺，而且正变得越来越稀缺。目前，有超过20亿人生活在水资源紧张的地区，约有34亿人（占全球人口的45%）无法获得安全管理的卫生设施。到2030年，全球将面临40%的水资源赤字。② 人类正面临严重的水污染问题，全球80%以上的废水未经处理就被排放到环境中，每年有3—4亿吨的重金属、溶剂、有毒污泥和其他废物被倾倒到世界水域。化肥进入沿海生态系统后，产生了400多个缺氧区，影响的总面积超过24.5万平方公里。③ 涉及船舶的灾难性事件（如碰撞、火灾、沉没）都对海洋生态系统产生了严重的直接影响。地表采矿是土地覆盖变化、地表和地下水污染以及空气质量下降的驱动因素，甚至在许多地区构成了健康危害。虽然采矿占土地面积不到1%，却对大片土

① Hulme, P. E. Trade, transport and trouble: managing invasive species pathways in an era of globalization. *Journal of Applied Ecology*, 2009, 46（1），10 – 18.（https：//doi. org/10. 1111/j. 1365 – 2664. 2008. 01600. x）.

② Seebens, H., Schwartz, N., Schupp, P. J. et al. Predicting the spread of marine species introduced by global shipping. *Proceedings of the National Academy of Sciences*, 2016, 113（20），5646 – 5651.

③ United Nations Educational, S. and C. Organization. The United Nations World Water Development Report 2021, *United Nations*, 2021（https：//www. unesco. org/reports/wwdr/2021/en）.

地产生负面影响，对当地生物多样性的损害甚至可能超过农业扩张。①

五、气候变化

2022 年的地球生命力报告提出"除非我们将气候变暖限制在 1.5°C，否则气候变化很可能成为未来几十年生物多样性丧失的主要原因"②。温度、降雨、大气二氧化碳水平和海洋酸化等气候和大气变化是自然界许多方面变化的重要驱动因素。随着温度的变化，一些物种需要通过改变活动范围来适应气候。温度的变化会混淆触发迁徙和繁殖等季节性事件的信号，导致这些事件发生在错误的时间（如繁殖错位和特定栖息地食物供应增加的时期）。此外，气候变化导致极端天气事件发生的频率和强度不断增加，海平面上升，给生态系统和生物多样性带来了进一步的压力。

人类活动使气候以至少在过去 2000 年里前所未有的速度变暖。2019 年，大气中二氧化碳的浓度高于至少 200 万年内的任何时间，而甲烷和一氧化二氮的浓度也高于至少 80 万年内的任何时间。变暖主要是由于温室气体浓度的增加，部分是气溶胶浓度的增加导致的冷却减少。21 世纪前 20 年的全球地表温度比 1850—1900 年高 1℃，全球平均海平面的上升速度比过去 3000 年里的任何一个世纪都要快。1992—1999 年及 2010—2019 年期间，冰盖的损失率增加了 4 倍。2006—2018 年期间，冰盖和冰川质量的损失是导致全球平均海平面上升的主要因素。随着全球变暖，极端变化的频率和强度都在增大。并且由于过去和未来的温室气体排放而造成的许多变化在几个世纪到几千年里都是不可逆转的，特别是海洋、冰原和全球海平面的变化。③ 冰川融化不仅使海平面上升，陆地面积减少，而且导致南极和北极的动物失去栖息地。由于区域海冰的大量减少，以及休息和饲养幼崽的场所的减少，在过去的几十年里，冠海豹也

---

① Connor R, Renata A, Ortigara C, et al. The united nations world water development report 2017. wastewater: the untapped resource. *The United Nations World Water Development Report*, 2017.

② Almond, R. E. A., Grooten, M., Juffe Bignoli, D. et al. Living Planet Report 2022-Building a naturepositive society. *WWF, Gland, Switzerland*, 2022（https://livingplanet. panda. org/en-US/）.

③ Masson-Delmotte V, Zhai P, Pirani A, et al. Climate change 2021: the physical science basis. Contribution of working group I to the sixth assessment report of the intergovernmental panel on climate change, 2021, 2.

叫囊鼻海豹（*Cystophora cristata*）在大西洋北极的数量下降了90%。高温、暴雨、台风等极端气候的发生更是给人类和地球带来了难以承受的负荷。

生态系统退化目前影响至少32亿人的福祉，损失超过10%的年度全球生产总值。因此，我们迫切需要恢复生态以避免生物多样性损失，缓解气候变化，并确保全球持续的"生命支持"。

（本节撰稿人：何明蕊　梁敏霞　刘蔚秋）

第二节　生物多样性保护与人类文明

一、自然保护和生物多样性保护概要

自然保护是针对自然环境和自然资源的保护，包括对地质矿产资源、农林业资源、海洋与水资源、生物资源等的保护。但重点无疑是保护物种免遭灭绝，维护全球生态环境，恢复多种生物栖息地，增强生态系统功能，保护生物多样性。自然保护思想已被应用于生态学、生物地理学、人类学、经济学和社会学等多个领域。自然保护行动可以增强生态系统功能，提高可持续发展能力，并提供给人类一个更健康的生存环境。

生物多样性保护是在传统的自然保护基础上发展起来的，之所以提出以生物多样性为要点，在于深刻地揭示自然保护的本质价值和目标，促进人类对自然保护的认识和强化行动计划，从而在本质上使得传统的自然保护理念得到发展和升华。

二、世界自然保护的发展及相关政策、公约

1. 世界自然保护运动的启蒙和发展历程

世界自然保护运动可以追溯到约翰·伊夫林1662年以论文形式提交给英

国皇家学会的《西尔瓦》（森林之意）①，两年后作为图书出版，并成为当时最有影响力的林业教科书之一。在该书中伊夫林针对英国木材资源由于过度砍伐而处于枯竭状态的情况，提出通过降低砍伐速度和确保被砍伐的树木得到补充来保护森林的重要性。18 世纪，这一主张被发展起来，特别是在林业科学方法蓬勃发展的普鲁士和法国。政府开始管理森林并采取措施减少野火的风险以保护森林自然资源。

19 世纪中期，随着科学保护原则第一次实际应用于英联邦殖民地印度的森林，保护工作开始进一步兴起。这一阶段的保护伦理包括三个核心原则：人类活动破坏了环境，为子孙后代维护环境是公民的义务，应该应用科学的、基于经验的方法来确保履行这一义务。詹姆斯·拉纳尔德·马丁爵士（Sir James Ranald Martin）在推广这一意识方面发挥了突出作用，他发表了许多实地考察报告，展示了大规模砍伐森林和干旱造成的破坏规模，并通过设立森林部门，广泛游说英属印度的森林保护活动制度化。② 马德拉斯税收委员会于 1842 年开始了当地的自然保护工作，由专业植物学家亚历山大·吉布森（Alexander Gibson）领导，他系统地采用了一项基于科学原理的森林保护计划，这也是世界上第一个国家对森林进行管理的案例。③

1872 年，美国建立了世界上第一个国家公园——黄石国家公园，被认为是现代自然保护事业的开端。至 20 世纪 60 年代，现代自然保护运动成为一股强大的力量。而从 20 世纪 90 年代开始，自然保护事业进一步蓬勃发展，签署了多项区域和全球性公约和文件，这些成果对于生物多样性的保护起到了重要作用。

以下是现代自然保护历史中的一些代表性重要事件，它们记录了现代世界自然保护事业的发展历程。

《寂寞的春天》出版（1962 年）：春天来临时，鸟儿寂静无声，该是多么让人心碎？美国科普作家雷切尔·卡森（Rachel Carson）于 1962 年出版的科普读物《寂静的春天》运用生动而严肃的语气强调了在农业中使用化学品的

---

① John Evelyn. Or, A Discourse of Forest Trees. Sylva, Vol. 1（of 2）. Reprinted London：Doubleday & Co., 1908, pp. 12 - 30.

② Stebbing, E. P. The forests of India vol. 1, pp. 72 - 81. https：//archive. org/details/in. ernet. dli. 2015. 82331/page/n413/mode/2up.

③ Barton, Greg. Empire Forestry and the Origins of Environmentalism. Cambridge University Press. 1842, p. 48.

危险及其对鸟类数量的影响，对现代环境科学的发展起到了积极的推动作用。[1] 在该书的影响下，仅至 1962 年年底就有 40 多个限制杀虫剂使用的提案在美国各州被立法，曾获诺贝尔奖的 DDT 被从生产与使用名单中清除。

《人类环境宣言》发布和"世界环境日"确定（1972 年）：1972 年 6 月 5 日至 16 日，联合国在瑞典斯德哥尔摩举行了第一次人类环境会议，包括中国在内的 113 个国家参加了这次大会。这次会议提出了响遍世界的环境保护口号："只有一个地球！"会议形成并公布了著名的《人类环境宣言》制定了保护全球环境的"行动计划"共 109 条建议，呼吁各国政府和人民为维护和改善人类环境、造福全体人民、造福子孙后代共同努力。会议主办方同时建议将此次大会的开幕日——6 月 5 日定为"世界环境日"。同年 10 月，第 27 届联合国大会根据斯德哥尔摩会议的建议，决定成立联合国环境规划署，并确定每年的 6 月 5 日为"世界环境日"，要求联合国机构和世界各国政府、团体在每年 6 月 5 日前后举行保护环境、反对公害的各类活动。联合国环境规划署也在这一天发表有关世界环境状况的年度报告。

世界环境与发展委员会成立（1983 年）：联合国于 1983 年成立世界环境与发展委员会，该委员会于 1987 年在《我们共同的未来》报告中，第一次对可持续发展作了全面详细的阐述，并给出了可持续发展的权威性定义："可持续发展是既能满足当代人的需要，而又不对后代人满足其需要的能力构成危害的发展。"这个定义得到了国际社会的普遍接受。

联合国环境发展会议召开（1992 年）：联合国环境与发展大会也被称为里约热内卢会议或生物多样性公约大会，它于 1992 年 6 月在巴西里约热内卢召开。这是继 1972 年瑞典斯德哥尔摩联合国人类环境会议之后，环境与发展领域中规模最大、级别最高的一次国际会议。会议围绕环境与发展这一主题，在维护发展中国家主权和发展权，发达国家提供资金和技术等根本问题上进行了艰苦的谈判，通过了《关于环境与发展的里约热内卢宣言》《21世纪议程》和《关于森林问题的原则声明》3 项文件。会议的召开，有力地促进了世界自然保护事业的发展，成为世界自然保护事业发展史上一个新的里程碑。

《联合国防治荒漠化公约》通过（1994 年）：《联合国防治荒漠化公约》全称为《联合国关于在发生严重干旱和/或沙漠化的国家特别是在非洲防治沙

---

① Carson，R.（2009）. Silent spring. Houghton Mifflin Company，1962.

漠化的公约》，该公约于 1994 年 6 月 17 日在法国巴黎通过，1996 年 12 月 26 日正式生效。公约的核心目标是由各国政府共同制定国家级、次区域级和区域级行动方案，并与捐助方、地方社区和非政府组织合作，以对抗应对荒漠化的挑战。

《京都议定书》制定（1997 年）：《京都议定书》的全称为《联合国气候变化框架公约的京都议定书》，于 1997 年 12 月在日本京都由联合国气候变化框架公约的参加国第三次会议制定，其目标是"将大气中的温室气体含量稳定在一个适当的水平，进而防止剧烈的气候改变对人类造成伤害"。签约国承诺在未来 10 年减少碳和温室气体排放，以应对气候变化。《京都议定书》建立了三种旨在减排温室气体的灵活合作机制——国际排放贸易机制、联合履约机制和清洁发展机制。其中，前两种机制是发达国家之间实行的减排合作机制，而清洁发展机制主要是指发达国家向发展中国家提供额外的资金或技术，帮助实施温室气体减排。条约于 2005 年 2 月开始生效，截至 2009 年 2 月，一共有 183 个国家签署该议定书。

可持续发展世界首脑会议召开（2002 年）：这是 2002 年 8 月 26 日至 9 月 4 日在南非约翰内斯堡召开的第一届可持续发展世界首脑会议。会议涉及政治、经济、环境与社会等广泛的问题，全面审议 1992 年以来环境发展大会所通过的《里约宣言》《21 世纪议程》等重要文件和其他一些主要环境公约的执行情况，并在此基础上就今后的工作形成面向行动的战略与措施，积极推进全球的可持续发展。

联合国可持续发展会议召开（2012 年）：2012 年 6 月在巴西里约热内卢举行的联合国可持续发展大会，又称"里约＋20"峰会，为继 1992 年联合国环境与发展大会及 2002 年南非约翰内斯堡可持续发展世界首脑会议后，国际可持续发展领域举行的又一次大规模、高级别会议。大会的主题是：在可持续发展和消除贫困的背景下发展绿色经济；有关可持续发展的政府治理与制度框架。会议结束后成立的联合国环境大会，成了世界高级别的环境决策机构。环境大会是为了确定全球环境政策的优先事项，并制定国际环境法，达成新的可持续发展的政治承诺。

第 21 届联合国气候变化大会（"巴黎气候大会"）召开（2015 年）：2015 年 11 月 30 日至 12 月 11 日，《联合国气候变化框架公约》第 21 次缔约方会议（世界气候大会）于巴黎举行。此次会议通过了《巴黎协定》，这是继《京都议定书》后第二份有法律约束力的气候协议，该协议的长期目标是将全球平均气温较前工业化时期上升幅度控制在 2 ℃以内，并努力将温度上升幅度限制在 1.5 ℃以内。2016 年 4 月 22 日，170 多个国家领导人齐聚纽约联合国总部，共同签署气候变化问题《巴黎协定》，承诺将全球气温升高幅度控制在 2 ℃的范围之内。

"斯德哥尔摩＋50"国际环境会议召开（2022 年）：2022 年 6 月 2 日在瑞典首都斯德哥尔摩召开的"斯德哥尔摩＋50"国际环境会议，主题为"斯德哥尔摩＋50：一个健康的地球有利于各方实现兴旺发达——我们的责任和机遇"。会议基于对多边主义在应对气候、自然和污染三大全球性环境危机方面重要性的认识，旨在加速推动实施联合国"行动十年"计划，以实现 2030 年议程、应对气候变化的《巴黎协定》以及"2020 年后全球生物多样性框架"等可持续发展目标，并鼓励采纳绿色的新冠疫情后复苏计划。

2. 世界生物多样性保护理念的确立

生物多样性概念，最早于 1968 年由美国生物学家雷蒙德在《一个不同类型的国度》中提出（Biology + Diversity = Biological diversity），但此后 10 多年，这个词并没有得到广泛认可传播，直到 20 世纪 80 年代，被一位学者用 Biodiversity 这个合成词形式来表述，由此，"生物多样性"这一概念才逐渐在学术研究和社会中传播开来，而真正在各个国家间形成共识并作为共同行动指南，则是在 20 世纪 90 年代以后。

生物资源保护被列入《人类环境宣言》：1972 年联合国召开的人类环境会议上签署的《人类环境宣言》中，生物资源保护被列入 26 项原则之中。宣言号召人类必须尊重自然、顺应自然、保护自然，加大生物多样性保护力度，促进人与自然和谐共生。这也是世界范围内官方对生物多样性保护概念认可的开始。

《生物多样性公约》：《生物多样性公约》于 1992 年巴西里约热内卢召开的联合国环境与发展大会上签署。《生物多样性公约》是一项保护地球生物资源的国际性公约，为第一个生物多样性保护和可持续利用的全球协议，《生物多样性公约》获得快速和广泛的接纳，150 多个国家在里约大会上签署了该文件，此后共 175 个国家批准了该协议。联合国《生物多样性公约》缔约方大会（COP，Conference of Parties）是全球履行该公约的最高决策机构，COP 由批准公约的各国政府（含地区经济一体化组织）组成，一切有关履行《生物多样性公约》的重大决定都要经过缔约方大会的通过。

该公约是一项有法律约束力的公约，旨在保护濒临灭绝的植物和动物，最大限度地保护地球上多种多样的生物资源，以造福当代和子孙后代。公约规定，发达国家将以赠送或转让的方式向发展中国家提供新的补充资金，以补偿它们为保护生物资源而日益增加的费用，或以某种实惠的方式向发展中国家转让技术，从而为保护世界上的生物资源提供便利；签约国应为本国境内的植物和野生动物编目造册，制定计划保护濒危的动植物；建立金融机构以帮助发展中国家实施清点和保护动植物的计划；使用另一个国家自然资源的国家要与那个国家分享研究成果、盈利和技术。（见表2－1）

表2－1 历届《生物多样性公约》缔约方大会及成果

会议	地点	时间	主要成果或涉及的领域
COP1	巴哈马·拿骚	1994年11月28日—2月9日	国际生物多样性日、科学与技术附属机构、科技合作信息交换所机制、选择行使秘书处功能的国际组织、融资机制
COP2	印度尼西亚·雅加达	1995年11月6—17日	科学与技术信息的发布、技术转让、生物安全、海洋生物多样性、森林生物多样性、ABS、知识产权、公约协同增效、粮食和农业用途的植物遗传资源的保护与利用
COP3	阿根廷·布宜诺斯艾利斯	1996年11月4—15日	公约与全球环境基金签署协议、农业生物多样性、陆地生物多样性、激励措施、公约信托基金
COP4	斯洛伐克·伯拉第斯拉瓦	1998年5月4—5日	国家报告、内陆水域生态系统、执行公约的总结
COP5	肯尼亚·内罗毕	2000年5月15—26日	《卡塔赫纳生物安全议定书》、内陆水域生态系统、海洋海岸生物多样性、森林生物多样性、农业生物多样性、生态系统方法、外来入侵物种、全球分类学倡议
COP6	荷兰·海牙	2002年4月7—19日	《粮食和农业植物遗传资源国际条约》、可持续利用、生物多样性与旅游、科技合作、交流与教育以及公共意识、海牙部长宣言
COP7	马来西亚·吉隆坡	2004年2月9—20日	干旱和半干旱地区生物多样性、环境影响评价和规划环评、全球植物保护战略、生物多样性与气候变化、保护地、技术转让与合作
COP8	巴西·库里蒂巴	2006年3月20—31日	岛屿生物多样性、全球生物多样性展望、与其他公约和国际组织及活动的合作、私营部门的参与

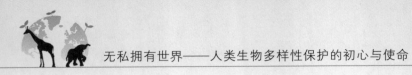

续上表

会议	地点	时间	主要成果或涉及的领域
COP9	德国·波黑	2008年5月19—30日	生物质燃料与生物多样性、千年生态系统评估的后续工作、性别行动计划、南南合作、城市与地方当局的参与
COP10	日本·爱知县名古屋	2010年10月18—29日	《名古屋议定书》、生物多样性2011—2020年战略计划与"爱知目标"、融资战略、将生物多样性纳入脱贫与发展、联合国生物多样性十年、生物多样性与科学—政策的结合、新的挑战、企业参与、地方行动计划、山地生物多样性、土著与地方社区的参与、确保尊重土著和地方社区文化和知识遗产的道德行为守则
COP11	印度·海得拉巴	2012年10月8—19日	其他利益相关者的参与、生态系统恢复
COP12	韩国·江原道平昌	2014年10月6—17日	为战略计划提供财政支持，到2015年向发展中国家，尤其是不发达国家和发展中小岛国，以及经济转型国家提供的生物多样性相关的资金翻倍，并直到2020年至少保持这一水平。增加国内生物多样性资金投入。执行《2011—2020年生物多样性战略计划》并实现2010年国际社会确定的"爱知生物多样性保护目标"
COP13	墨西哥·坎昆	2016年12月4—17日	通过了生物多样性和气候变化、生物多样性与人类健康、与气候相关的地球工程等33项决定、《坎昆宣言》
COP14	埃及·沙姆沙伊赫	2018年11月17—29日	审查了实现"爱知生物多样性指标"的进展情况、编制2020年后全球生物多样性框架和《全球生物多样性展望》的进程、加强《公约》及其《议定书》之间的整合等；会议讨论了2050年愿景设想、与健康以及与气候变化的联系、海洋和沿海生物多样性、外来物种入侵以及赔偿责任和补救等一系列技术性问题；会议还通过了程序和组织事项方面的决定

续上表

会议	地点	时间	主要成果或涉及的领域
COP15	中国·昆明	2022 年 12 月 5—17 日	通过《昆明宣言》，将生物多样性问题纳入所有决策；逐步取消有害的补贴并将其用于其他领域；加强法治；承认土著人民和当地社区的充分和有效参与；确保建立有效的机制来监测和审查进展

"国际生物多样性日"：为了保护全球的生物多样性，1994 年 12 月 29 日联合国大会 49/119 号决议案宣布 12 月 29 日为"国际生物多样性日"。2001 年根据第 55 届联合国大会第 201 号决议，"国际生物多样性日"由原来的每年 12 月 29 日改为 5 月 22 日，即《生物多样性公约》通过之日为"国际生物多样性日"。

表 2-2 历届"国际生物多样性日"主题

年份	主题
2002 年	专注于森林生物多样性
2003 年	生物多样性和减贫——可持续发展面临的挑战
2004 年	生物多样性——全人类的食物、水和健康
2005 年	生物多样性——不断变化之世界的生命保障
2006 年	旱地生物多样性保护
2007 年	生物多样性和气候变化
2008 年	生物多样性与农业
2009 年	外来入侵物种
2010 年	生物多样性、发展和减贫
2011 年	森林生物多样性
2012 年	海洋生物多样性
2013 年	水和生物多样性
2014 年	岛屿生物多样性
2015 年	生物多样性助推可持续发展

续上表

年份	主题
2016 年	生物多样性主流化，可持续的人类生计
2017 年	生物多样性与旅游可持续发展
2018 年	纪念生物多样性保护行动 25 周年
2019 年	我们的生物多样性，我们的粮食，我们的健康
2020 年	答案在自然
2021 年	我们是自然问题的解决方案
2022 年	为所有生命构建共同的未来

3. 生物多样性多项公约达成

生物多样性相关公约致力于在国家、区域和国际各级实施行动，通过制定一系列保护方式（保护地、物种、遗传资源或基于生态系统的资源）和操作方式（工作方案、贸易许可证和证书、准入和利益分享的多边制度、区域协定、保护地清单、资金），以实现保护和可持续利用的共同目标。以下为现代与生物多样性有关的公约。

《国际捕鲸公约》：国际捕鲸委员会（IWC）是 1946 年 12 月 2 日依据《国际捕鲸公约》在华盛顿成立的国际捕鲸管制机构。其目的是为鲸鱼种群提供适当的保护，从而使捕鲸业的有序发展成为可能。1980 年 9 月 24 日中国外长致函该公约的保存国美国国务卿，通知我国决定加入国际捕鲸公约及国际捕鲸委员会。

《国际重要湿地特别是水禽栖息地公约》（俗称《拉姆萨尔公约》）：1971 年 2 月，在伊朗的拉姆萨尔召开了"湿地及水禽保护国际会议"，会上通过了《国际重要湿地特别是水禽栖息地公约》，简称《拉姆萨尔公约》。《拉姆萨尔公约》于 1975 年 12 月 21 日生效，为保护和合理利用湿地及其资源提供了国家行动和国际合作框架。该公约涵盖了湿地保护和明智利用的所有方面，承认湿地作为一种生态系统，对总体上的生物多样性保护和人类社区的福祉极为重要。

《保护世界文化和自然遗产公约》：《保护世界文化和自然遗产公约》简称《遗产公约》。1972 年 11 月 16 日在法国巴黎签署，它以确定和保护世界文化和自然遗产为目标而制定一份应为全人类保留其杰出价值的遗产清单，以期通过各国之间更密切的合作来确保对这些遗产的保护，并设立了"世界遗产基金"和"世界遗产委员会"。中国于 1985 年 12 月 12 日加入该公约。

《濒危野生动植物种国际贸易公约》：《濒危野生动植物种国际贸易公约》（CITES）是 1963 年世界自然保护联盟成员会议通过的一项决议的结果。1973 年 3 月 3 日，80 个国家的代表在美利坚合众国华盛顿特区的一次会议上最终商定了公约的文本，并于 1975 年 7 月 1 日生效。CITES 旨在确保野生动植物标本的国际贸易不会威胁到它们的生存。该公约通过其 3 个附录，对 3 万多种植物和动物给予不同程度的保护。

《保护迁徙野生动物物种公约》：联合国《保护迁徙野生动物物种公约》于 1979 年 6 月 23 日签订于德国波恩，又名《波恩公约》。它旨在保护整个范围内的陆地、海洋和鸟类迁徙物种。合作伙伴关系缔约方通过对最濒危的移栖物种提供严格保护、缔结关于养护和管理特定物种或物种类别的区域多边协定以及开展合作研究和养护活动，共同养护移栖物种及其栖息地。该公约由联合国大会批准成立，并由联合国环境规划署提供所需业务支持。

《南极海洋生物资源养护公约》：于 1980 年 5 月 20 日在澳大利亚堪培拉签订，这是一部为了养护南极海洋生物资源，实现资源的可持续利用，维护世界人民的共同权益而形成的区域性公约。中国于 2006 年 9 月 19 日加入该公约，于 2006 年 10 月 19 日对中国生效。

《国际植物保护公约》：《国际植物保护公约》（IPPC）是联合国粮食及农业组织于 1999 年在罗马完成。IPPC 旨在保护世界植物资源，包括了栽培和野生植物，它为防止植物病虫害的引入和传播制定了相应的防治措施。IPPC 制定了国际植物检疫措施标准，并致力于促进国家相关领域发展、督促国家报告和争端解决，并帮助各国履行国际植物检疫措施标准和《国际植物检疫措施公约》规定的其他义务。

《粮食和农业植物遗传资源国际条约》：《粮食和农业植物遗传资源国际条约》于 2001 年 11 月 3 日在联合国粮食和农业组织大会的第三十一届会议上通过，2004 年 6 月 29 日正式生效。该条约的目标是，按照《生物多样性公约》的规定，为粮食和农业保护和可持续利用植物遗传资源，公平地分享利用植物遗传资源所产生的惠益，以促进可持续农业和粮食安全。该条约涵盖所有粮食和农业植物遗传资源，而《获取和惠益分享多边体系》则具体列出了 64 种作物和牧草。该条约还包括关于农民权利的条款。

三、中国自然保护的发展及相关政策

1. 中国自然保护活动的前景和发展

古代的自然保护：早在春秋时期，齐相管仲就十分注意保护山林川泽，他认为，"为人君不能谨守其山林菹泽草菜，不可以为天下王"。管仲指出要尊重自然规律，适度砍伐，并且在合适的时间砍伐。到了先秦时期，官府就确立了自然保护的职责，它们被称为山虞、林衡与泽虞、川衡。[①] 崃、泽虞前两者是管理山林草木、川泽资源保护的政令，比如在物产丰富的地方设置保护边界，严禁人们入内乱砍伐、捕鱼捞虾，这实则是生态红线的概念。其下级机构林衡、川衡主要职责是执行禁令，并肩负巡视、检查守护者的工作，赏优罚懒。之后，唐、宋、明等朝都沿袭类似职责，并且不断扩大：伐木、捕鱼、打猎、网鸟、园林、京城街道绿化等都在管理之中，同时也有相应的法令规定。此外，明清时期皇帝也多重视野生动物保护。《明史·食货志》曾记载官员进贡果子狸被仁宗呵斥禁止。仁宗这一斥责可以说挽救了大量果子狸的性命。还有记载，明弘治年间（1488—1505 年），多次放生野生虎、猫、鹰、山猴、鸽等，并禁止各属国进献珍禽异兽。清朝皇帝也有一些保护野生动物等的诏书与禁令。顺治皇帝听说广东采珠之风甚盛，因捞蚌丧生者不计其数，于是顺治四年（1647 年）冬十月下令禁止采珠。后来，康熙皇帝于康熙二十一年（1682年）五月，免去向皇宫供鹰的指标。[②]

当然，我国古代也曾出现过几次较大的破坏环境的事件。唐中宗曾下令动用军队到岭南捕鸟，为安乐公主采集百鸟羽毛制成百鸟裙，官员和百姓纷纷效仿，最后竟然形成"山林奇禽异兽，搜山荡谷，扫地无遗"的局面。[③] 公元713 年，唐玄宗李隆基即位，努力革除病端，刷新政治，并根据宰相姚崇和宋璟的建议，命令将宫中所有的奇装异服一律送至殿庭，当众付之一炬，并不许朝官吏民再穿锦绣珠翠之服，至此我国历史上最严重的破坏野生资源的事件才告结束。

建国初期自然保护的起步：新中国成立初期，我国经济落后，人民生活水

① 牛占龙：《古代先贤的环保智慧》，载《决策探索（上）》，2020 年第 02 期，75 - 77 页。

② 王明夫：《野生动物保护的古代智慧》，载《人民法院报》，2020 年 4 月 17 日，第 7 版。

③ 王明夫：《野生动物保护的古代智慧》，载《人民法院报》，2020 年 4 月 17 日，第 7 版。

平低下，尚未摆脱农业大国的身份。同时，因水土流失导致的洪水频发也成为危害我国人身财产、阻碍经济发展的掣肘。在全球环境保护运动尚未大规模兴起的 20 世纪 50 年代，以毛泽东同志为代表的党的第一代领导集体，提出"一定要把淮河治理好"，并先后开启了被誉为新中国初期四大水利工程的治理海河工程、荆江分洪工程、官厅水库工程和治理黄河工程。同时，在水利建设过程中，我国积累出大量宝贵经验，并相继出台了众多水利相关政策法规。

1971 年冬到 1972 年初，官厅水库下游发现大量鱼类死亡，有些人吃了附近市场的鱼后出现中毒症状，经调查发现水库水源被工业废水污染。周恩来总理很早就认识到环境保护的重要性，这一事件也加强了他对环境污染整治工作的重视。在周总理的安排下，中国代表团参加了 1972 年 6 月在瑞典举行的人类环境会议。通过会议内外交流，中国代表团开阔了视野，回国后立刻提出我国环境问题的报告：中国城市和江河污染程度不比西方国家轻，而自然生态某些方面的破坏程度甚至在西方国家之上。周总理明确表示：对环境问题再也不能放任不管了，应当把它提到国家的议事日程上来。他指示，要立即召开全国性的环境保护会议。1973 年 8 月，第一次全国环境保护会议在北京召开。会议集中讨论了我国在环境污染和生态破坏方面的突出问题，并将各部门反映出的环境问题集中刊登在简报增刊上批转给各部和各地负责人仔细阅读研讨。中央决定，会议最后一天，在人民大会堂召开各界代表出席的万人大会。会议取得了三方面明显成果：一是做出了环境问题"现在就抓，为时不晚"的结论；二是将"全面规划，合理布局，综合利用，化害为利，依靠群众，大家动手，保护环境，造福人民"，确定为我国第一个环境保护工作方针；三是审议通过我国第一部环境保护的法规性文件《关于保护和改善环境的若干规定（试行草案）》。这次会议揭开了中国环保事业的序幕。会后，从中央到地方相继建立环保机构，有关环保的法规先后出台，如《工业"三废"排放试行标准》《食品卫生标准》等。一批国外先进的环境监测仪器设备陆续引进国门。1974 年，国务院环境保护领导小组及其办公室成立，促进了全国环保工作的开展。在周恩来的推动下，我国的环保事业艰难起步，弥足珍贵。①

---

① 新华社：《环境保护开始起步》，载《光明日报》，2019 年 10 月 05 日，第 2 版。

图 2-2　建设前的塞罕坝①

　　在具体的自然保护措施上，新中国成立初期自然环境治理同样可歌可泣。历史上塞罕坝是一处水草丰沛、森林茂密、禽兽繁集的天然名苑。但从清朝晚期开始，国势渐衰，塞罕坝也被大量开围垦荒，树木遭到大肆砍伐，原始森林逐步退化成荒原沙地，塞罕坝成为"黄沙遮天日，飞鸟无栖树"的荒凉景象。② 1962 年，为改善自然环境、修复生态，国家决定在河北北部建设大型国有机械林场。林场第一任党委班子带领来自全国 18 个省（区、市）的 369 名干部职工，啃窝头、喝雪水、住窝棚、睡马架，开启了塞罕坝艰苦创业征程，志在恢复植被，阻断风沙。短短两年时间里他们便种下 6400 亩落叶松，尽管成活率不足 8%，但他们毫不气馁，不懈努力，经过 10 年的努力，培育出 60 多万亩树木，让荒山变了模样。然而，1977 年和 1980 年林场接连遭受雨凇灾害和百年不遇的大旱，使得 20 年辛苦种植的 32 万亩林木毁于一旦。面对自然灾害，林场党委坚信：人倒了可以站起来，树倒了可以扶起来，只要信念不倒就没有战胜不了的困难。20 年后，96 万亩 3.2 亿多株人造林木再次挺立，一

---

　　① 杜潇诣：《中国生态修复典型案例（1） | 塞罕坝机械林场治沙止漠　筑牢绿色生态屏障》，见自然资源部公众号（https://mp.weixin.qq.com/s?__biz=MzA4MDU2MjQzMg===&mid=2654075446&idx=1&sn=5eda8cf2da7fc0fe21fd1f56531ea6d9&chksm=84670a59b310834f872163abf4cbdbd4242f396c410d723a806f9d2dd8d46419c09864c8f208&scene=21#wechat_redirect）。

　　② 寇瑄：《这里从"千里黄沙蔽日"到"百万亩林海涌绿"!》，见河北新闻网（http://m.hebnews.cn/travel/2020-05-11/content_7834687.htm）。

道坚实的生态屏障拔地而起。60 年来，几代塞罕坝人时刻谨记为首都阻沙源、为京津涵水源的政治使命，发扬先生产后生活的奉献精神，克服高寒、干旱、大风等恶劣环境，有的甚至献出了生命，攻克了高寒地区育苗造林等一个又一个技术难关，在茫茫荒原上营造起了百万亩林海。①

图 2 - 3　塞罕坝治理成效图②

改革开放后自然保护进一步发展：福建省长汀县曾是我国南方红壤区水土流失最为严重的县份之一，草木不存，红壤遍露，地表温度可达 70 多度，被当地人称"火焰山"。"山光、水浊、田瘦、人穷"是当时自然生态恶化、群众生活贫困的真实写照。据 1985 年遥感普查，长汀县水土流失面积达 974.67 平方公里，占全县国土面积的 31.5%，土壤侵蚀模数达 5000—12000 吨/（平方公里·年），植被覆盖率仅为 5%—40%，生物多样性面临严重退化，维管束植物不到 110 种，鸟类不到 100 种，珍稀野生动物逐渐濒危消失。③

改革开放后的 20 世纪 80 年代初，长汀县拉开了水土流失治理的序幕。此后 10 余年间，通过人工植树种草、封山育林等措施，水土流失势头得到初步

---

① 河北省塞罕坝机械林场：《塞罕坝：创造荒原变林海的人间奇迹》，见国家林业和草原局政府网（https://www.forestry.gov.cn/main/102/20210412/094523368656604.html）。

② 杜潇诣：《中国生态修复典型案例（1）｜塞罕坝机械林场治沙止漠　筑牢绿色生态屏障》，见自然资源部公众号（https://mp.weixin.qq.com/s?__biz=MzA4MDU2MjQzMg==&mid=2654075446&idx=1&sn=5eda8cf2da7fc0fe）。

③ 赵志坤：《中国生态修复典型案例（5）｜长汀县水土流失综合治理与生态修复》，见自然资源部公众号（https://mp.weixin.qq.com/s?__biz=MzA4MDU2MjQzMg==&mid=2654075446&idx=1&sn=5eda8cf2da7fc0fe21fd1f56531ea6d9&chksm=84670a59b310834f872163abf4cbdbd4242f396c410d723a806f9d2dd8d46419c09864c8f208&scene=21#wechat_redirect）。

控制。2000年开始，在时任福建省省长习近平同志的亲自倡导和推动下，长汀人民对水土流失开展大规模治理，走出了一条生态改善与经济发展"双赢"的高质量发展之路。截至21世纪初，福建省每年支出1000万元治理水土，封山育林。为恢复山地植被，当地采取了草灌乔混交治理、马尾松施肥改造、风雨管护治理等统筹备治理措施。而这场延续了近40年的"绿色革命"，正在让长汀由"红"变"绿"。据统计，长汀县水土流失面积已从21世纪初的105.66万亩下降到了36.9万亩，水土流失率从22.74%降低到了7.95%，低于福建省平均水平，达到了国内先进水平。①

图2-4　福建省长汀县河田镇游坊村1988年9月原貌②

随着生态环境的逐渐改善，长汀县境内的生物多样性也日渐丰富。汀江源国家级自然保护区管理局资源管护科科长钟益鑫说，该保护区内的野生动物资源十分丰富，其中，仅列入国家保护的陆生野生动物就达254种，白颈长尾雉、水鹿、猕猴等珍稀动物都在这里被发现过。

---

① 姜雪颖：《推动绿色发展（27）｜火焰荒山披绿衣福建省长汀县焕发"新颜值"》，见生态环境部网站（https://www.mee.gov.cn/xxgk2018/xxgk/xxgk15/201910/t20191022_738596.html）。

② 赵志坤：《中国生态修复典型案例（5）｜长汀县水土流失综合治理与生态修复》，见自然资源部公众号（https://mp.weixin.qq.com/s?__biz=MzA4MDU2MjQzMg==&mid=2654075446&idx=1&sn=5eda8cf2da7fc0fe21fd1f56531ea6d9&chksm=84670a59b310834f872163abf4cbdbd4242f396c410d723a806f9d2dd8d46419c09864c8f208&scene=21#wechat_redirect）。

图 2 - 5　福建省长汀县河田镇游坊村 2020 年 9 月景象①

　　加入《生物多样性公约》后自然保护和生物多样性保护进入快车道：河南小秦岭国家级自然保护区位于豫、陕两省交界的三门峡灵宝市西部的秦岭北坡，始建于 1956 年，其前身为国有三门峡河西林场，同时也是我国重要的金矿床密集区。自 20 世纪 60 年代小秦岭金矿被勘探发现后，金矿企业蜂拥而至，在此"安营扎寨"生产经营。金矿大规模的长期无度开采，使小秦岭自然保护区生态系统遭到了破坏。山间的溪流污染了，茂密的森林出现片片"斑秃"，珍稀野生动植物赖以生存的自然环境日益脆弱。遍布保护区的 500多个采矿坑口、2500 多万吨矿渣，让昔日充满活力的小秦岭伤痕累累。②

　　面对有 50 多年矿山开采历史、19 次治而未果的现状，2016 年 3 月三门峡市召开河南小秦岭国家级自然保护区矿山环境保护整治工作会议，一场十万火急的绿色保卫战在市委书记刘南昌的带领下拉开了序幕。艰辛的治理攻坚，共动员保护区内 11 家矿权退出，1017 个坑口全面封堵关闭，拆除矿山设施 1.45万个，3 年的治理任务 2 年全部完成。共清运矿渣 584 万吨，垒挡渣墙 2.88 万立方米，固定矿渣 2002 万吨，累计处理矿渣 2586 万吨，拉土上山 70.9 万立方米，栽植苗木 80.7 万株，撒播草种 1.46 万公斤，治理恢复面积 143.5 万平

　　① 赵志坤：《中国生态修复典型案例（5）｜长汀县水土流失综合治理与生态修复》，见自然资源部公众号（https://mp. weixin. qq. com/s?＿ ＿ biz = MzA4MDU2MjQzMg = = &mid＝2654075446&idx = 1&sn = 5eda8cf2da7fc0fe21fd1f56531ea6d9&chksm = 84670a59b310834f872163abf4cdbd4242f396c410d723a806f9d2dd8d46419c09864c8f208&scene = 21#wechat＿ redirect）。

　　② 王小萍，王雪红：《还绿记：小秦岭国家级自然保护区矿山环境整治和生态修复报告》，见澎湃新闻网（https：//www. thepaper. cn/newsDetail＿ forward＿ 2971145）。

方米，实现了小秦岭保护区生态环境历史性、转折性、格局性变化，走出了一条"绿水青山就是金山银山"的良性循环发展之路，成为践行习近平总书记"两山论"的生动范例。同时，政府用最严格制度最严密法治保护生态环境。2018年12月1日，《河南小秦岭国家级自然保护区条例》正式施行，用立法的形式，持续开展矿山环境整治和生态修复工作。①

　　2019年3月，小秦岭被中共中央宣传部列为全国生态文明建设"高质量发展"典型事例；2021年10月，入选联合国《生物多样性公约》第十五次缔约方大会18个"生态修复典型案例"之一，为全球矿山环境治理和生态修复贡献出"中国样板""中国方案"和"中国智慧"。目前，河南小秦岭国家级自然保护区生态效益、社会效益凸显，野生动物活动明显增多，先后拍摄到国家一级保护动物林麝、二级保护动物勺鸡、黄喉貂、斑羚、豹猫、红腹锦鸡及小麂、豪猪、野猪、松鸦、灰头鸫、红胁蓝尾鸲等多种国家级保护动物活动的影像。②

图2-6　大湖黑峪1308坑口治理前③

---

　　① 王小萍：《小秦岭国家级自然保护区从金山到青山》，载《河南日报》2021年6月23日，第18版。

　　② 赵志坤：《中国生态修复典型案例（12）丨河南小秦岭国家级自然保护区矿山环境生态修复治理》，见自然资源部公众号（https://mp.weixin.qq.com/s?_ _ biz=MzA4MDU2M jQzMg = = &mid = 2654075659&idx = 3&sn = 813de9b1331aa977dd66ed20aae2c64e&chksm = 84670b64b3108272141a2dbf7361d8eb8a9f78e9ac9bda4fea7c93e6715b1d4df1ee93b75ff8&scene = 21# wechat_ redirect）。

　　③ 王小萍，王雪红：《还绿记：小秦岭国家级自然保护区矿山环境整治和生态修复报告》，见澎湃新闻网（https://www.thepaper.cn/newsDetail_ forward_ 2971145）。

图 2 - 7　大湖黑峪 1308 坑口治理后①

2．中国自然保护政策的发展

我国自古便有自然保护意识，而在新中国成立之后，我国经历了从早期传统自然保护，到环境治理立法以及 1992 年《生物多样性公约》签约后的生物多样性立法蓬勃发展阶段。下文我们将以时间为序，对我国自然保护相关政策展开简要梳理。

中国古代的自然保护政策：我国古代劳动人民早已认识到自然保护的重要性，并出台过相关法律条文来保护自然环境。从古人在不断探索自然之后总结出的合理合法有机结合的自然保护方法中，不仅可以看出我国古代劳动人民的自然环境和资源保护智慧，而且也可以看出其对人与自然和谐相处的不懈追求。

商王朝时期，我们的古人便已开始关注人居环境问题了。当时便有法律规定："弃灰于道者断其手"。意思是如果城市居民将生活垃圾随便倾倒在街道上，那就打断他的手。西周时期，周文王颁布的《伐崇令》规定，如果有人不遵从不得填井、伐树等禁令，将一律处死。秦朝的《田律》是保存至今最早也是最完整的古代环境保护法律文献，其专门讲述资源与环境保护部分，就几乎涉及了生物资源保护的所有方面。隋唐两代对环境保护的法治建设更趋成熟，措施也更加完善，比如《唐律疏议》就规定，"诸占固山野陂湖之利者，杖六十"，意思是说若有人对侵占与掠夺山林湖泊等生态资源，将受到廷杖六

---

① 王小萍，王雪红：《还绿记：小秦岭国家级自然保护区矿山环境整治和生态修复报告》，见澎湃新闻网（https：//www.thepaper.cn/newsDetail_forward_2971145）。

十的处罚。① 宋朝十分重视对自然资源和环境的法律保护，山场、林木、植被、河流、湖泊、鸟兽、鱼鳖等资源均被纳入了法律保护范畴。元代的《成吉思汗法典》也对草原、马匹、水源保护作出了详细规定。② 虽然明清两朝的法律多沿用唐律，但在资源和环境保护方面却有一定的发展，如清代设立专管水利的官员以负责保护水道、河堤的办法，便一直沿用至今。

现代自然保护立法的实践探索：1954 年，第一届全国人民代表大会通过了新中国第一部宪法（即"五四宪法"），其中第六条明确规定，"矿藏、水流，由法律规定为国有的森林、荒地和其他资源，都属于全民所有"，这是从根本上确立了自然资源的国家所有权制度。其第十四条则规定，"国家禁止任何人利用私有财产破坏公共利益"，这里所谓的公共利益，无疑包括了人民在环境方面的权益。由此可见，新中国建立伊始，我国就以国家根本大法形式对环境和资源进行了保护。

森林资源，是维护生物多样性、维持气候稳定、调节大气环境、保持水土、对抗自然灾害的关键因素。在新中国成立初期，我国的森林覆盖率仅有8.9%，风沙水害频发。在以毛泽东同志为代表的第一代中国共产党人领导下，我国围绕森林资源建设先后出台了一系列相关政策。1949 年颁布的《中国人民政治协商会议共同纲领》就明确提出了保护森林、计划性发展林业的基本方略。1955 年 12 月，在毛泽东同志起草的《征询对农业十七条的意见》中再次强调："在十二年内，基本上消灭荒地荒山，在一切宅旁、村旁、路旁、水旁，以及荒地上荒山上，即在一切可能的地方，均要按规格种起树来，实行绿化。"③ 在 1956 年召开的第一届全国人民代表大会第三次会议上，科学家代表提出"请政府在全国各省（区）划定天然禁伐区，保存自然植被以供科学研究的需要"提案的同年 10 月，有关部门便组织制定产生了两个有关自然保护区的法规草案，即《狩猎管理办法（草案）》和《天然森林禁伐区（自然保护区）划定草案》，提出了针对性保护森林资源的措施。1961 年，国务院颁布《关于积极保护和合理利用野生动物资源的指示》。1963 年，我国第一部森林资源保护法规——《森林保护条例》发布实施。这些法规性文件主要要求在

---

① 刘锡涛：《中国古代的生态环境保护活动》，载《内蒙古林业》2020 年第 1 期。

② 朱沁，刘田原：《也谈〈大札撒〉：一部蒙古民族的古老法典》，载《内蒙古农业大学学报（社会科学版）》2020 年第 22 卷 06 期。

③ 黄承梁：《中国共产党领导新中国 70 年生态文明建设历程》，载《党的文献》2019 年第 05 期。

适当地区建立自然保护区并在自然保护区内禁止任何性质的采伐、狩猎，同时还对在自然保护区建立科研机构开展科研活动作出了规定。在中国共产党的领导和全国人民积极参与下，我国的绿化率持续保持着上升态势，自然资源也得到了有效保护。而在森林资源多样性保护上，原农林部也分别于1975年、1976年颁布了《关于保护、发展和合理利用珍贵树种的通知》《关于加强大熊猫保护工作的紧急通知》《关于开展冬季狩猎生产的联合通知》等规范性文件。

1973年，我国召开的第一次全国规模的环境保护大会便通过了《关于保护和改善环境的若干规定（试行草案）》，作为新中国第一个综合性环境保护法规，它正式确定了"全面规划、合理布局、综合利用、化害为利、依靠群众、大家动手、保护环境、造福人民"的"32字方针"，这在实质上成为了我国此后制定自然环境保护法的雏形。与此同时，从中央到各地区、各部门，相继建立了环境保护机构并制定了各种规章制度，从而全面加强了对自然环境的管理与保护。

环境法律体系完善和自然保护立法：改革开放以后确立的以经济建设为中心战略方针，在促进国民经济水平显著提高的同时，大规模的开发建设也直接造成了对生态环境的破坏。因此，自1979年开始，我国走过了从环境保护切入，再到对自然展开系统性保护的法制建设、组织建设之路，从根本上奠定了环境和自然资源保护的体系化、法治化基础。其标志性事件主要包括：

一是1978年12月，中共中央在转发国务院环境保护领导小组的《环境保护工作汇报要点》中明确指出，消除污染、保护环境是进行经济建设、实现四个现代化的重要组成部分。这是中国共产党第一次以党中央的名义对环境保护工作作出指示，由此而引起了各级党组织对自然保护事业的重视并有效推动了环境和自然保护事业的发展。

二是全国人民代表大会颁行《中华人民共和国环境保护法（试行）》，标志着我国环境保护事业正式步入法治化轨道。《中华人民共和国环境保护法（试行）》依据宪法，针对中国的环境状况，定义了环境并规定了环境保护的任务、方针和适用范围，确立了"谁污染谁治理"的环境保护原则，明确了环境保护机构设置及职责。这部内容全面系统的专门法律的颁行，结束了我国生态领域无法可依的局面，它不仅使我国的生态建设正式步入了依法治理轨道，而且也为相关专项法律法规创制，奠定了基础。

三是迎来了自然保护立法的大发展。1982年修订的《中华人民共和国宪

法》，将保护环境规定为"保护和改善生态环境和生活环境"并将其确定为一项基本国策。其中《宪法》第 26 条规定："保护和改善生活环境和生态环境，防治污染和其他公害。"其第 9 条规定："国家保障自然资源的合理利用，保护珍贵的动物和植物。禁止任何组织或者个人用任何手段侵占或者破坏自然资源。"① 依据《宪法》，我国相继制定了《中华人民共和国海洋环境保护法》（1982 年）《中华人民共和国进出口动植物检疫条例》（1982 年）《国务院关于严格保护珍贵稀有野生动物的通令》（1983 年）《中华人民共和国森林法》（1984 年）《中华人民共和国水污染防治法》（1984 年）《中华人民共和国草原法》（1985 年）《森林和野生动物类型自然保护区管理办法》（1985 年）《中华人民共和国矿产资源法》（1986 年）《中华人民共和国渔业法》（1986 年）《中华人民共和国大气污染防治法》（1987 年）《中华人民共和国水法》（1988 年）《中华人民共和国野生动物保护法》（1988 年）等环境和自然保护法律法规。值得一提的是，1986 年国务院出台的《森林和野生动物类型自然保护区管理办法》，解释并规定的"就地保护"，实则就是自然保护区的早期形态。

在国家层面加强自然保护立法的同时，各种地方性自然保护和自然保护区法规也如雨后春笋般迅速出台，其在内容上比国家层面立法更加全面和具体，从而为后来的国家立法提供了有益经验和样板。②

向生物多样性保护转变： 1992 年 6 月 5 日在里约热内卢召开的联合国环境与发展大会上，150 多个国家开放签署了《生物多样性公约》，其于 1993 年 12 月 29 日生效。我国于 1992 年 6 月 11 日签署该公约并在同年 11 月 7 日获得全国人民代表大会常务委员会批准生效，意味着我国正式引入了生物多样性保护意识。从此，我国开始了认真贯彻公约要求，全面围绕基因多样性、物种多样性和生态系统多样性、从就地保护、迁地保护、生物安全管理、改善生态环境质量、推进绿色发展等生态建设新阶段。为此，我国制定并修改了一批与生物多样性保护密切相关的法律、行政法规和地方性法规。③ 进入新时代以后，在习近平总书记"山水林田湖草是生命共同体"理念引领下，生态文明建设更是被最高决策层纳入"五位一体"总体布局统筹推进，而生物多样性保护则顺理成章地成为了生态文明建设的重要内容并有计划有步骤地展开了一系列相关立法。

---

① 孙佑海：《我国 70 年环境立法：回顾、反思与展望》，载《中国环境管理》，2019 年第 11 卷 6 期。

②③ 徐慧，朱非：《法治论苑》，载《上海法治报》，2021 年 11 月 24 日 B6 版。

在生态保护方面，针对森林、草原、海洋、河湖和湿地等多种类型的生态系统，我国相应地出台了《中华人民共和国畜牧法》（2005 年）《中华人民共和国长江保护法》（2020 年），并修改《中华人民共和国森林法》（三次修正）《中华人民共和国草原法》（两次修正）《中华人民共和国海洋环境保护法》（两次修正）等法律以及《中华人民共和国自然保护区条例》（1994 年）《中华人民共和国野生植物保护条例》（1996 年）《风景名胜区条例》（2006 年）等行政法规，《国家级森林公园管理办法》（2011 年）、《湿地保护管理规定》（2013 年）等部门规章，此外还有《江苏省湿地保护条例》（2016 年）等地方性法规。

在防止外来物种入侵方面，我国目前虽尚缺乏专门法律予以规制，但新近生效的《中华人民共和国生物安全法》（2020 年）第六十条规定，国家加强对外来物种入侵的防范和应对，保护生物多样性。而散见于《中华人民共和国野生动物保护法》（一次修正）《中华人民共和国农业法》（1993 年）《中华人民共和国畜牧法》（2005 年）《中华人民共和国种子法》（2021 年）《中华人民共和国动物防疫法》（2007 年）等相关法律，《森林病虫害防治条例》（1989 年）等行政法规，《濒危野生动植物进出口管理条例》（2006 年）《进境植物检疫禁止进境物名录》（2012 年）等部门规章以及《沈阳外来物种防治管理暂行办法》（2003 年）等地方性法规，实际上都包含了相关规定。

在生物遗传资源保护方面，关于遗传资源与惠益分享的法律条款，主要集中于修正的《中华人民共和国渔业法》（四次修正）《中华人民共和国野生动物保护法》（一次修正）《中华人民共和国森林法》（三次修正）《中华人民共和国草原法》（两次修正）《中华人民共和国畜牧法》（2005 年）《中华人民共和国生物安全法》（2020 年）《中华人民共和国种子法》（2021 年）等法律和《中华人民共和国野生植物保护条例》（1996 年）等法规以及《畜禽遗传资源进出境和对外合作研究利用审批办法》（2008 年）等部门规章、《云南省生物多样性保护条例》（2018 年）等地方性法规中。

在生物安全方面，则形成由基础性、综合性、系统性的《中华人民共和国生物安全法》（2020 年）所统领，《基因工程安全管理办法》（1993 年）《农业转基因生物安全管理条例》（2001 年）《农业转基因生物安全评价管理办法》（2002 年）等专门性法规规章为基石的法律体系。

值得一提的是，2021 年中共中央办公厅联合国务院办公厅印发的《关于进一步加强生物多样性保护的意见》，以习近平新时代中国特色社会主义思想

为指导，坚持"尊重自然，保护优先；健全体制，统筹推进；分级落实，上下联动；政府主导，多方参与"的工作准则，这无疑为进一步促进物种多样性的法治化建设，尤其是为今后制定和颁行专门的生物多样性保护法律法规指明了方向。

总结：我国生物多样性保护立法历程，在总体上呈现出以下几个基本特点。

一是在华夏文明的历史长河中，我国人民早已认识到了自然保护的重要性并出台了有关自然保护的法律条文。在新中国成立之初，国家就十分重视自然保护问题，而在森林资源和水资源保护治理方面，更是通过实践和立法相结合的方法，达成了环境治理的良好效果。尽管新中国成立初期我国主要采用了传统的法律形式，但却突出了对重要濒危物种的保护，而"就地保护"，作为中国式生物多样性保护形式，充分体现了生物多样性保护精神。

二是改革开放以来，以邓小平同志为主要代表的第二代领导集体，便已经逐渐认识到了环境污染给人类长远发展造成的问题，并将其视为经济社会发展的重要组成部分和基本国策，推进了其体系化和法治化建设，是我国自然保护步入发展期的重要标志。

三是在20世纪90年代初期生物多样性概念在国际上形成，尤其是在其成为国际公约之后，我国便积极主动跟进并在第一时间签署且以最快速度通过批准程序，以立法形式系统落实并在实践中积极推进。在习近平新时代中国特色社会主义思想指导下，作为一项清晰明确的政治主张，中共"十八大""十九大""二十大"以及"十三五""十四五"规划，对生物多样性恢复保护问题均提出了明确要求并确立了相关实践性举措，包括在建构中国特色社会主义法治国家进程中，稳步推进我国生物多样性恢复保护立法。在不断健全和完善的生物多样性恢复保护法律法规体系下，以最严格的制度推进生物多样性恢复保护，形成了广受国际社会认可的生物多样性恢复保护理念和逻辑严密的法律框架、完备充实的制度体系，从根本上为生物多样性恢复保护工作提供了法制保障。从内容上看，我们充分地体现了《生物多样性公约》的基本精神和要求，并为此设置了较高的标准；从机制上看，我们既借鉴了国际社会和先进国家的经验，又立足中国国情，展开了一系列体制机制、方式方法创新，形成了一整套能落地、可操作、见成效的整体性思想和系统性思路、方法，充分体现了中国特色，为人类生物多样性恢复保护法治化实践，建设美好的地球家园，促进"无私拥有世界"，推进构建人类命运共同体贡献了中国智慧、中国方案、中国行动、中国力量，充分彰显了负责任大国的历史担当。

（本节撰稿人：杨远志　梁敏霞　刘蔚秋）

第三节　中国生物多样性保护

一、中国生物多样性保护现状与政策

作为世界上 12 个生物多样性特别丰富的国家之一，面对全球生物多样性丧失和生态系统退化，中国秉持人与自然和谐共生理念，坚持保护优先、绿色发展，形成了政府主导、全民参与，多边治理、合作共赢的机制，推动中国生物多样性保护不断取得新成效，为应对全球生物多样性挑战作出了新贡献。同时，坚持在发展中保护、在保护中发展，提出并实施国家公园体制建设和生态保护红线划定等重要举措，不断强化就地与迁地保护，加强生物安全管理，持续改善生态环境质量，协同推进生物多样性保护与绿色发展，生物多样性保护取得显著成效。

（一）全社会生物多样性保护意识显著增强

2005 年 8 月 15 日，时任浙江省委书记的习近平同志在浙江省安吉县余村考察时首次提出"绿水青山就是金山银山"理念，生动形象地揭示了经济发展和生态环境保护的关系，指明了实现发展和保护协同共生的新路径。党的"十八大"以来，以习近平同志为核心的党中央将生态文明建设放到治国理政的重要位置，以"绿水青山就是金山银山"理念为先导，推动我国生态环境保护发生历史性、转折性、全局性变化。① "绿水青山就是金山银山"理念随着习近平生态文明思想深入人心，"绿水青山就是金山银山"理念已经成为全党全社会的共识和行动，越来越多的人从利用者转为保护者，吃上了"生态

---

① 刘同舫：《"绿水青山就是金山银山"理念的科学内涵与深远意义》，载《光明日报》，2020 年 8 月 14 日第 11 版。

保护饭"，当上了野保员、林保员、湿地保育员。2016 年以来，西藏、青海累计为群众提供生态岗位 90 多万个，农牧民增收近 80 亿元，农牧民从大自然的索取者变成了雪域高原的"生态卫士"。①

（二）自然保护地体系和濒危野生动植物保护取得显著成效

自 1956 年建立第一个自然保护区以来，截至目前，中国已建立各级各类自然保护地近万处，约占陆域国土面积的 18%，提前实现"爱知目标"所确定的 17% 的目标要求。2015 年以来，我国先后启动三江源等 10 处国家公园体制试点，整合相关自然保护地划入国家公园范围，实行统一管理、整体保护和系统修复。通过构建科学合理的自然保护地体系，90% 的陆地生态系统类型和 71% 的国家重点野生动植物物种得到了有效保护。在经济最繁荣的"长江经济带实施长江十年禁渔计划"，全力恢复长江生物多样性。野生动物栖息地空间不断拓展，种群数量不断增加。大熊猫野外种群数量 40 年间从 1114 只增加到 1864 只，朱鹮由发现之初的 7 只增长至目前野外种群和人工繁育种群总数超过 5000 只，亚洲象野外种群数量从 20 世纪 80 年代的 180 头增加到目前的 300 头左右，海南长臂猿野外种群数量从 40 年前的仅存两群不足 10 只增长到五群 35 只。②

中国加快重要生物遗传资源收集保存和利用，近年来在生物资源调查、收集、保存等方面取得了较大进展。建立了植物园、野生动物救护繁育基地以及种质资源库、基因库等较为完备的迁地保护体系。截至目前，建立植物园（树木园）近 200 个，保存植物 2.3 万余种；建立 250 处野生动物救护繁育基地，60 多种珍稀濒危野生动物人工繁殖成功。现有迁地栽培高等植物 23340 种，建成的树种遗传资源保存库涵盖目前利用的主要造林树种遗传资源的 60%。截至 2020 年年底，形成了以国家作物种质长期库及其复份库为核心、10 座中期库与 43 个种质圃为支撑的国家作物种质资源保护体系，建立了 199 个国家级畜禽遗传资源保种场，为 90% 以上的国家级畜禽遗传资源保护名录品种建立了国家级保种单位，长期保存作物种质资源 52 万余份、畜禽遗传资源 96 万份。建设了 99 个国家级林木种质资源保存库，以及新疆、山东 2 个国

---

① 高敬：《推动生态环境质量持续好转——生态环境部部长黄润秋介绍美丽中国建设情况》，见新华网（http://www.xinhuanet.com/2021-08/18/c_1127773902.htm）。

② 中华人民共和国国务院新闻办公室：《中国的生物多样性保护》白皮书，见中华人民共和国国务院新闻办公室网（http://www.scio.gov.cn/ztk/zx/Document/1714318/1714318.htm-0K-2021-10-08 16：53：22）。

家级林草种质资源设施保存库国家分库，保存林木种质资源 4.7 万份。建设 31 个药用植物种质资源保存圃和 2 个种质资源库，保存种子种苗 1.2 万多份。①

（三）生态系统持续修复

实施系列生态保护修复工程，不断加大生态修复力度，统筹推进山水林田湖草沙冰一体化保护和系统治理，生态恶化趋势基本得到遏制，自然生态系统总体稳定向好，服务功能逐步增强；坚决打赢污染防治攻坚战，极大缓解了生物多样性保护压力，生态环境质量持续改善，国家生态安全屏障骨架基本构筑。制定实施《全国重要生态系统保护和修复重大工程总体规划（2021—2035 年)》，确定了新时代"三区四带"生态保护修复总体布局。中国森林面积和森林蓄积连续 30 年保持"双增长"，成为全球森林资源增长最多的国家，荒漠化、沙化土地面积连续 3 个监测期实现了"双缩减"，草原综合植被盖度达到 56.1%，草原生态状况持续向好。2016—2020 年，累计整治修复岸线 1200 公里，滨海湿地 2.3 万公顷。2000—2017 年，全球新增的绿化面积中，约 25% 来自中国，贡献比例居世界首位。生态环境质量改善优化了物种生境，恢复了各类生态系统功能，有效缓解了生物多样性丧失压力。①

（四）不断健全和完善政策法规，提高生物多样性保护水平

新世纪以来，我国出台的生物多样性相关政策主要包括《全国生态环境保护纲要》《全国野生动植物保护及自然保护区建设工程总体规划》《国务院关于落实科学发展观加强环境保护的决定》《国家重点生态功能保护区规划纲要》《全国生物物种资源保护与利用规划纲要》《全国生态功能区划》《全国生态脆弱区保护规划纲要》《中国生物多样性保护战略与行动计划（2011—2030)》《国民经济和社会发展第十三个五年规划纲要》《全国生态保护"十三五"规划纲要》等。②

在过去的几年中，我国的生物多样性保护取得了一系列重要成效。这些成效的取得与我国建立的系统的生物多样性保护法律政策体系、加强就地和迁地

---

① 中华人民共和国国务院新闻办公室：《中国的生物多样性保护》白皮书，见中华人民共和国国务院新闻办公室网（http://www. scio. gov. cn/ztk/zx/Document/1714318/1714318. htm-OK – 2021 – 10 – 08 16：53：22）。

② 于文轩：《生物多样性保护的政策与法制路径》，载《检察日报》，2019 年 08 月 10 日第 3 版。

保护以及不断完善绿色司法保护体系密切相关。生物多样性保护法律规制的对象主要是基于生物多样性自身的特征对遗传资源多样性、物种多样性、生态多样性等内容通过法律手段予以规制和保护。我国先后制定修订了50多部与生物多样性保护相关的法律法规，这些法规不仅涵盖了生态系统保护、防止外来物种入侵、生物遗传资源保护、生物安全等多领域，而且涉及法律、行政法规、部门规章和地方性法规等多层次立法。① 部分法律法规如下：

表 2 – 3   生物多样性保护相关法律法规

分类	生态保护领域	防止外来物种入侵领域	生物遗传资源保护领域	生物安全领域
法律	《环境保护法》《森林法》《草原法》《海洋环境保护法》《长江保护法》等	《生物安全法》《野生动物保护法》《农业法》《畜牧法》《种子法》《动物防疫法》等	《生物安全法》《畜牧法》《渔业法》《野生动物保护法》《森林法》《草原法》《种子法》等	《生物安全法》《农业转基因生物安全管理条例》《防疫法》等
行政法规	《自然保护区条例》《风景名胜区条例》等	《森林虫害防治条例》《林业外来有害物种入侵灾害预案》等	《野生植物保护条例》《中华人民共和国种畜禽管理条例》《中药品保护条例》等	《基因工程安全管理办法》《农业转基因生物安全评价管理办法》

---

① 秦天宝：《中国生物多样性立法现状与未来》，载《中国环境监察》2021 年第 10 期；秦天宝，田春雨：《生物多样性保护专门立法探析》，载《环境与可持续发展》，2021 年第 46 期。

续上表

分类	生态保护领域	防止外来物种入侵领域	生物遗传资源保护领域	生物安全领域
部门规章	《湿地保护管理规定》《国家级森林公园管理办法》等	《进境植物检疫禁止进境物名录》等	《畜禽遗传资源进出境和对外合作研究利用审批办法》《种畜禽管理条例实施细则》《家畜遗传材料生产许可办法》等	—
地方性法规	《江苏省湿地保护条例》等	《沈阳外来物种防治管理暂行办法》等	《云南省生物多样性保护条例》《湖南省野生动植物资源保护条例》等	—

　　为了全面禁止和惩治非法野生动物交易行为，出台了《全国人民代表大会常务委员会关于全面禁止非法野生动物交易、革除滥食野生动物陋习、切实保障人民群众生命健康安全的决定》。健全野生动物保护执法监管长效机制，开展"绿盾"自然保护地强化监督、"碧海"海洋生态环境保护、"中国渔政亮剑""昆仑行动"等系列执法行动，对影响野生动植物及其栖息地保护的行为进行严肃查处。建立长江禁捕退捕的跨区域跨部门联合执法联动协作机制，加大非法捕捞专项整治力度，对相关违法犯罪行为形成高压态势。①

　　2022 年 10 月，一篇名为《以法之名守护生物多样性——云南思茅法院探索诉源治理与环境保护新模式》的报道讲述了人与自然和谐共生的典型案例。这起源于 2021 年一群亚洲象的"北上南归"，大量的追踪报道吸引了全世界的目光，它们一路"游山玩水、品尝美食"，这客观反映了亚洲象保护的成果

---

　　① 中华人民共和国国务院新闻办公室：《中国的生物多样性保护》白皮书，见中华人民共和国国务院新闻办公室网（http://www.scio.gov.cn/ztk/zx/Document/1714318/1714318.htm-0K – 2021 – 10 – 08 16：53：2）。

和现状，但同时也给附近的农民造成很大的损失。为了解决村民在纠纷化解方面的困难，2022年3月9日，普洱市思茅区人民法院依托思茅港法庭在六顺镇南邦河村委会勐主寨的"亚洲象繁育中心"驻地，挂牌成立全国首家"人象和谐法律服务点"，"以法之名，守护'象'往的家园，促进人与自然和谐共生"。①

2008年，环境保护部联合中国科学院启动了《中国生物多样性红色名录》的编制工作。《中国生物多样性红色名录——高等植物卷》和《中国生物多样性红色名录——脊椎动物卷》分别于2013年9月和2015年5月正式对外发布。实施生物多样性保护重大工程，组织开展全国生物多样性调查与评估，建立完善生物多样性监测观测网络，完善生物多样性调查、观测和评估等相关技术和标准体系。不断加强生物多样性保护宣传教育，政府加强引导、企业积极行动、公众广泛参与的行动体系基本形成。

中国建立起各类生态系统、物种的监测观测网络，在生物多样性理论研究、技术示范与推广以及物种与生境保护方面发挥了重要作用，为科研、教育、科普、生产等各领域提供了多样化的信息服务与决策支持。② 它们主要包括表2-4所示的4个网络：

表2-4　中国建立的主要生态系统及物种监测观测网络

名称	筹建年份	现状及功能
国家陆地生态系统定位观测研究网络（CTERN）	20世纪50年代	目前已初步建设生态站190个（森林生态站105个；竹林生态站8个；湿地生态站39个；荒漠生态站26个；城市生态站12个），形成了覆盖全国主要生态区、具有重要影响的陆地生态系统定位观测研究网络
中国生态系统研究网络（CERN）	1988年	由42个生态站、5个学科分中心和1个综合研究中心构成的生态网络体系，涵盖所有生态系统和要素

---

① 石飞：《以法之名守护生物多样性》，载《法治日报》，2022年10月12日第3版。
② 卢康宁，段经华，纪平等：《国内陆地生态系统观测研究网络发展概况》，载《温带林业研究》，2019年第2期。

续上表

名称	筹建年份	现状及功能
中国生物多样性监测与研究网络（Sino BON）	2013 年	建立布局合理、综合配套的生物多样性监测网络，包括 30 个主点和 60 个辅点，以实现全国典型区域重要类群（动物、植物、微生物）中长期变化态势分析
中国生物多样性观测网络（China BON）	2016 年	构建了覆盖全国的指示物种类群观测样区 441 个，目前包括哺乳动物、鸟类、两栖动物和蝴蝶

持续开展生物多样性保护宣传教育和科普活动，在"国际生物多样性日""世界野生动植物日""世界湿地日""六五环境日""水生野生动物保护科普宣传月"等重要时间节点举办系列活动，调动全社会广泛参与，进一步增强公众保护意识。发布《"美丽中国，我是行动者"提升公民生态文明意识行动计划（2021—2025 年)》《关于推动生态环境志愿服务发展的指导意见》，为各类社会主体和公众参与生物多样性保护工作提供指南和规范。成立长江江豚、海龟、中华白海豚等重点物种保护联盟，为各方力量搭建沟通协作平台。加入《生物多样性公约》秘书处发起的"企业与生物多样性全球伙伴关系"（GPBB）倡议，鼓励企业参与生物多样性领域工作，积极引导企业参与打击野生动植物非法贸易。[①]

（五）深度参与全球治理，合作应对生物多样性丧失

作为最早签署和批准《生物多样性公约》的缔约方之一，我国坚定践行多边主义，积极开展生物多样性保护国际合作，为推进全球生物多样性保护贡献中国力量。在履行《生物多样性公约》过程中，我国将其与《联合国可持续发展目标 2030》《联合国气候变化公约》《联合国防治荒漠化公约》和《联合国十年生态系统修复计划（2021—2030)》一起实施，与相关国际机构合作建立国际荒漠化防治知识管理中心，与新西兰共同牵头组织"基于自然的解决方案"领域工作，并将其作为应对气候变化、生物多样性丧失的协同解决

---

① 中华人民共和国国务院新闻办公室：《中国的生物多样性保护》白皮书，见中华人民共和国国务院新闻办公室网（http://www.scio.gov.cn/ztk/zx/Document/1714318/1714318.htm-0K - 2021 - 10 - 08 16：53：2)。

方案。在《生物多样性公约》缔约方领导人峰会上，中国国家主席习近平发表了题为《共同构建地球生命共同体》的主旨讲话，他在讲话中强调这样一个论断：人与自然应和谐共生。作为大会东道国和主席国，中国也在大会上宣布多项重大举措。中国将率先出资 15 亿元人民币，成立昆明生物多样性基金，支持发展中国家生物多样性保护事业。中国正式设立三江源、大熊猫、东北虎豹、海南热带雨林和武夷山等第一批国家公园，保护面积达 23 万平方公里，涵盖近 30% 的陆域国家重点保护野生动植物种类。同时，启动北京、广州等国家植物园体系建设，并且将构建起碳达峰、碳中和 "1 + N" 政策体系，持续推进产业结构和能源结构调整。① 这些举措将为全球应对气候变化作出中国贡献。《生物多样性公约》执行秘书伊丽莎白·穆雷玛表示这场会议的重要性在于，让全球形成共识，为最终建立 2020 年后全球生物多样性框架打下基础，实现逆转生物多样性丧失这一目标。②

二、以生态文明理念建设美丽乡村

习近平总书记在党的"二十大"报告中强调，"大自然是人类赖以生存发展的基本条件。尊重自然、顺应自然、保护自然，是全面建设社会主义现代化国家的内在要求。必须牢固树立和践行绿水青山就是金山银山的理念，站在人与自然和谐共生的高度谋划发展"。我们渴望拥有 "一个每个人都呼吸干净的空气，喝安全的水，吃可持续生产的食物的世界；一个没有污染和有毒物质的世界，有安全的气候，健康的生物多样性和繁荣的生态系统" 是一个不可能实现的梦吗？2022 年，联合国人类大会承认，任何地方的每个人都有权生活在清洁、健康和可持续的环境中，这意味着对当权者来说，尊重自然不再是一种选择，而是一种义务。③ 因此，采取必要的手段来处理阻碍人们与自然和谐生活的相互关联的危机是必然的。以生态文明理念为基础的美丽乡村建设是中

---

① 习近平：在《生物多样性公约》第十五次缔约方大会领导人峰会上的主旨讲话（全文），见新华网（http://www.qstheory.cn/yaowen/2021－10/12/c_ 1127949118.htm）。

② 李钢：《COP15：让全世界达成共识　逆转生物多样性丧失》，载《环境》，2021年第 10 期。

③ Almond, R. E. A., Grooten, M., Juffe Bignoli, D. et al. Living Planet Report 2022 – Building a naturepositive society. . *WWF*, *Gland*, *Switzerland.* 2022（https://livingplanet. panda. org/en-US/）.

国为世界贡献的"中国方案"。

生物多样性保护是生态文明建设的重要内容。在生态文明理念引领下，贯彻绿色发展理念，提升生态环境质量，以绿色转型为驱动，转变绿色低碳的生产和生活方式，减缓生物多样性保护压力，全面提升生物多样性保护水平。生态文明不是就环境治理环境的文明，而是在新天人和谐自然观、利他共生的价值观指导下，涉及科技范式、经济模式、生活方式、社会方式、国家治理方式、哲学思维方式等一系列变革的新文明模式。

习近平在 2018 年全国生态环境保护大会上发表的讲话中说到，"生态是统一的自然系统，是相互依存、紧密联系的有机链条。人的命脉在田，田的命脉在水，水的命脉在山，山的命脉在土，土的命脉在林和草，这个生命共同体是人类生存发展的物质基础。"山水林田湖草沙冰是相互依存、紧密联系的生命共同体。做好山水林田湖草沙冰一体化保护和系统治理工作，必须深刻认识和把握生态文明建设规律，突出人与自然和谐共生的价值追求，从更好保护生态系统完整性出发，立足各生态系统自身条件，遵循"宜耕则耕、宜林则林、宜草则草、宜湿则湿、宜荒则荒、宜沙则沙"的原则。①

乡村占据我国国土面积的大部分地区。目前，我国仍有约 6 亿人口居住在农村，农村地区占全国土地面积的 94% 以上。比起城市，乡村有更多的多样性，乡村多样的美丽景观是美丽中国画卷中不可或缺的部分。乡村在能源利用、自然资本、绿色生活、农业文化建设等方面推进生态文明建设有着城市无法比拟的优势，乡村和生态是最相融的。美丽乡村建设不是单纯地搞好乡村环境，而是以绿色发展理念为引领，既要金山银山，又要绿水青山；既要坚守生态环境底线，不以牺牲生态环境为代价实现发展，又要充分利用生态环境将生态优势转变为经济发展优势，实现美丽乡村建设与经济高质量发展协同并进。

中国自古以来就有"天人合一"的思想，这是生态文明思想的源头。生态兴则文明兴，生态衰则文明衰。党的"十八大"以来逐渐形成的习近平生态文明思想，标志着中国生态文明建设的又一重要历史阶段。坚持人与自然和谐共生，保护生态环境，促进绿色发展，建设美丽中国等是习近平生态文明思想的基本要求，也是习近平新时代中国特色社会主义思想的重要组成部分。②

---

① 马俊杰：《统筹山水林田湖草沙系统治理（思想纵横）》，载《人民日报》，2022 年 6 月 1 日第 9 版。

② 毕耕：《以习近平生态文明思想引领美丽乡村建设》，载《光明日报》，2018 年 10 月 24 日第 6 版。

2018 年中央一号文件《中共中央、国务院关于实施乡村振兴战略的意见》对实施乡村振兴战略进行了重大部署，要求"把乡村建设成为幸福美丽新家园"。可见，建设生态宜居美丽乡村是乡村振兴的总要求之一。习近平总书记强调指出："中国要强，农业必须强；中国要美，农村必须美；中国要富，农民必须富。"将农村美与农业强、农民富联系起来，充分显示出以习近平同志为核心的党中央对建设美丽乡村的坚定信念，对造福全体农民的坚强决心。①

"万物各得其和以生，各得其养以成。"生物多样性使地球充满生机，也是人类生存和发展的基础。在《生物多样性公约》第十五次缔约方大会上，习近平主席提出"人不负青山，青山定不负人"。生态文明是人类文明发展的历史趋势。呼吁全球"携起手来，秉持生态文明理念，站在为子孙后代负责的高度，共同构建地球生命共同体，共同建设清洁美丽的世界！"② 改革开放以来，中国的工业化和城镇化水平快速提升，"三农"问题日益凸显。工业文明使得中国环境遭到了巨大破坏，而化石农业又具有不可持续性。伴随着城镇化率的不断提高，中国的环境问题日益显现。习近平总书记在党的"二十大"报告中提出要"加快发展方式绿色转型，实施全面节约战略，发展绿色低碳产业，倡导绿色消费，推动形成绿色低碳的生产方式和生活方式"。走乡村绿色发展之路，是贯彻新发展理念、守住绿水青山、建设美丽中国的时代担当，对保障国家生物安全、资源安全和生态安全、维系当代人福祉和保障子孙后代的永续发展具有重要意义。

建设美丽乡村，是推进新农村建设和生态文明建设的主要抓手。建设美丽乡村的目标是要全面建设宜居、宜业、宜游的美丽乡村，提高城乡居民生活品质，促进生态文明建设，提升人民幸福感。通过遵循坚持科学规划、坚持以人为本、坚持开发与保护并重、坚持生态保护优先四个基本原则开展美丽乡村建设，加快推进"生态人居""生态环境""生态经济""生态文化"四大工程建设。③ 建设美丽乡村不仅是均衡我国发展失衡的一项重大举措，而且在生态

① 于子青，王潇潇：《农业强 农村美 农民富 习近平这样关心三农问题：写在第二个"中国农民丰收节"到来之际》，见人民网（http://politics. people. com. cn/n1/2019/0922/c1001 - 31365976. html?from = groupmessage）。

② 习近平：在《生物多样性公约》第十五次缔约方大会领导人峰会上的主旨讲话（全文），见新华网（http://www. qstheory. cn/yaowen/2021 - 10/12/c_ 1127949118. htm）。

③ 李正祥：《乡村生态文明与美丽乡村建设概论》，云南大学出版社 2021 年，第 4 章。

系统恢复和物种多样性保护中发挥着重要的作用。

乡村绿色发展之路是全球可持续发展中国智慧的重要体现。绿色产业是美丽乡村建设的重要支撑，是实施可持续发展的必由之路。乡村振兴少不了绿色发展，走绿色发展之路则要坚持人与自然和谐共生。通过建立以市场为导向、农民为主体、政府指导和社会参与的联动机制加快美丽乡村建设，鼓励农民根据市场需求和资源条件，选择最适合本地发展的优势和特色产业，重点扶持和培植果蔬业、林茶业、竹木业、中药材业和特色养殖业等，并大力推进专业化生产、规模化经营和品牌化建设。有条件的地方，还可以进一步开发、整合乡村旅游资源，将文化展演、健身娱乐、民宿服务、农家餐饮与旅游观光结合起来，加快形成美丽乡村建设与农民增收致富互促共进的良好局面。除了发展绿色经济，还要优化村镇布局、改善安居条件、培育文明乡风，共同建设生态美好、社会和谐的美丽乡村。① 近年来以习近平生态文明思想引领的美丽乡村建设取得了瞩目的成就。

浙江"美丽乡村"建设旨在把全省变成一个现代版"富春山居图"式的大花园，本质就是人与自然和谐共生。这一行动主要包括以下几个方面：①将山水与城乡融为一体，高质量建设"诗画浙江"，坚持美丽为基，打造国家公园、美丽山水、美丽城乡、美丽河湖、美丽园区、美丽田园、美丽海岛；坚持文化为魂，树立大文化理念，守好乡愁古韵、树好文明新风，建设现代版"富春山居图"。②高水平发展绿色产业，打造一批生态产业平台，培育引进一批生态龙头企业，建设一批生态产业项目，创建一批优质生态产品品牌，推动自然资本和城市乡村大幅增值，变美丽风景成美丽经济。③高标准推进全域旅游，把名山大川、著名景点串珠成链，变盆景为风景。④高起点打造现代基础设施网络，加快建设大型国际客运枢纽、美丽经济交通走廊、骑行绿道网和水利、信息、能源网络。⑤高品质创造美好生活，让人民群众看见绿水青山、呼吸清新空气、吃得安全放心、在畅游山水意境中涤荡心灵，全力打造"养眼、养肺、养胃、养脑、养心"的大花园。② 浙江的城乡生态宜居已经达到一些发达国家的水平，初步建成了宜居宜业宜游的美丽大花园，真正践行实现了"绿水青山就是金山银山"这一理念。这一工程赢得了联合国环境规划署"地

---

① 毕耕：《以习近平生态文明思想引领美丽乡村建设》，载《光明日报》，2018 年 10 月 24 日第 6 版。

② 余勤：《袁家军：全面实施大花园建设行动计划》，见浙江新闻（https://zj. zjol. com. cn/news. html?id = 964703）。

球卫士奖"美誉，是习近平生态文明思想的生动实践，展示了新时代我国生态文明建设的成就，为建设美丽中国、实施乡村振兴战略带来了实践经验，为全球环境治理提供了中国方案。

构建绿色农业产业结构是"坚持人与自然和谐共生，走乡村发展道路"的首要任务。农业绿色发展是农业转型升级的一个重要方面，涵盖了绿色生产、绿色产品、绿色产业、绿色环境、绿色政策等方面。为了保障国家粮食安全，提高资源利用效率，保护生态环境，促进农业高质量绿色发展，"科技小院"应运而生。除了"河北曲周小麦""江西上高水稻""四川布拖马铃薯"等粮食作物，还包括"福建三明兰花""福建连江官坞海带""福建平和蜜柚""福建闽侯青梗菜""福建建瓯闽北乌龙茶""四川会理石榴""四川安岳柠檬""江西赣州食用菌"等经济作物；"江西安远蜜蜂""江西彭泽虾蟹""四川眉山鹌鹑"等畜禽水产养殖类。通过"科技小院"我们可以看到无数青年学子用自己的所学，投身"三农"，为中国的绿色发展贡献了自己的一分力量。① 而洱海流域农业绿色发展新模式与新样板是"科技小院"的又一重要成就。这一新模式使洱海保护与农民增收协同实现，其目标是将农田氮磷排放减少 30%—50%，入湖负荷减少 10%—20%，农田亩产值每年每亩超过 1 万元。构建绿色高值种植体系，让"苍山不墨千秋画，洱海无弦万古情"的美景世代相传。②

除了"科技小院"之外，戈壁农业的发展也是中国绿色农业发展过程中摸索出的一条集生态、经济、社会效益为一体的生态文明之路。地处天山南麓，中国最大沙漠塔克拉玛干沙漠北缘的阿克苏一年有三分之一时间都在刮沙尘，而今日阿克苏，沙尘天气下降到 30 天左右，连年降水量都从 60 毫米增长到 120 毫米。而这一切靠的是阿克苏地委七届领导班子"功成不必在我，功成必定有我"的使命担当。这一成就是"一张蓝图绘到底，一任接着一任干"的成功实践。现在的阿克苏，生态林、经济林、景观林三林共建，苹果、核桃、红枣、香梨、鲜杏、葡萄六果扬名，阿克苏各族人民从绿水青山中受益

① 黄晓曼，徐驰，邢玥等：《科技小院：青年学子新时代逐梦随笔》，化学工业出版社 2021 年版，第 1 – 242 页。

② 王浩：《农业科学家，为实现农业现代化贡献力量》，载《人民日报》，2022 年 8 月 30 日第 6 版。

颇深。①

2015 年，《中国三江源国家公园试点方案》通过，这是我国第一个国家公园体制试点。三江源这片美丽高原一直在答"两套题"，一套叫保生态，一套叫保民生。近年来，试点区通过实施生态修复工程、大力扶持牧区发展绿色产业、设置生态公益岗位、发放草原补奖资金、发展特许经营等措施。② 如今，三江源国家公园内已有 17211 名生态管护员持证上岗，他们从昔日的草原利用者转变为生态守护者和红利共享者。三江源国家公园在这里探索开展了雪豹观察特许经营项目，22 户牧民家庭被选拔确定为"生态体验接待家庭"。结合生态旅游＋教育、生态旅游＋文化、生态旅游＋体育等发展模式，真正实现了人与三江源的"双赢"。据统计，2016 年到 2020 年，三江源地区输送水量年均增加近百亿立方米。③

"基于自然的解决方案"，经常被宣传为生物多样性和气候的"双赢"，变革性的改变需要把人和自然放在其核心位置。美丽乡村建设的成果深刻地向人们展示了"人不负青山，青山定不负人"。一棵棵树，一片片林，它们不仅是水库、粮库、钱库，更是碳库。美丽乡村建设是生态文明理念的重要实践，是实现人与自然和谐共生的中国智慧。在我国实现"3030"目标和"3060"目标中发挥着至关重要的作用。在中共中央宣传部举行的"中国这十年"系列主题新闻发布会上，生态环境部负责人介绍了党的"十八大"以来我国生态文明建设和生态环境保护取得的历史性成就。除了大气质量快速改善、饮水安全得到保障、国家土壤环境监测网络的建成以及老旧高排放机动车辆的报废外，十年来，我国森林面积增长了 7.1％，达到 2.27 亿公顷，成为全球"增绿"的主力军。④ 十年来，中国深度参与国际合作，推动自然资源和生态保护全球治理，为全球生态文明建设和构建地球生命共同体贡献智慧和力量。构建人类命运共同体这一倡议得到了越来越多国家和人民的欢迎和认同，展现出光明的前景。

---

① 王辛元，李曾骙，王艺钊：《在戈壁荒滩上"种"出"金山银山"》，载《光明日报》2021 年 6 月 6 日第 7 版。

② 孙鹏：《国家公园丨三江源国家公园：生态与民生并蒂花开》，载《中国绿色时报》，2020 年 8 月 7 日。

③ 姜峰，王梅：《三江源国家公园：美丽家园　精心呵护（谱写新篇章）》，载《人民日报》，2022 年 3 月 1 日第 7 版。

④ 盛云，何莉，曹文钰等：《我国生态文明建设和生态环境保护取得历史性成就》，见央视网（https://news.cctv.com/2022/09/15/ARTINatB8pngPcdGGFxLaQcH220915.shtml）。

新征程上，我们要做好乡村振兴和生态文明建设各项工作，努力在新的历史条件下推进乡村生态振兴，要为亿万农民营造宜居宜业的美丽家园，为全体人民守护天蓝水绿的生产生活空间和可以栖息的精神家园，为全面推进乡村振兴和美丽中国建设提供持久动力，为全面建设社会主义现代化国家和实现中华民族伟大复兴增添亮丽色彩。①

三、国家生物安全管理能力持续提高

中国高度重视生物安全，把生物安全纳入国家安全体系，颁布实施生物安全法，系统规划国家生物安全风险防控和治理体系建设，建立健全生物安全风险监测预警、风险调查评估、生物安全审查等基本制度。严密防控外来物种入侵，对外来入侵物种普查，开展外来入侵物种监测预警、防控灭除和监督管理。完善转基因生物安全管理。开展转基因生物安全检测与评价，防范转基因生物环境释放可能对生物多样性保护及可持续利用产生的不利影响。发布转基因生物安全评价、检测及监管技术标准 200 余项，转基因生物安全管理体系逐渐完善。强化生物遗传资源监管。加强对生物遗传资源保护、获取、利用和惠益分享的管理和监督，保障生物遗传资源安全。严厉打击珍贵濒危野生动植物走私。②

（本节撰稿人：何明蕊　梁敏霞　刘蔚秋）

---

① 杜栋：《让美丽乡村成为现代化强国的标志、美丽中国的底色"——学习习近平关于乡村生态振兴的论述》，载《党的文献》，2022 年第 2 期。

② 中华人民共和国国务院新闻办公室：《中国的生物多样性保护白皮书》，见中华人民共和国国务院新闻办公室网（http://www.scio.gov.cn/ztk/zx/Document/1714318/1714318.htm-OK－2021－10－08 16：5）。

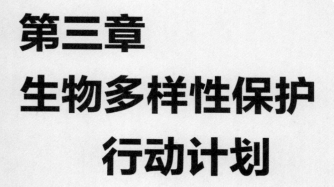

第三章
生物多样性保护
行动计划

第一节 自然保护地体系

一、自然保护区

依据《中华人民共和国自然保护区条例》第二条，自然保护区是指对具有代表性的自然生态系统、珍稀濒危野生动植物的天然集中分布区、有特殊意义的自然遗迹等保护对象所在的陆地、陆地水体或者海域，依法划出一定面积予以特殊保护和管理的区域。我国根据自然保护区的主要保护对象，将自然保护区分为三个类别九个类型，分别是：①自然生态系统类，包括森林生态系统、草原与草甸生态系统、荒漠生态系统、内陆湿地和水域生态系统、海洋和海岸生态系统五大类型；②野生生物类，包括野生动物和野生植物类型；③自然遗迹类，包括地质遗迹和古生物遗迹类型。自然生态系统类自然保护区以具有一定代表性、典型性和完整性的生物群落和非生物环境组成的生态系统为主要保护对象；野生生物类自然保护区以野生生物物种，尤其是珍稀濒危动植物种群及其生存环境为主要保护对象；自然遗迹类保护区以具有特殊意义的地质遗迹和古生物遗迹作为主要保护对象。

我国将自然保护区划分为国家级、地方级（省级、市级和县级）自然保护区。国家级自然保护区是指在国内外具有典型意义、在科学上具有重大国际影响或者有特殊研究价值，并经国务院批准成立的自然保护区；地方级自然保护区是指在本辖区内具有较高科学、文化、经济、休闲、娱乐和观赏价值，经同级人民政府批准建立并报国务院环境保护行政主管部门备案的自然保护区。

据统计，全国（不含香港特别行政区、澳门特别行政区和台湾地区）共建立各种类型、不同级别自然保护区 2750 个，其中国家级自然保护区 463 个。[①]

---

① 中华人民共和国生态环境部：《全国自然保护区名录（2017 版）》，见中华人民共和国环境保护部网站。

二、国家公园

国家公园（National Park）是保护地的一种类型。世界自然保护联盟（International Union for Conservation of Nature，IUCN）将国家公园定义为"大面积自然或近自然区域，用以保护大尺度生态过程以及这一区域的物种和生态系统特征，同时提供与其环境和文化相容的精神的、科学的、教育的、休闲的和游憩的机会"。国家公园起源于美国，全球第一个国家公园是美国的黄石公园（Yellowstone National Park），建立于1872年，已有150年的历史。国家公园后来被世界大部分国家和地区所采用，目前已有100多个国家设立了国家公园。国家公园通常建立在风景优美、人类干扰较少、野生动植物丰富的区域。在提供多种生态系统服务之外，国家公园也为人们提供科学研究、公众教育、休闲娱乐等机会，具有多重价值。[1]

国家公园在我国却是近年来才出现的事物。自1956年建立第一个自然保护区——鼎湖山国家级自然保护区以来，我国保护地的主体一直是各级自然保护区，它们在濒危野生动植物、自然遗迹和典型生态系统的保护中发挥了重要作用。近些年来，随着我国社会的发展和自然保护需求的增长，尽管自然保护区继续发挥着重要的作用，但其自身存在的问题也被进一步突出。

首先，很多自然保护区的面积较小，保护区之间的连通性较低，在大型动物尤其是顶级捕食者的保护中显得捉襟见肘。而顶级捕食者是一个生态系统中不可缺少的部分，是生态系统能够稳定存续的指标之一。例如，顶级捕食者虎豹，需要较大的栖息地才能维持一个可持续的种群，而很多的自然保护区面积有限，并不能覆盖多只虎豹的栖息地，且保护区之间的连通性较低，难以支撑虎豹种群的长期存续和发展。[2]

其次，自然保护区多为自下而上报批申建，由各地方政府主管，受行政边界的影响较大。例如，云南省面积最大的保护区——高黎贡山国家级自然保护区，由北—中—南三段组成，分属保山市的隆阳区、腾冲市和怒江州的贡山、福贡、泸水三县管理，在保护区管理局下设置了多个管理分局，且各管理分局

① 雷光春，曾晴：《世界自然保护的发展趋势对我国国家公园体制建设的启示》，载《生物多样性》，2014年第4期。
② 刘源隆：《东北虎豹国家公园体制试点：跨省合作难题待解》，载《小康》，2016年第20期。

受各区县政府管辖，使保护区管理局在统筹规划和实施等方面存在一定的困难。

再次，保护区的工作重心在于对自然资源的严格保护，多年来与保护区周边社区的发展需求之间存在一定的矛盾，协调保护和发展对于很多保护区来说或是能力不足，或是权限不足。[①]

为了解决保护地的困境和满足生态文明建设的需要，自 2012 年以来我国开始国家公园体制试点，推动建立"以国家公园为主体、自然保护区为基础、各类自然公园为补充的自然保护地体系"[②]。根据《建立国家公园体制总体方案》，国家公园是指"由国家批准设立并主导管理，边界清晰，以保护具有国家代表性的大面积自然生态系统为主要目的，实现自然资源科学保护和合理利用的特定陆地或海洋区域"。国家公园是我国"自然生态系统中最重要、自然景观最独特、自然遗产最精华、生物多样性最富集的部分，保护范围大，生态过程完整，具有全球价值、国家象征，国民认同度高"。

与自然保护区相比，国家公园在空间上覆盖了各类各级自然保护地以及保护地周边生态价值高的区域，实行统一管理。这样能够整合分属不同部门和不同行政区域的保护地，有效解决交叉重叠、多头管理的问题，建立统一、规范、高效的管理体制，提升保护地体系的保护水平和管理有效性。例如，大熊猫国家公园将原来分属不同部门、不同行政区域的 69 个自然保护地连为一体，改善了大熊猫栖息地的连通性，使 13 个相对独立的大熊猫局域种群连成一片，进一步提升了大熊猫及其栖息地的保护成效。[③] 同时，作为旗舰物种，大熊猫保护的提升也为同域分布的其他物种提供了更为有效的保护。[④]

---

① 赵小刚：《探究自然保护区社区发展与自然资源保护的关系》，载《农场使用技术》，2022 年第 2 期。

② 崔晓伟、孙鸿雁、李云等：《国家公园科研体系构建探讨》，载《林业建设》，2019 年第 5 期；张茂莎、周亚琦、盛茂银：《建立以国家公园为主体的自然保护地体系的思考与建议综述》，载《生态科学》，2022 年第 41 期。

③ 李晟，冯杰，李彬彬，吕植：《大熊猫国家公园体制试点的经验与挑战》，载《生物多样性》，2021 年第 29 期。

④ 孙继琼、王建英、封宇琴：《大熊猫国家公园体制试点：成效、困境及对策建议》，载《四川行政学院学报》，2021 年第 2 期；田佳、朱淑仪、张晓峰等：《大熊猫国家公园的地栖大中型鸟兽多样性现状：基于红外相机数据的分析》，载《生物多样性》，2021 年第 29 期。

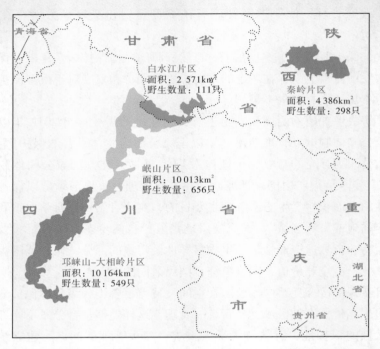

图 3-1　大熊猫国家公园的位置和片区组成（制图：成都地图出版社有限公司）

（数据源自：《大熊猫国家公园体制试点实施方案（2017—2020)》2017 年 8 月发布）

与自然保护区一般自下而上申报建立不同，国家公园是自上而下建立的，从国家利益出发，目的是在大尺度上保护最有代表性和最具价值的自然生态系统，强调生态系统的原真性和完整性，以实现山水林田湖草冰沙的一体化保护。例如，近年来野生东北虎、东北豹种群恢复较快，但是原来的自然保护区只保护了野生东北虎豹栖息地的 39%，这可能会限制未来虎豹种群的发展，或者加剧虎豹与当地人之间的冲突。随着东北虎豹国家公园的建立，90% 以上的虎豹栖息地得到保护，保障了野生虎豹种群的迁移、扩散、定居和繁殖，为虎豹种群的长期存续和发展提供了保障，也使得北方森林生态系统更为完整。①

在实行严格保护之外，国家公园也将满足人民群众对优美生态环境的需求，为公众提供更多贴近自然、认识自然、享受自然的机会，为全社会提供优

---

① 蒋亚芳，田静，赵晶博等：《国家公园生态系统完整性的内涵及评价框架：以东北虎豹国家公园为例》，载《生物多样性》，2021 年第 29 期。

质生态产品和服务，实践全民公益性的国家公园理念。例如，作为最早开展国家公园特许经营活动的试点项目，三江源国家公园澜沧江源园区内的昂赛雪豹观察活动，为公众提供了认识雪豹这种神秘的大型猫科动物、体验高原生态环境和藏族传统文化的机会。同时，项目发展了 21 户牧民作为雪豹观察特许经营活动的接待人家，经营活动收入的 45% 由接待牧户受益，45% 作为村集体收入，10% 作为昂赛乡生态保护基金，同时实现了生态保护、生产发展和生活改善的目标。①

图 3 − 2　三江源国家公园澜沧江源园区内的昂赛大峡谷，是最早开展国家公园内特许经营活动的试点（供图：张璐）

建立国家公园体制是党的十八届三中全会提出的重点改革任务之一，是我国生态文明制度建设的重要内容。2017 年 9 月，中共中央办公厅、国务院办公厅印发《建立国家公园体制总体方案》；2019 年 6 月印发《关于建立以国家公园为主体的自然保护地体系的指导意见》；2021 年 10 月，我国正式设立三江源、大熊猫、东北虎豹、海南热带雨林、武夷山首批 5 个国家公园，标志着

①　李惠梅、王诗涵、李荣杰等：《国家公园建设的社区参与现状：以三江源国家公园为例》，载《热带生物学报》，2022 年第 2 期。

我国国家公园体制试点改革取得了阶段性成果。目前还有一批国家公园正在积极建设中，按照《国家公园空间布局方案》，未来我国将会有 50 个左右的国家公园，充分覆盖和保护我国最重要、最有价值的自然生态系统。

三、人与生物圈

（一）人与生物圈计划

人与生物圈计划（Man and the Biosphere Programme，MAB）是联合国教科文组织提出的一项政府间科学计划。该计划自 1971 年发起至今，一直致力于为改善人类及其生存环境之间的相互关系建立一个科学基础。该计划结合自然科学和社会科学，为合理和可持续利用与保护生物圈资源以及改善人与环境的关系提供科学依据，并且通过预测当前人类活动对未来世界的影响，进而增强人类科学有效管理自然资源的能力。

人与生物圈计划以世界生物圈保护区网络为依托，力求识别和评估全球气候变化背景下人类和自然活动对生物圈造成的变化，以及这些变化对人类和环境的影响；力求研究比较自然和近自然生态系统与社会经济发展间的关系，尤其是在生物多样性和文化多样性快速丧失的背景下，这些生物多样性和文化多样性的快速丧失将会带来无法预估的生态系统重要服务功能的丧失；在高速城市化和快速能源消耗所驱动的环境变化背景下，确保人类拥有宜居的环境；加强关于环境问题和解决方案的交流与分享，推动可持续发展环境教育。

（二）生物圈保护区

生物圈保护区是"人与生物圈"计划的实施场所，也是学习可持续发展的场所，包括陆地、沿海和海洋生态系统。生物圈保护区作为一种新型的自然保护理念，不仅强调自然保护，同时兼顾与生态环境相适应的当地社会经济发展，以及当地文化多样性的保留和传承。其具有三个相辅相成的功能，即保护、发展和后勤支持——保护生物多样性和文化多样性，促进可持续的人类和经济发展，开展研究、监测、环境教育和培训活动为发展提供支持。① 生物圈保护区的三个功能分别对应三个功能分区，包括：①核心区（Core area），受

---

① UNESCO：Biosphere reserves：The Seville Strategy and the Statutory Framework of the World Network，见联合国教科文组织网站（http://www. mmediu. gov. ro/app/webroot/uploads/files/03. %20MaB_ Sevilla_ Strategy. pdf）。

到严格保护；②缓冲区（Buffer zones），该区域环绕或者毗邻核心区，可用于
开展与生态实践相关的活动；③过渡区（Transition area），一个灵活的区域，
可开展各种活动如农业活动、旅游等，各方合作者相互协作，推动可持续发展
（图3-3）。

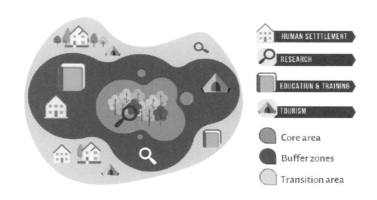

图3-3　生物圈保护区分区示意图①

　　世界各地一系列优秀的生物圈保护区组成了世界生物圈保护区网络
（World Network of Biosphere Reserves，VNBR），该网络是"人与生物圈"计划
的重要实施平台，有力地推动了南—北合作以及南—南合作。通过该网络可交
换信息、分享知识、交流经验，从而实现和推动国际合作。世界生物圈保护区
网络于1976年提出，截至2021年9月15日，该网络已有分布在131个国家
共计727个生物圈保护区，其中包括22个跨境保护区，所有生物圈保护区的
面积覆盖了地球陆地面积的5%以上。

　　2021年9月，联合国教科文组织宣布成立世界上第一个横跨5国的生物
圈保护区——穆拉—德拉瓦—多瑙河5国生物圈保护区（Five-country
Biosphere Reserve Mura-Drava-Danube），由奥地利、克罗地亚、匈牙利、塞尔
维亚、斯洛文尼亚5个国家共同管理。该保护区拥有中欧最大、保存最完好的
河流系统，具有非常丰富的生物多样性。该举措在生物圈保护区建设进程中具
有里程碑式意义。

（三）中国生物圈保护区网络

　　我国于1973年首次参加联合国教科文组织"人与生物圈"计划国际协调

---

① UNESCO：Man and the Biosphere programme，见联合国教科文组织网站。

理事会。1979 年，我国第一批自然保护区被纳入世界生物圈保护区网络，包括吉林长白山国家级自然保护区、广东鼎湖山国家级自然保护区和四川卧龙国家级自然保护区。截至 2021 年 2 月 1 日，我国共有 34 家自然保护区加入世界生物圈保护区网络。这些保护区为我国生物多样性保护，自然资源可持续利用及当地社会经济发展提供了最前沿和最活跃的国际合作场所。

为进一步推动"人与生物圈"计划在我国的实施，国务院于 1978 年正式批准成立了中国"人与生物圈"委员会。受世界生物圈保护区网络理念的启示，扩大生物圈保护区在我国的影响，我国于 1993 年成立了中国生物圈保护区网络（Chinese Biosphere Reserves Network，CBRN）。同年 7 月，首批 45 家自然保护区被批准纳入中国生物圈保护区网络；至 2022 年 5 月，共 191 家自然保护区加入中国生物圈保护区网络。我国的这一举措是国际上一项创造性工作，中国生物圈保护区网络成为全球第一个与世界生物圈保护区网络相对应的国家网络，中国"人与生物圈"委员会也因此获得了世界自然保护联盟（IUCN）授予的弗雷德·帕卡德奖（国际自然保护领域最重要的奖项之一）。

2021 年 11 月，在联合国教科文组织第 41 届大会上，我国成功当选"人与生物圈"计划国际协调理事会理事国，该协调理事会是"人与生物圈"计划的最高协调机构，负责指导和监督"人与生物圈"计划的全部工作。

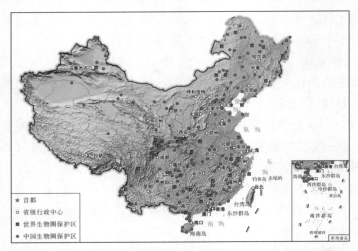

图 3-4　中国生物圈保护区网络①（制图：成都地图出版社有限公司）

---

①　王丁，刘宁，陈向军等：《推动人与自然和谐共处和可持续发展：人与生物圈计划在中国》，载《中国科学院院刊》，2021 年第 4 期。

（四）鼎湖山国家级自然保护区

鼎湖山国家级自然保护区（112°30′39″—112°33′41″ E，23°09′21″—23°11′30″ N）位于广东省肇庆市，于 1956 年成立，是新中国第一个自然保护区，同时也是我国首批加入"人与生物圈"计划的世界生物圈保护区网络的自然保护区之一。鼎湖山国家级自然保护区地理位置独特，处于北回归线沙漠带上，被誉为"北回归沙漠带上的绿色明珠"。

鼎湖山国家级自然保护区具有极高的保护价值，蕴藏有极其丰富的生物多样性，是非常珍贵的"物种宝库"和"基因储存库"。全区共 1133 公顷，孕育着丰富的野生动植物以及微生物，其中，国家重点保护野生植物 68 种（一级保护 6 种，二级保护 62 种）；国家重点保护野生动物 62 种（一级保护 7 种，二级保护 55 种）。此外，已鉴定的大型真菌 836 种，占广东省总物种数的 70%。

鼎湖山国家级自然保护区具有完整的森林演替系列和垂直分布带，是一个天然的科研监测平台，吸引了大量国内国外学者前往开展科学研究。保护区内拥有该区域气候顶级森林群落——季风常绿阔叶林，同时拥有马尾松林、针阔混交林，形成了一个自然的演替序列。此外，保护区拥有从海拔 14 米至 1000 米明显的垂直分布带，沿海拔梯度分布有溪边林、沟谷常绿阔叶林、季风常绿阔叶林、山地常绿阔叶林、山地常绿灌丛和山地常绿灌草丛等植被类型。鼎湖山国家级自然保护区具有的植被时间演替和空间格局变化为科学研究者提供了理想场所，使之成为了重要的科研基地。因此，以鼎湖山为研究对象开展的大量科学研究，成果丰硕，发表论文 2200 余篇。其中，鼎湖山以 50 年来的森林土壤碳汇观察研究成果，在国际重要期刊 *Science* 等上发表，显示了我国碳汇储量非常丰富，影响卓著。

鼎湖山国家级自然保护区环境优美、负氧离子含量高，成为了周边城市居民休闲度假的圣地。除此之外，保护区极其丰富的生物多样性，使之成为了重要的科普教育基地。鼎湖山国家级自然保护区的建立与发展为生物多样性保护、促进当地社会和经济的发展以及自然科普教育做出了重要贡献。

四、世界自然保护联盟、世界自然遗产地

（一）世界自然保护联盟

世界自然保护联盟（International Union for Conservation of Nature，IUCN）

于 1948 年成立，是全球最大的非营利性环境保护组织，由政府和民间社会组织组成，在全球具有很强的影响力。联盟致力于环境保护和可持续发展，鼓励和帮助全世界的科学家和民间组织保护自然资源的完整性和多样性，并制定了各种方法策略保护生物多样性及自然资源的可持续利用。同时作为世界遗产委员会的咨询机构，世界自然保护联盟评估各缔约国申报的自然遗产并监督世界自然遗产的保护状况。

IUCN 为世界各国的研究者们提供了公开共享的资源，包括数据库、工具、标准、准则和政策建议等，如世界自然保护联盟濒危物种红色名录、世界自然保护联盟保护和保护区绿色名录等。

濒危物种红色名录成立于 1964 年，记录了全球动物、植物和真菌各物种的生存范围、种群数量、栖息地、面临的威胁、急需的保护行动等信息，评估了各物种的灭绝风险，是世界生物多样性健康状况的关键指标，对保护生物多样性至关重要。红色名录将物种进行了等级划分，并建立了分级标准体系。它将物种分为了九个等级，分别是未评估（NE）、数据缺乏（DD）、无危（LC）、近危（NT）、易危（VU）、濒危（EN）、极危（CR）、野外灭绝（EW）和灭绝（EX）。[①] 至今已有 147517 个物种被列入红色名录，其中有 41459 个物种是受威胁物种（包括易危、濒危、极危和野外灭绝），面临着灭绝的威胁。这些受威胁物种包括 41% 的两栖动物、38% 的鲨鱼和鳐鱼、34% 的针叶树、33% 的珊瑚礁、27% 的哺乳动物和 13% 的鸟类。为提供更为全面的物种保护状况，IUCN 提出了"物种绿色状况"以补充红色名录，评估物种种群的恢复情况并衡量物种的保护成功率。

2012 年，世界自然保护联盟启动了保护和保护区绿色名录，名录旨在增强和维持自然保护地的保护成效，实现生物多样性保护并确保自然资源的可持续发展。名录提出了纳入绿色名录的四大主题十七项标准：良好治理、有效管理、详实设计和规划以及保护成效。[②] 目前，全球已有 600 多个保护区纳入了 IUCN 绿色名录。

（二）世界自然遗产地

世界各国的自然—文化遗产是全人类最珍贵的财富，正面临着遭受破坏的

---

① IUCN：《IUCN Red List categories and Criteria，Version 3.1》，见 IUCN 网站。

② IUCN and World Commission on Protected Areas（WCPA）：《IUCN Green List of Protected and Conserved Areas：Standard，Version 1.1》，见 IUCN 网站（https://iucngreenlist. org/standard/global-standard/）。

威胁，而这些遗产的破坏或者消失将会对世界遗产产生不可估量的有害影响。因此，联合国教科文组织于 1972 年在巴黎举行的第十七届会议上通过了《保护世界文化和自然遗产公约》。《公约》确认了地球上一些具有"杰出普遍价值"的自然—文化遗产是全人类共同遗产的一部分，应该加以特殊的保护。这些自然—文化遗产是罕见的，超越国界的，并对全人类具有普遍的重要意义。世界遗产包括"文化遗产""自然遗产"以及"文化和自然混合遗产"，其中具有突出普遍价值的由物质和生物结构或这类结构群组成的自然面貌、具有突出普遍价值的地质和自然地理结构遗迹以及明确划分为受威胁的动物和植物生境区、具有突出普遍价值的天然名胜或者明确划分的自然区域被定义为"自然遗产"。世界遗产委员会将符合世界遗产评定标准的文化遗产和自然遗产列入《世界遗产名录》，并将遭遇严重特殊危险威胁的遗产列入《濒危世界遗产名录》。

目前，全球共有 1154 个世界遗产地被列入《世界遗产名录》，包括 897 个文化遗产地，218 个自然遗产地，39 个自然—文化双遗产地，其中有 52 个（36 个文化遗产，16 个自然遗产）遗产被列入《濒危世界遗产名录》。我国列入《世界遗产名录》的遗产地共有 56 个，其中有 14 个自然遗产地，4 个自然—文化双遗产地。分别是泰山（1987 年）、黄山（1990 年）、黄龙风景名胜区（1992 年）、九寨沟风景名胜区（1992 年）、武陵源风景名胜区（1992 年）、云南三江并流保护区（2003 年）、四川大熊猫栖息地（2006 年）、中国南方喀斯特（2007 年）、三清山国家公园（2008 年）、中国丹霞（2010 年）、澄江化石遗址（2012 年）、新疆天山（2013 年）、湖北神农架（2016 年）、青海可可西里（2017 年）、梵净山（2018 年）、中国黄（渤）海候鸟栖息地（2019年）、峨眉山—乐山大佛（1996 年）、武夷山（1999 年）。

（本节撰稿人：谭雪莲　张璐　梁敏霞　刘蔚秋）

五、国家植物园、灵长类动物保护

（一）国家植物园

建立国家公园是为了就地保护我国自然状况下最本真、最有代表性的物种和生态环境，但是很多植物，尤其是有重要经济或者观赏价值的植物，在野外容易受到突发自然灾害和人类活动的影响，有的甚至濒临灭绝。建立国家植物园，是把珍稀濒危的植物物种，通过迁地的形式保护起来，再经由研究、保育

和扩繁，在时机成熟时开展野外种群的重建和回归工作，实现濒危植物的有效保护。①

国家植物园体系是以国家植物园为主体的全国植物迁地保护网络，涵盖我国主要气候带和植被类型、生物多样性热点地区以及重要经济植物。国家植物园的主要功能包括对植物类群的系统收集、完整保存、高水平研究和可持续利用，同时兼具科普教育功能，为公众提供了解植物、体验植物多样性之美的机会。②

2021 年 10 月，习近平主席在昆明 COP15 大会上宣布，将启动北京、广州等国家植物园体系建设。2022 年 1 月，国务院批复同意在北京设立国家植物园；2022 年 4 月 18 日，国家植物园在北京正式揭牌；2022 年 7 月 11 日，华南国家植物园在广州正式揭牌成立。至此，我国分别在一北一南设立并揭牌运行 2 个国家植物园。北京国家植物园和华南国家植物园各具特色，各有侧重。

1. 国家植物园

国家植物园位于北京，是在中国科学院植物研究所（南园）和北京市植物园（北园）现有条件的基础上，经过整合和扩容而成，总规划面积接近 600 公顷。③ 国家植物园立足华北，重点收集"三北"地区乡土植物和北温带代表性植物以及全球不同地理分区的代表植物和珍稀濒危植物，预计未来国家植物园的活植物种类将达到 3 万种以上。另外，国家植物园也将增加全球代表性植物标本的收藏，标本数预计达 500 万份。国家植物园将建成 20 个特色专类园、7 个植物进化展示区和 1 个原生植物保育区，充分发挥植物迁地保护、科学研究、科学传播、资源开发和利用以及公众游憩等核心功能。在科学研究方面，国家植物园将同上百个国家的植物园和科研机构建立合作关系，搭建国际综合交流分享合作平台，努力建设成为具有中国特色的世界一流国家植物园。

2. 华南国家植物园

华南国家植物园位于广州，是在中国科学院华南植物园的基础上升级改建的。建于 1956 年的华南植物园是我国最大的南亚热带植物园，也是我国历史最悠久的植物学研究和植物保护机构之一。华南植物园升级为国家植物园后，

---

① 黄宏文，廖景平：《论我国国家植物园体系建设：以任务带学科构建国家植物园迁地保护综合体系》，载《生物多样性》，2022 年第 30 期。

② 唐肖彬，韩枫：《国家植物园体系建设初探》，载《湖南林业科技》，2022 年第 49 期。

③ 何建勇：《国家植物园正式揭牌》，载《绿化与生活》，2022 年第 05 期。

将立足华南，致力于全球热带亚热带地区的植物保护、科学研究和知识传播。①

华南国家植物园（如图 3－5 所示）以热带和亚热带的常绿阔叶林优势植物和特有植物为对象，计划迁地保育物种 2 万种以上，其中包括 6000 种经济植物，使 95% 的华南珍稀濒危植物得到有效的迁地保护。此外，华南国家植物园将选育优质经济作物，大规模开发 2 种经济植物（鲜果枸杞和三叶木通），为绿色发展提供源头植物资源。华南国家植物园也承担科普教育使命，将建设自然教育与生态文明示范基地，提升科普教育能力，并通过改造科普场馆及标识系统，使年游客数上升至 300 万人次以上，扩大科普教育的受众面。

图 3－5　华南国家植物园的温室和游人（图片提供：张璐）

（二）灵长类动物保护

灵长类动物是指哺乳纲、灵长目动物，在各动物类群中与人类的亲缘关系最近。全球的灵长类动物有 520 余种，在我国分布的有 28 种。我国是北半球灵长类动物最丰富的国家，并且超过三分之一的物种为我国的特有种，包括川金丝猴、黔金丝猴和海南长臂猿等。自 2006 年以来，国内有 2 种新的灵长动物被描述（天行长臂猿／高黎贡白眉长臂猿、白颊猕猴），还有 3 种灵长类动物的国内新记录（东黑冠长臂猿、戴帽叶猴和缅甸金丝猴）。

① 黎明：《华南生物多样性保护迎来新机遇——华南国家植物园在广州正式揭牌》，载《国土绿化》，2022 年第 07 期。

大部分灵长类动物生活在森林中，是重要的种子传播者，对于植物种子尤其是大中型种子的传播和森林群落的维持有着重要的作用。① 一方面，灵长类动物因与人类的亲缘关系最近，长期作为医学模型应用于药物研发、疾病治疗等方面，为人类的健康作出了巨大的贡献。② 另一方面，灵长类动物也被用于研究人类的起源和进化，例如人类早期社会组织、人类语言的进化等。③ 总之，灵长类动物在生态系统和人类社会中都起着重要的作用。

然而，根据 IUCN 物种红色名录（IUCN Red List of Threatened Species），全球超过 60% 的灵长类动物都处于濒危状态，存在灭绝的风险；超过 80% 的灵长类动物种群处于下降状态。如若不采取及时且有力的保护措施，很多灵长类动物可能会在近期灭绝。

与全球的情况类似，在我国有 80% 的灵长类动物处于濒危状态，15－18种灵长类动物种群数量少于 3000 只，两种长臂猿（北白颊长臂猿和白掌长臂猿）和一种叶猴（红腿白臀叶猴）在过去的几十年间在中国野外灭绝。更糟糕的是，所有的灵长类动物均生活在破碎化的栖息地中，小种群间的个体和基因交流非常困难，这使得灵长类动物的未来更加晦暗。④ 也因此，我国所有灵长类动物都是国家保护动物（其中有 22 种为国家一级保护动物，6 种为国家二级保护动物）；在 IUCN 物种红色名录上，我国的灵长类动物中有 23 种处于濒危状态，包括 6 种极度濒危（CR）、14 种濒危（EN）以及 3 种易危（VU）。

造成灵长类动物如此濒危的原因有多种，包括历史上的森林砍伐和偷猎，正在进行中的城镇化、环境污染和气候变化等。为了保护灵长类动物，政府部门、科学家和保护工作者们实施了多样的保护行动，包括建立保护区、恢复栖息地、打击偷猎、加强科学研究、提升管理水平、提高社区参与等，这些保护措施在我国的长臂猿保护中均有所体现。

---

① 陈远，王征，向左甫：《灵长类动物对植物种子的传播作用》，载《生物多样性》，2017 年第 25 期。

② 李乙江，肖文娴，赵玲等：《灵长类动物在人类神经系统疾病动物模型中的应用》，载《生物化学与生物物理进展》，2022 年第 49 期。

③ Arbib M., Liebal K., Pika S. Primate vocalization, gesture, and the evolution of human language. Current Anthropology, 2008（49）：1053－1063.

④ Li B., Li M., Li J., Fan P., Ni Q., Lu J., Zhou X., Long Y., Jiang Z., Huang Z., Huang C., Jiang X., Pan R., Gouveia S., Dobrovolski R., Grueter C., Oxnard C., Groves C., Estrada A., Garber A. The primate extinction crisis in China：immediate challenges and a way forward. Biodiversity and Conservation，2018（27）：3301－3327.

我国有 7 种长臂猿，包括冠长臂猿属的西黑冠长臂猿、东黑冠长臂猿、海南长臂猿和北白颊长臂猿，白眉长臂猿属的天行长臂猿和西白眉长臂猿，以及长臂猿属的白掌长臂猿。① 所有长臂猿均为国家一级保护动物，在 IUCN 物种红色名录上，4 种为极危，3 种为濒危。为了保护长臂猿，我国建立了一系列的保护区，也采取了多种保护措施。然而，北白颊长臂猿和白掌长臂猿在 21 世纪初已从我国的野外消失，仅西双版纳保护区饲养了一小群北白颊长臂猿，为这个物种在我国保留了一点星火；西白眉长臂猿生活在藏南地区，国内学者难以开展研究和保护工作，因而对这个物种的现状知之甚少。其余 4 种长臂猿经历了长时间的种群下降，但随着各种保护措施的开展，近期种群数量处于稳定状态或有所回升。②

海南长臂猿： 海南长臂猿是唯一一种中国特有的长臂猿，仅分布于我国的海南岛，并以海南命名。20 世纪 50 年代以前，海南岛 12 个县的大部分热带雨林里都有海南长臂猿分布，种群数量超过 2000 只。因为偷猎和对热带雨林的破坏，到 20 世纪 80 年代，海南长臂猿的数量一度下降到只剩 7 - 9 只，离灭绝只剩一步之遥，成为全球最濒危的灵长类动物。③

为了挽救岌岌可危的海南长臂猿，1977 年年底在霸王岭林区内建立了海南长臂猿保护站，1980 年建立了霸王岭省级自然保护区。1988 年，霸王岭省级保护区升级为国家级，面积从 21 平方公里扩大为 66 平方公里，2003 年保护区面积再次扩大为近 300 平方公里。国家公园的建设将海南长臂猿的保护又提升了一个等级。海南热带雨林国家公园自 2018 年开展试点，到 2021 年正式成为国内首批国家公园，总面积约 4269 平方公里，覆盖海南的 9 个市县。④ 海南热带雨林国家公园的建设和发展吸引了大量的保护资金、科研投入和公众关注。

作为热带雨林国家公园的旗舰物种，海南长臂猿的保护近年来得到了有效提升。21 世纪初海南长臂猿的数量为 2 群 13 只，2013 年为 3 群 23 只，2019

---

① 范朋飞：《中国长臂猿科动物的分类和保护现状》，载《兽类学报》，2012 年第 32 期。

② Fan P. The past, present, and future of gibbons in China. Biological Conservation, 2017（210）：29 - 39.

③ 邓怀庆，周江：《海南长臂猿研究现状》，载《四川动物》，2015 年第 34 期。

④ 柴勇，余有勇：《海南热带雨林国家公园体制创新路径研究》，载《西部林业科学》，2022 年第 51 期。

年增加到 4 群 30 只，而到 2022 年，随着新的家庭群的出现和婴猿出生，海南长臂猿的数量已经增加到 6 群 37 只，海南长臂猿被从灭绝的边缘往回拉了一步。然而，对于一种大型哺乳动物而言，仅仅 37 只个体的种群仍旧处于非常危险的状态，海南长臂猿的保护依然任重道远（如图 3－6 所示）。

图 3－6　海南长臂猿，左为成年雄性，右为成年雌性和幼猿（供图：马长勇）

东黑冠长臂猿： 历史上，东黑冠长臂猿曾经分布于红河以东的中国南部和越南北部区域。自 20 世纪 50 年代起，国内很长一段时间都没有人见过东黑冠长臂猿的身影，一度被认为已经在中国灭绝。而与我国交界的越南，自 20 世纪 60 年代起也没有了东黑冠长臂猿的确切记录。直到 2002 年，越南北部靠近我国边境的一片喀斯特森林中重新发现了东黑冠长臂猿的一个小种群；2006 年，在我国边境广西靖西县的森林中也发现了东黑冠长臂猿，与越南的群体同属于一个小种群。根据 2007 年 9 月开展的中越联合调查，东黑冠长臂猿共有 18 群约 110 只，分布于中国和越南相连的一片喀斯特森林中。生活于我国境内的有 4 群约 23 只，其中有 3 群属于跨境分布，具有"双重国籍"。[1] 由于东黑冠长臂猿仅存一个种群，IUCN 将其列为极度濒危物种，是世界上最濒危的

---

① Fan P. The past, present, and future of gibbons in China. Biological Conservation, 2017 (210): 29－39.

25 种灵长类动物之一。

　　为了保护东黑冠长臂猿，我国于 2009 年成立广西邦亮长臂猿自治区级自然保护区，2013 年升级为国家级自然保护区，这也是全国唯一以长臂猿命名的保护区。在扎实开展保护区的各项工作如科研监测、巡护、宣传教育等之外，邦亮保护区和越南的长臂猿保护区共同开展了多项跨境保护工作，包括定期开展联合种群调查、跨境栖息地恢复和迁移廊道建设，以及联合实施森林防火、打击盗猎盗采、开展科普宣教等活动。[①] 中越双方的巡护队员平均每两个月会面一次，平常也通过电话、邮件等形式保持常态沟通，而两国保护区的领导每年在两国界碑处定期交流两次，被称为"界碑会谈"。在中越两国的共同努力之下，东黑冠长臂猿的数量近年来稳中有升，我国境内的东黑冠长臂猿数量已增加到 5 群 34 只（包括跨境的群）。

图 3 - 7　东黑冠长臂猿

（a 为成年雄性，b 为成年雌性和幼猿）（供图：马长勇）

---

　　① Ma C., Trinh-Dinh H., Nguyen V., Le T., Le V., Le H., Yang J., Zhang Z., Fan P. Transboundary conservation of the last remaining population of the cao vit gibbon Nomascus nasutus. Oryx, 2020（54）：1 - 8.

图 3 – 8 "界碑会谈"（供图：李兴康）

天行长臂猿：天行长臂猿分布于我国云南西部和缅甸的中东部地区，曾经被认为是东白眉长臂猿。中山大学的范朋飞教授和合作者们综合了形态、头骨、遗传等方面的信息，于 2017 年将其从东白眉长臂猿中独立出来，并命名为天行长臂猿（或高黎贡白眉长臂猿）。该名字取自"天行健，君子以自强不息"，体现了从古至今国人对长臂猿的喜爱。[①] 古人常以君子比喻长臂猿，《抱朴子》中有"君子为猿为鹤，小人为虫为沙"的字句。此外，该名字还体现了长臂猿在森林中可以快速移动的特性，其行动迅捷，如在天上行走。

天行长臂猿在缅甸因为缺乏调查，种群现状不明。在我国，天行长臂猿仅分布在云南的保山市隆阳区和腾冲市以及德宏州的盈江县。2017 年调查显示，天行长臂猿在国内的种群数量少于 150 只，约有一半分布于高黎贡山国家级自然保护区内，另一半分布于边境线上的盈江县苏典乡和支那乡以及腾冲市的猴桥镇，均位于保护区外。与 2009 年的调查相比，天行长臂猿的种群数量没有

[①] Fan P. , He K. , Chen X. , Ortiz A. , Zhang B. , Zhao C. , Li Y. , Zhang H. , Kimock C. , Wang W. , Groves C. , Turvey S. , Roos C. , Helgen K. , Jiang X. Description of a new species of Hoolock gibbon（Primates：Hylobatidae）based on integrative taxonomy. American Journal of Primatology，2017（79）：e22631.

发生明显的变化，不管是保护区内还是保护区外。[1]

　　保护区内的长臂猿得益于保护区的严格保护，而保护区外的长臂猿则可能受到当地傈僳族居民传统生态文化的庇护。[2]傈僳族是传统的狩猎民族，但其文化中却存在对长臂猿的狩猎禁忌，因为他们世代相传多种关于长臂猿的传说，例如，长臂猿是人类的祖先，长臂猿会预报天气甚至是人的死亡，长臂猿是众猴之神，打了长臂猿会给猎人甚至整个村子带来不幸，等等。基于这样的传统认知和行为约束，保护区外最后的天行长臂猿种群生活在靠近傈僳族村寨的原始森林中。但随着生活方式的改变，越来越多的年轻傈僳族人走出大山，与森林的联系变得不那么紧密，传统文化的传承和延续也受到影响。未来天行长臂猿的保护需要发扬傈僳族的传统生态文化，让当地人以自己家周围能有这种珍稀动物生活而自豪，从而开展基于社区的保护。同时，需要扩大保护区的范围，加强保护宣传教育，让传统和法律在长臂猿的保护中发挥各自的作用。

图 3-9　天行长臂猿

a 为成年雌性，b 为成年雄性（供图：范朋飞）

　　西黑冠长臂猿：西黑冠长臂猿全球种群数量为 1300—2000 只，其中，我国云南约有 1000－1300 只，因此，云南在这一珍稀濒危物种的保护上起着至

---

　　① Zhang L., Guan Z., Fei H., Yan L., Turvey S., Fan P. Influence of traditional ecological knowledge on conservation of the skywalker hoolock gibbon（Hoolock tianxing）outside nature reserves. Biological Conservation，2020（241）：108－267.

关重要的作用。云南中部的无量山和哀牢山是西黑冠长臂猿在云南的主要分布区。2001 年无量山分布有 98 群西黑冠长臂猿。2010 年的调查显示,无量山长臂猿的数量下降到了 87 群。哀牢山国家级自然保护区地跨景东、镇源、新平、楚雄、南华和双柏 6 县,其中新平县境内的长臂猿数量最多,有 124 群,双柏县 25 群,楚雄县 12 群,南华县 2 群,景东县 9 群,镇源县大约 11 群。在云南西部,西黑冠长臂猿曾经广泛分布于澜沧江与怒江之间的临沧地区,但近年来种群数量下降明显:2010 年永德大雪山西黑冠长臂猿调查结果显示在保护区内仅有 4 群长臂猿;南滚河国家级自然保护区的窝坎大山至大青山一带,以及南捧河省级保护区内的雪竹林山可能仍有西黑冠长臂猿分布,但目前没有确切的种群数量信息;澜沧江省级保护区内的大雪山和邦马雪山等地可能还有残存分布,但种群数量十分稀少,可能处于灭绝的边缘。在云南南部,西黑冠长臂猿可能残存于绿春县的黄连山、金平县的分水岭和芭蕉河等区域,然而,目前只有芭蕉河种群可以确认继续存活。①

自 2002 年起,中国科学院昆明动物研究所和中山大学等科研机构的研究者们在无量山开展了长期的野外监测和研究工作,在成功习惯化 3 群西黑冠长臂猿的基础上,开展了长臂猿过夜行为、游走行为、食性、行为时间分配、捕猎行为、社会组织、鸣叫行为、个体迁移扩散模式、与灰叶猴的种间竞争、栖息地退缩模式等研究工作,为后续的长臂猿生态学和保护生物学研究打下了扎实了基础,也为科学制定长臂猿保护行动计划提供了依据。长期的野外科研工作为保护区附近社区的村民提供了参与濒危物种保护的工作机会,不仅增加了他们的收入,也提高了当地社区对于濒危物种保护的意识和参与感。此外,科研工作也促进了保护区管理成效的提升。2021 年,无量山再次开展了全域西黑冠长臂猿的种群调查,结果显示长臂猿的数量回升到 104 群,西黑冠长臂猿的保护初显成效。②

① Fan P. The past, present, and future of gibbons in China. Biological Conservation, 2017 (210): 29 - 39.

② Fan P., Zhang L., Yang L., Huang X, Shi K, Liu G., Wang C. Population recovery of the critically endangered western black crested gibbon (Nomascus concolor) in Mt. Wuliang, Yunnan, China. Zoological Research, 2022 (43): 180 - 183.

图 3 – 10 西黑冠长臂猿

左为成年雌性和幼猿，右为成年雄性和亚成年雄性（供图：范朋飞）

我国的灵长类学研究：自 1979 年以来，我国的灵长类学发展迅速。① 截至 2017 年，我国已发表了超过 1000 篇灵长类相关的研究文章，培养了 107 位研究灵长类的博士和 307 位硕士，国家自然科学基金资助了 129 项灵长类相关研究。但是我国的灵长类研究也存在一些问题。首先，研究类群存在偏倚，川金丝猴、滇金丝猴和猕猴得到的研究远超其他物种；其次，大部分研究者（55.2%）倾向于研究自己在博士期间研究的同一个物种，这会使得研究较多的物种得到更多的研究，而研究较少的物种一直得不到关注，即所谓的"马太效应"——强者愈强，弱者愈弱。为了更好地保护灵长类动物，我们需要鼓励研究者和管理者更多地关注研究较少的物种，拓展研究对象的范围，以获取各种灵长类动物保护所需的关键信息。

愿千山长青，猿声长鸣！

（本节撰稿人：张璐）

---

① Fan P., Ma C. Extant primates and development of primatology in China：publications，student training，and funding. Zoological Research，2018（39）：249 – 254.

六、风水林与乡村生态保护

（一）风水林不是迷信不是"四旧"

美丽乡村保护与建设，正当其时。事实上，无论是在历史上，还是在近现代，中华民族民间都特别重视周围环境、人居环境的保护和建设，并且通过不断地提炼，上升至一种将朴素的劳动思想与遵循天道意志融于一体的堪舆学理论。在民间，常称为看"风水"。

风水最关键的一个构件，就是有一片森林。即每一个或每一片村落，都会背靠一片山，山上有一片林，这一片林就是风水林。在20个世纪70年代至90年代，特别是"文革"期间，红卫兵在"四人帮"等的煽动下，"破四旧（即旧思想、旧文化、旧风俗、旧习惯）被扩大化，除盲目地焚烧古典著作，捣毁文物字画，破坏名胜古迹"外，连"风水"的概念也被冠以旧风俗的范畴，使得一段时期内风水林受到了各种干扰或破坏。庆幸的是，各地各乡村仍有相当面积的风水林被保存了下来，得到延续。实质上，风水林被保存下来并不是偶然的，而是有其必然性。尤其是党的"十八大""十九大"以来，国家提倡生态文明，绿色发展，"绿水青山就是金山银山"的理念已深入人心，风水林的保护与建设，已成为美丽乡村建设的直观体现和重要环节。

那么，风水林是如何体现民间对自然的理解和认识呢？民间又是如何保护风水林的呢？

风水林是如何自然的。"风水"是中国古代、近代一种传统的文化习俗，在乡村民间在做一项工程时常常有看"风水"之说。先民在建造一座古宅，一个村落，挖一口井，甚至设计一座古城时常常会根据周围地形地貌、山脉、河流走向，森林、湖泊、气候等特征，以及周围邻近处的其他建筑物进行关联设计。这种关联设计具有世袭传统，这就是一种宅基构筑的风水文化。并且，在设计这些古村落时，在宅周围往往保存着一片相当面积的自然林或人工营造一片林地（如樟树林、果林、竹林等），这些林地便被称之为风水林。

无疑，风水林是古村落的附属体，也是一种风水文化，并且几乎是必需的要素，是作为村落环境安全和宗族兴旺的庇护林。进而，风水林与村落的宗族祠堂、寺庙等便形成了村落的领域特征和风水格局景观。风水林的林权是属于同宗族村民共有，并以"宗规""俗约"加以保护和世代相传的。因而，风水林无形之中也得到了良好的保护。

民间对风水林的这种有意识无意识的保护，非常重要。特别是最近 30 年以来，人们对"风水"之说有很大的误解，"破四旧"将其定义为封建迷信而加以否定，进而对风水林的保护意识也渐渐淡化。而随着城市的扩张，城乡化进程的加速，加之要破除"迷信"的想法做崇，导致了乡村、城郊等地区的风水林受重视的程度大为减弱，很多地方的风水林一度遭到极大的破坏，面积锐减、萎缩，植物多样性也极度减少。

但是，庆幸的是，民间的风水意识仍然是根深蒂固的，使得各区域都保存了大片的风水林。据初步调查统计，广州市保存有各类风水林 156 片，中山市有风水林 75 片，香港地区记录有 116 片，在珠江三角洲其他地区及粤东、粤西、粤北等地区均保存有大量的风水林。

（二）风水林是区域地带性代表群落

风水林的价值和意义，远远超出我们的想象。就珠江三角洲而言，在南亚热带，许多重要的树种、典型植物群落均在风水林中得以保存。

例如，在广义的珠江三角洲地区，按流域可以划分三大片区①，即东片区、西北片区、西南片区。

东片区包括深圳、东莞、惠州和香港等地在内，初步调查主要风水林村落有约 128 处。深圳盐灶村风水林，面积约 45 亩，具有全国最大的银叶树林，直径约 30 cm 的银叶树超过 30 株，最大的直径达 100 cm，板根发达，树高达 20 – 25 m；东莞市凤岗镇"黄桐 + 华润楠林"，面积 22.5 亩；小果山龙眼林，面积 22.5 亩等。该片区风水林代表性优势种群有：黄桐（*Endospermum chinense*）、臀果木（*Pygeum topengii*）、肉实树（*Canarium pimela*）、华润楠（*Machilus chinensis*）、红楠（*Machilus thunbergii*）、白木香（*Aquilaria sinensis*）、白桂木（*Aquilaria sinensis*）、山蒲桃（*Syzygium levinei*）、红鳞蒲桃（*Syzygium hancei*）、香蒲桃（*Syzygium odoratum*）、小果山龙眼（*Helicia cochinchinensi*）s、银叶树（*Cerbera manghas*）、海芒果（*Pithecellobium clypearia*）等。

西北片区包括广州、佛山、肇庆等地，风水林村落有约 172 个，如广州市莲塘村"中华锥 + 米锥林"，面积 12 亩；中山市坦洲镇乌榄 + 白木香林，面积 240 亩；开平市大沙镇"黄杞 + 格木林"，面积 89.25 亩，有高大的格木 20 多株；珠海市白蕉镇"鱼骨木 + 粘木林"，面积 45 亩；佛山市狮山镇"臀形果 + 白车林"，面积 16.5 亩等。代表性树种有：黄桐、红鳞蒲桃、小果山龙

---

① 经作者同意，风水林数据来自"广东省科技计划项目总结报告（编号 2007B020710002；李贞，廖文波，凡强等：《珠江三角洲村落风水林群落与景观》，2009 年 12 月）。

眼、华润楠、樟树（*Cinnamomum camphora*）、木荷（*Schima superba*）、橄榄（*Canarium album*）、格木（*Erythrophleum fordii*）、黧蒴（*Castanopsis fissa*）等。偶见有翻白叶树（*Pterospermum heterophyllum*）、南岭黄檀（*Dalbergia balansae*）、海红豆（*Adenanthera pavonina*）等。

西南片区包括珠海、中山、江门等地，以珠江三角洲河网区和粤西南潭江流域为主，风水林村落记录有约84处。如中山市三乡镇里塘潵蒲桃林；中山市南朗镇岐山村臀果木林；开平市大沙镇蕉塘村黄杞＋锥林等。群落常由多优势种构成，如黄桐、红鳞蒲桃（红车）、华润楠、樟树、木荷等，次之为白颜树（*Gironniera subaequalis*）、假苹婆（*Sterculia lanceolata*）、山蒲桃（白车）、乌榄（*Canarium pimela*）、桂木（*Artocarpus nitidus subsp. Lingnanensis*）、五月茶（*Antidesma bunius*）、竹节树（*Carallia brachiata*）、蕊木（*Kopsia lancibracteolata*）、楝叶吴茱萸（*Evodia mellifolia*）等。而锥、米槠、黄杞等占优势的风水林群落仅见开平地区。在中山市50%以上的风水林中都分布有国家重点保护野生植物白木香（土沉香）。因该市土沉香分布较丰富中山市曾被称为香山。此外，开平江湾村风水林中罕见的国家重点保护植物见血封喉（Antiaris toxicaria）以及珠海大托南村风水林中的粘木（Ixonanthes chinensis），均远近闻名。

尤其是这些风水林群落代表着南亚热带季雨林植被亚型，其代表性树种、优势种群，从群落生态学角度看往往比邻近的天然林更为丰富，如黄桐群落、黄杞群落、格木群落、小果山龙眼群落、橄榄群落、细叶阿丁枫群落、樟树群落、岭南酸枣群落、华南皂荚群落等。而且，从区系地理学角度看，这些星罗棋布的"残次林""风水林"群落体现了南亚热带中部的地带性特征，在天然林受到破坏后，"呈网眼状"分布的风水林树种成为残存的地带性特征种，经过进一步分析，可以重现南亚热带地区的区系地理学特征。

在风水林群落中，还保存着丰富的珍稀濒危重点保护植物，如木白香、格木、粘木、半枫荷、见血封喉、白桂木、金毛狗、黑桫椤、花榈木、乌檀、软荚红豆等，在群落下层同样也保存着丰富的区系特征种，如箭根薯、金线兰、球兰、尖尾芋等。

尤其是在古村落风水林中分布有大量的各类古树，年龄在100～500年不等，数量丰富。仅在珠江三角洲，初步统计的古树就在上万株。这些古树记录着区域植被的发展历程，记录着区域气候特征，也是村落历史的见证。

（三）风水林是景观也是民族文化

风水林最早源自中国农耕时代，先民为追求理想的聚落、天然的生息环境，沿袭了传统的宅基风水文化，保护或营造了一种近似自然的森林景观。这种中国传统习俗文化，是通过宗族、庙社等履行公有制，并以宗规民约加以保护和世代相传的。

围绕着风水文化，形成了一门独特的学科——风水学，它是先民天地观、时空观、价值观的具体体现。在中国传统文化中，看风水，讲究趋吉避祸、招祥纳福，这是一种重要的价值取向；居住地称阳宅，丧葬地称阴宅，阳宅、阴宅的布局特别讲究，这是一种环境取向。中国的风水活动，盛行于两宋时期，常分为形势派和理气派两学派。形势派也称江西派，遵循"山环水抱法"和"负阴抱阳法"，宅基选址和环境布局时，讲究靠山面水，左青龙右白虎。理气派又称福建派，采用"九宫八卦法"和"三元运气法"，运用时空合一的风水罗盘进行宅基选址和定向。明清时期，风水活动普遍流行和发展，两大流派合而为一，"以形为体，以气为用"进行村落、城镇、居宅、葬地的勘地选址，并逐步衍化为大众化的文化习惯和民俗信仰，并且在演变过程中不断地吸收地理学、天文学、哲学、伦理学知识，不断丰富和充实自身理论①。

风水林面水靠山，山为龙脉，林为山之毛发，有山、有林、有水，才能"藏风""得水""承生气"，这是一种"天地人合一"的朴素的生态哲学观，也是中国传统文化中"敬畏自然、道法自然、保护自然"的民俗文化思想。

（四）风水林保存符合生物多样性保护理念

风水林的形成或来源不外乎基于两大元素，一是基于迁移而来新建的村落；二是基于逐渐改造形成的村落。

其一，因种种原因迁移而来新落户的村落，往往从生计考虑依山傍水而建，这样村落旁的风水林就来自于地带性天然林，往往面积比较大，在南岭以南地区属于南亚热带季雨林群落，在南岭以北地区属于中亚热带湿润性常绿阔叶林群落；在其他气候带也主要是该区域的地带性群落。这样，随着村落的不断扩大，选定的风水林在一定程度上也受到不断地干扰，植物多样性会减少，灌木、草本减少，保存下来的树会不断长大，在演替过程中受到群落演替规律的影响，形成顶极的古树群落。动物多样性也会减少。

其二，在本地区建立并逐渐扩大的村落，往往经历了较长时间发展，所依附的风水林同时经历了长时间的干扰和演变，风水林的组成和结构与最初的天然林相比较有了很大的变化，尽管有宗规俗约所制约，但小树、灌丛的砍伐、

---

① 关传友：《中国古代风水林探析》，载《农业考古》，2002年第3期；关传友：《风水景观——风水林的文化解读》，东南大学出版社，2012年版，4-67页.

清理并不会受到限制，并且历史较长的风水林，往往在群落受到干扰后又会补充种植某些果树，或者其他方便种植的外来树种。这样，该风水林原生的群落结构已不复存在，此时会成为大树古树群落，灌丛稀疏，或者会往另一方向发展，即早期最大的大树常常被砍伐利用，而留下许多中等大小的大树，同时林内灌丛、草本较丰富，成为分布较密的次生林群落。有时，林内会放牧，圈养牛羊，这样的话风山林群落林内卫生状况较差，林木的健康状况也较差。

总体而言，风水林群落是介于天然林与人工林之间的一个演替系列，既受到群落生态学理论的支配，也受到了人工因素较大的影响。目前，在城中村改造区域，城乡化演变区域，早期依山傍水建设的城市生态公园，均保存着一定面积的风水林演变群落，这些区域现在被称为城市留野地。

针对风水林的专题研究，始于 20 世纪七八十年代。1975 年，Stella L. Thrower 阐述了香港风水林的物种组成和群落结构。此后，相继有了许多论文发表。Chen Bixia 等①统计了 1990—2013 年期间在国内发表的关于风水林的研究论文 57 篇，其中，大部分论文是涉及广东珠江三角洲地区风水林，其余是福建、广西、江西、浙江等地的风水林。研究内容上，涉及本地生物多样性构成的占多数，其次为涉及传统文化、民俗、景观园林和建筑、人文和景观地理学等。最近 30 年来，在国际期刊上也发表大量了风水林研究论文，内容涉及乡土植物、生态保护②、社会文化、信息管理等方面③。

---

① Chen B, Coggins C, Minor J, Zhang Y. Fengshui forests and village landscapes in China：Geographic extent, socioecological significance, and conservation prospects. *Urban Forestry & Urban Greening*, 2018, (31)：79－92.

② Zhuang X, Corlett R. Forest and forest succession in Hong Kong, China. *Journal of Tropical Ecology*, 1997, (14)：857－866. Hu L, Li Z, Liao W, Fan Q. Values of village fengshui forest patches in biodiversity conservation in the Pearl River Delta, *China. Biological Conservation*, 2011, (144)：1553－1559.

③ Jim C. Y. Conservation of soils in culturally protected woodlands in rural Hong Kong. *Forest Ecology and Management*, 2003, (175)：339－353. Yuan J, Liu J. Fengshui forest management by the Buyi ethnic minority in China. *Forest Ecology and Management*, 2009, (257)：2002－2009. Coggins C, Chevrier J, Dwyer M, Longway L, Xu M, Tiso P, Li Z. Village Fengshui Forests of Southern China：Culture, History, and Conservation Status. *ASIANetwork Exchange*, (2012), 19 (2)：52－67. Chen B, Coggins C, Minor J, Zhang Y. Fengshui forests and village landscapes in China：Geographic extent, socioecological significance, and conservation prospects. *Urban Forestry & Urban Greening*, 2018, (31)：79－92. Cheung LTO, Hui DLH. In fluence of residents' place attachment on heritage forest conservation awareness in a peri-urban area of Guangzhou, China. *Urban Forestry & Urban Greening*, 2018, (33)：3745.

　　无疑，风水林是自然景观与文人遗迹的相结合，风水林研究是介于自然科学与社会科学之间的交叉边缘学科。2009—2012 年，中山大学李贞、廖文波等在广东省科技计划项目（编号 2007B020710002）的资助下，针对香港、澳门、江门、开平、佛山、南海、高明、东莞、深圳、珠海、中山等在内的大珠江三角洲地区，开展了村落风水林的系统调查，完成标准样地 52 片，并对村落的历史、人口、姓氏、语言、生计、民俗活动、外出人员等社会经济、人文因素进行了谈访记录；绘制了样带剖面图或群落景观图，也绘制了部分村落文化景观图等。图 3 - 8 为广州市莲塘村风水林与祠堂景观图，图 3 - 9 为靠山风水林，是一个南亚热带季风常绿阔叶林——"锥 + 木荷 + 格木—黄果厚壳桂—沙皮蕨群落"，乔木层优势种有锥、木荷、格木，第二层优势种以黄果厚壳桂，草本层以沙皮蕨占优势。

图 3 - 11　广州市莲塘村风水林和祠堂（供图：李贞）

　　在广东地区也陆续开展过其他关于风水林的研究。2013 年，叶华谷等出版了《广州风水林》，将所调查的风水林划分为 20 个群系，其中，龙座林有137 处，水口林 5 处，垫脚林 3 处，寺院林 8 处①。其他有关于珠海、中山、

---

　　①　叶华谷，徐正春，吴敏等：《广州风水林》，华中科技大学出版社 2013 年版，1 - 83 页.

图 3 – 12 广州市莲塘村风水林群落——锥 + 木荷 + 格木—黄果厚壳桂—沙皮蕨群落
（供图：李贞）

东莞、深圳、香港等地区的风水林研究不胜枚举。[①]

　　中共"十八大"以来，生态文明、绿色发展已深入人心，各地区乡村风水林也得到了极大的重视，许多地区已将其划为了社区生态公园或自然保护地，如惠州市柏塘镇"柏塘千亩古榄生态园"，面积3200多亩，年龄约200年的古橄榄树300多株；深圳市盐灶村银叶树湿地生态园，古银叶树30多株，最大的年龄在500年以上，是国内现存最古老的古银叶树。因此，乡村风水林既是新时代建设美丽乡村的重要财富，也是生物多样性富集之地、重要物种保存地，而且还得到了广大村民、居民的广泛认同。因此，风水林保护也必将受到更多的关注和支持。

（本节撰稿人：廖文波　李贞）

---

① 庄雪影，彭逸生，黄久香等：《珠海市山地森林及其植物多样性研究》，载《广东林业科技》2010 年第 26 卷第 1 期，56－65 页。杜惠生，黄春华，查九星：《希言自然风水林》，载《广东人民出版社》2011 年版，1－170 页。刘颂颂，吕浩荣，叶永昌等：《绿色文化遗产—东莞主要风水林群落简介》，载《广东园林》2007 年第 29 期，77－78 页。叶国樑，魏远娥，叶彦等：《风水林》，载《渔农自然护理署及天地图书有限公司》2004 年，1－113 页。张永夏，陈红峰，秦新生等：《深圳大鹏半岛"风水林"香蒲桃群落特征及物种多样性研究》，载《广西植物》2007 年第 27 卷第 4 期，596－603 页。Yuan J, Liu J. Fengshui forest management by the Buyi ethnic minority in China. *Forest Ecology and Management*，2009，（257）：2002－2009. Hu L, Li Z, Liao W, Fan Q. Values of village fengshui forest patches in biodiversity conservation in the Pearl River Delta, China. *Biological Conservation*，2011，（144），1553－1559. Zhuang X, Corlett R. Forest and forest succession in Hong Kong, China. *Journal of Tropical Ecology*，1997，（14）：857－866.

第二节　生态系统与绿色发展

一、海洋资源

我国海域疆土辽阔，环境复杂多样，海洋生物资源十分丰富。我国位于欧亚大陆东部，毗邻太平洋，所辖海域涉及渤海、黄海、东海和南海4个边缘海，总面积达473万平方公里，纬度范围从3°N的热带到41°N的温带。我国海域环境十分多样而复杂。以水深为例，渤海水深最浅，平均深度仅有18米；南海平均水深则有1212米，最深的地方（马尼拉海沟）可达5559米。不同地理位置的海水温度差异也很大，北方的黄渤海最低温可到 −1℃，南方的南海最高温可达36.8℃。受黑潮暖流①的影响，东海至南海拥有许多热带及亚热带的暖温性海洋生物类群。黄渤海则受黄海冷水团的影响，拥有众多温带冷水性生物。目前，我国仅近海海域中已记录和发现的物种就有2.8万余种，而且每年都有新种被发现。

长期以来丰富的海洋生物资源为我国优质蛋白质供应和社会经济发展做出了重要贡献。除此之外，我国海洋生态系统也具有很高的多样性。纬度梯度下形成的不同气候和水文条件，使得近海发育了潮间带、红树林、海草床和珊瑚礁4种典型生态系统，它们不仅孕育着丰富多样的海洋生物，而且提供了各种重要的生态系统服务，包括消浪减灾、消纳污染物、碳汇、提供休憩娱乐场地等。此外，还有深海的海山、热泉和冷泉生态系统，这些生态系统不仅蕴含可燃冰②和矿产资源，而且生物类群非常特殊，是人类重要的基因资源宝库。

生在一个海洋大国，每个公民都有必要了解我们周围的海洋，尤其是这里

---

①　黑潮暖流是世界海洋上第二大暖流，因其水色深蓝，远看似黑色，因而得名。起于菲律宾吕宋岛，沿南海入中国海域，沿台湾岛西侧进入东海，最后终于日本附近海域。

②　可燃冰是一种天然气水合物，是天然气与水在高压、低温下形成的结晶物质，外观像冰，遇火即燃。

蕴藏的生物多样性及其赖以生存的生态系统。这既是我国生态文明建设的迫切需要，也是培养我国公民在海洋保护领域社会责任感的重要一课。下面将以我国各种海洋生态系统类型为主线，按照近岸—远洋—深海的空间顺序，系统地介绍我国的海洋生态系统、生物多样性及其服务功能、人类活动的影响及保护等方面的知识。

（一）近岸

1. 潮间带概述

潮间带是指最高潮位至最低潮位间的那部分受潮水影响的海岸带湿地。[①]潮间带有 4 种类型：红树林潮间带、海草床潮间带、软泥及砂质滩涂和基岩海岸潮间带。其中，以基岩海岸潮间带最为典型（如图 3 - 13 所示），也是科学家研究得最多的一种。

图 3 - 13　基岩海岸潮间带（拍摄地：深圳海贝湾，供图：张玉香）

受海洋与陆地的共同影响，潮间带环境特点鲜明，各环境要素在时间和空间纬度上发生着剧烈变化。时间维度上，日出日落和潮涨潮落引起潮间带的水

---

① 冯士筰，李凤歧，李少菁：《海洋科学导论》，高等教育出版社 1996 年。

位、温度、光强等环境要素发生有规律性的变化。例如，潮池①中的水量、水温、溶解氧和光强等会在一天之中发生变化。温带海岸由于四季分明，也会出现水温的季节性律动，影响潮间带生物的生长和繁殖。空间维度上，高潮线至低潮线之间的环境条件也呈现出垂向梯度的变化。② 越往上，越容易出现干燥、热辐射、缺氧和食物资源匮乏等生存胁迫。不同的生物对这些胁迫的耐受程度存在差异，因而形成垂向的生物分区现象。例如，在太平洋温带的基岩海岸潮间带最上方分布着耐高温干燥条件的螺类、帽贝、地衣和具有硬壳的藻类，中间则是藤壶统治的地盘，再往下主要是贻贝、海星、藤壶和大型海藻（如石莼）交错的区域，最下方则是不耐干燥的大型海藻（如海带）和海草的栖息地。

2. 潮间带生物多样性与生态系统服务

由于接收来自陆地和海洋共同输送的营养物质和有机物，潮间带初级生产力较高，③ 养育着极为丰富的生物资源。虽然有关我国潮间带生物多样性尚缺乏全面系统的梳理，但据不完全统计，我国仅基岩海岸潮间带大型底栖动物就包含我们日常所食用的各种牡蛎、海星、螺类、扇贝、蛤蜊和贻贝等共计约700 种，④ 仅粤港澳大湾区潮间带内的大型海藻生物就有 91 种之多。⑤

丰富多样的生物类群构建起了相对稳定的潮间带生态系统，给我们提供了多样的生态系统服务。首先，在食物供给方面，潮间带是沿海居民食物的主要来源地之一，也是藻类和贝类养殖的主要区域之一（如图 3 - 14 所示）。可供我国居民食用的各种具有经济价值的潮间带虾、蟹、贝、藻多达数百种，它们是我国沿海居民饮食结构中不可或缺的组成部分。其次，在消纳污染物和净化水质方面，潮间带发挥着举足轻重的作用。潮间带作为陆地向海洋环境转变的过渡地带，可以有效吸附和沉积各种污染物，从而使进入海水中的陆源污染大

---

① 低潮位时积水的洼地。

② Levinton J. Marine biology. function, biodiversity, ecology. *Oxford University Press*, 1995.

③ 研究表明，高达 30% 的海洋初级生产量（即藻类光合作用产生的有机物）是由潮间带供应的。

④ 黄宗国：《中国海洋生物分类和分布》，海洋出版社，2008 年版。

⑤ 柳林青，刘之威，何泉等：《粤港澳大湾区潮间带大型海藻多样性与生物量分布格局》，载《生态学杂志》，2022 年。

幅减少。① 再者，潮间带自然景观独特，生物多样性丰富，不仅是重要的滨海休憩观光场所，而且还是开展海洋自然教育的主要野外场地，对普及海洋生物知识和提高全民海洋生态保护意识而言，发挥着十分重要的作用。

图 3 – 14　潮间带贝类养殖区的螺塔（拍摄地：广西钦州三娘湾，供图：张雄）

① 吕欣欣，邹立，刘素美等：《胶州湾潮间带沉积物有机碳和叶绿素的埋藏特征》，载《海洋科学》，2008 年第 5 期。

3. 人类对潮间带的影响

由于地处人类活动对海洋干扰的前沿地带，潮间带生态环境非常脆弱，面临着近海各种人类活动和全球气候变化的干扰，承受着巨大环境压力。改革开放以来，我国沿海城市经济快速发展，由于滨海工业、旅游业、溢油污染、水产养殖、海岸带整治工程、港口建设、围海造陆等人类活动的干扰，我国原生的潮间带面积锐减，生物多样性下降明显，生态系统功能出现衰退。例如，由于过度采捕泥蚶和缢蛏等贝类，以及工业污水、生活污水和养殖污水的排放，浙江乐清湾潮间带的生物多样性显著降低。① 南麂列岛是我国著名的旅游胜地，游客量的逐年增加给南麂沙滩潮间带大型底栖动物带来了巨大的压力，导致物种数及资源量的持续下降。② 此外，在过去很长一段时间里我国人工岸线不断增长，自然岸线的占比在过去 80 年间由 80% 缩减至 35%。③ 这就使得原本具有消纳污染物作用的潮间带生态屏障大面积减少，在一定程度上加剧了近岸海水的富营养化，从而导致赤潮④频发（图 3 - 15）。据统计，仅 2000 - 2010 年这 11 年间，我国近海发生赤潮灾害就高达 861 起，⑤ 给海洋生态系统和人类健康构成了一定的威胁。

4. 潮间带的保护与修复

为应对潮间带的退化和生态系统功能的衰退，开展潮间带生境修复的理论研究和技术研发迫在眉睫。目前已有一些国内学者开展了利用生物来修复潮间带的研究工作，也取得了一些理论成果。例如，科学家们发现红藻对网箱养殖海区的营养盐指标具有较高的消纳作用⑥，龙须菜的栽培会对海贝类养殖区的

---

① 彭欣，谢起浪，陈少波等：《乐清湾潮间带大型底栖动物群落分布格局及其对人类活动的响应》，载《生态学报》，2011 年第 31 卷 04 期。

② 彭欣，谢起浪，陈少波等：《南麂列岛潮间带底栖生物时空分布及其对人类活动的响应》，载《海洋与湖沼》，2009 年第 40 卷 05 期。

③ 刘如楠：《摒弃钢筋混凝土，建设生态堤坝》，载《中国科学报》，2020 年 11 月 9 日第 4 版。

④ 赤潮是在高温和营养物质丰富的条件下，海水中某些有害藻类爆发性增殖而引起水体变色的一种生态灾害。能够引发水体缺氧，导致大量海洋生物窒息死亡。赤潮藻类分泌的毒素还能通过食物链传递到人体内，危害人类健康。

⑤ 国家海洋局：《中国海洋灾害公报》，见国家海洋局网（http://www.soa.gov.cn）。

⑥ Huo Y Z, Wu H L, Chai Z Y, et al. Bioremediation efficiency of Gracilaria verrucosa for an integrated multi-trophic aquaculture system with Pseudosciaena crocea in Xiangshan harbor, China. *Aquaculture*, 2012, (326)：99 - 105.

图3－15　赤潮（拍摄地：深圳欢乐港湾，供图：张玉香）

底质环境有改善作用①，沙蚕摄食活动可提高底质生物多样性和系统稳定性，能有效地消耗底质中的腐殖质，减少底质中的有机物微粒②。但是，有关潮间带的生境修复研究在国内外都处于探索阶段，还需要逐渐在实践应用中深入开展研究。③

　　近些年来，我国沿海各级政府也在逐渐转变发展观念，积极开展潮间带湿地修复和保护工作。例如，山东东营市开展的黄河口湿地修复工程有效地保护了黄河口国家公园内以丹顶鹤为代表的水鸟等湿地生物的多样性，得到了党和国家领导人的认可。④ 但在潮间带修复工程中，我们也走过一些弯路。例如，2019 年开始的江苏连云港市连云新城"蓝色海湾"整治项目。美其名曰"滨

---

　　① 杨宇峰，宋金明，林小涛等：《大型海藻栽培及其在近海环境的生态作用》，载《海洋环境科学》，2005 年第 21 卷 03 期。

　　② 陈惠彬：《生物资源修复技术研究与示范》，载《海洋信息》，2005 年第 3 期。

　　③ 沈辉，万夕和，何培民：《富营养化滩涂生物修复研究进展》，载《海洋科学》，2016 年第 40 卷 10 期。

　　④ 张晓松等：《大河奔涌，奏响新时代澎湃乐章——习近平总书记考察黄河入海口并主持召开深入推动黄河流域生态保护和高质量发展座谈会纪实》，见新华网（https://baijiahao. baidu. com/s?id = 1714506532464004649&wfr = spider&for = pc）。

海湿地修复工程"，但是该项目没有对潮间带湿地鸟类的影响进行科学评估便草率地将大片原来的候鸟觅食滩涂填埋成沙滩，这样不仅破坏了原来的湿地动物资源，还严重影响了湿地鸟类觅食。后来该项目被环保组织公益诉讼且受到中央环保督察组的点名批评。[①] 为杜绝此类事件的再次发生，2021 年，自然资源部发布了《海洋生态修复技术指南（试行）》，该指南为各级政府开展包括潮间带在内的各类海洋生境修复确立了基本的科学规范。

　　潮间带的保护事关海洋和人类的健康，离不开我们每个人的共同参与。最近这几年流行着一种"带着孩子去潮间带赶海"的亲子活动（图 3 - 16），有时候赶海大军甚至达到上千人，看起来甚是热闹。很多人带着各种各样的工具，从泥滩中挖出形形色色的贝类，然后高高兴兴地回家享用一顿"海鲜盛宴"。殊不知，赶海大军对潮间带的破坏已经成为了一个不容忽视的问题，而且这种采挖出的贝类也存在食品安全隐患——因为你不知道它们曾摄取过哪些污染物。因此，我们在潮间带赶海或玩耍时，拍照摄影留念即可，不要留下各种垃圾，也不要带走任何不属于我们的东西。我们更要教育孩子保护好潮间带，比如带着他们参与潮间带净滩等保护实践活动，寓教于乐。

图 3 - 16　夜间潮水退去后赶海的市民（拍摄地：深圳湾，供图：张玉香）

---

　　① 张馨予：《湿地修复争议：到底是保护还是占用？》，载入 2022 年《中国新闻周刊》（https://baijiahao.baidu.com/s?id=1728412496955340014&wfr=spider&for=pc）。

（二）海草床

1. 海草床概述

海草床指的是由适应海洋环境的被子植物①（即海草）生长和繁殖而构建起的类似于陆地草场的特殊生境（图3-17）。海草床通常分布在温带至热带水深较浅的沿岸带（包括潮间带）②，全球海草的种类有70多种③，在印度—太平洋海区多样性最高，这里也是全球海草的起源地。大多数海草喜好水质清澈、风平浪静之处的软泥或砂泥底质。虽然它们也能开花结果，但是其繁殖方式以无性繁殖为主，寿命很长，通过地下根茎扩张长出新芽，甚至可以连成一大片的海草场。最著名的一个案例是澳大利亚悉尼鲨鱼湾发现的一株存活了4500年的澳洲波喜荡草，总长度达180公里④，颇为壮观。值得注意的是，海草很容易和大型海藻（如海带、石莼）混淆。它们最大的区别在于海草是有根、能开花的高等被子植物，而大型海藻是没有根（但有可以起到固定作用的固着器）、也不能开花结果的低等植物。

图3-17　海草床（拍摄地：西沙群岛，供图：邱广龙）

---

①　被子植物又名有花植物，是当今植物界中最高等、分布最广、种类最多、适应性最强的类群。

②　一般在水下10米以内，但受水体透明度影响，有的透明度好的地方可以延伸至水下10—40米，透明度差的地方则只有水下十几公分。

③　黄小平，江志坚，张景平等：《全球海草的中文命》，载《海洋学报》，2018年第40卷04期。

④　Edgeloe J M, SevernEllis A A, Bayer P E, et al. Extensive polyploid clonality was a successful strategy for seagrass to expand into a newly submerged environment. *Proceedings of the Royal Society B*, 2022,（289）：1976.

历史上在我国分布着 22 种海草，包括北方比较典型的、叶片如绿色丝带一样修长的鳗草和南方比较多见的、叶片呈卵形的卵叶喜盐草以及广泛分布的日本鳗草。① 但是最新的调查显示，这 22 种海草中有 6 种可能已经灭绝（普查中没有发现）。目前，我国海草分布区可以分为温带海域和热带—亚热带海域两个大区，其中温带海域分布区包括辽宁、天津、河北和山东沿海，热带—亚热带海草分布区包括福建、台湾、广东、香港、广西和海南沿海，总面积约26495.69 公顷。

2. 海草床生物多样性与生态系统服务

海草床中的生物资源十分丰富，生产力较高。通常可以在一片海草床中发现数百种的鱼类（尤其是幼鱼阶段的个体或体型较小的鱼类，图 3－18）和大型底栖动物（如螺类、贝类、海参、龙虾）。海草床是它们躲避天敌、进行繁殖和幼体肥育的重要场所，对渔业资源的恢复和可持续利用发挥着十分重要的作用。② 例如，我国学者在广西合浦海草床中共发现 216 种大型底栖动物，其中软体动物、甲壳类和多毛类为主要的优势类群。③ 国外有学者在莫桑比克的基林巴群岛的海草床中共记录到 249 种鱼类。④ 海草床还是海牛、海马、海鸟、鲨鱼、海龟和鲸类等众多珍稀和濒危海洋动物的重要栖息地，并且是连接红树林和珊瑚礁的重要纽带，具有极高的生态保护价值。

---

① 黄小平，江志坚，张景平等：《全球海草的中文命名》，载《海洋学报》，2018 年第 40 卷 04 期。

② Jackson E L, Rowden A A, Attrill M J, et al. The importance of seagrass beds as a habitat for fishery species. Oceanogr. *Mar. Biol. Annu. Rev*, 2001（39）：269－304.

③ 张景平、黄小平、江志坚：《广西合浦不同类型海草床中大型底栖动物的差异性研究》，Proceedings of 2011 International Conference on Ecological Protection of Lakes-Wetlands-Watershed and Application of 3S Technology（EPLWW3S 2011 V3），2010.

④ Gell F R, Whittington M W, Gell F R, et al. Diversity of fishes in seagrass beds in the Quirimba Archipelago, northern Mozambique. *Marine and Freshwater Research*, 2002, 53（2）：115－121.

图 3 – 18　海草床中丰富多样的鱼类（拍摄地：西沙群岛，供图：邱广龙）

海草床具有许多重要的生态系统服务功能，为海洋生物多样性的维持和人类社会可持续发展做出了重要贡献。① 其一，如前所述，海草床为近海鱼类及其他生物提供食物来源及栖息场所，有助于保护海洋生物多样性，维持近海生态系统的稳定，能够为周边海域渔业资源的恢复和可持续利用提供重要保障。其二，海草床可以调节水体中的悬浮物、溶解氧、叶绿素和重金属含量，高效地消纳近海过剩的营养盐，净化水质。② 最近的研究表明，它们可以清除海洋中威胁人类和珊瑚礁的病原体。③ 其三，海草床根系发达，能够有效地加速沉积物的沉降，固定海底底质和保护海岸被侵蚀。④ 此外，海草床还有重要的碳储存功能。目前全球海草床的碳储存量高达 4.3—8.4 万亿公斤，占海洋总碳储量的 12%，每年每亩海草床吸收固定的二氧化碳相当于一辆轿车行驶 1000 公里排放的量，因此它们对于应对全球气候变化而言具有十分重要的作用。⑤ 科学

---

① Duarte C M. The future of seagrass meadows. *Environmental Conservation*, 2002, 29（2）: 192 – 206.

② 韩秋影，施平：《海草生态学研究进展》，载《生态学报》，2008 年第 11 期。

③ Joleah B L, Jeroen A J, David G B, et al. Seagrass ecosystems reduce exposure to bacterial pathogens of humans, fishes, and invertebrates. *Science*, 2017, 355（6326）.

④ Duarte C M. The future of seagrass meadows. *Environmental Conservation*, 2002, 29（2）: 192 – 206.

⑤ James W F, Carlos M D, Hilary K, et al. Seagrass ecosystems as a globally significant carbon stock. *Nature Geoscience*, 2012, 1（7）: 297 – 315.

家估算，海草床单位面积的生态服务价值可以达到每公顷 2 万美元/年。①

3. 人类对海草床的影响

受各种人类活动和全球变化的影响，全球海草床已经发生了大面积的衰退，在 1980—2008 年间其面积下降了 35%。② 我国海草床的衰退也很严重，而且有 6 种海草可能已经灭绝。据报道，在 1980—2003 年间，广西合浦的海草床面积下降了约 82%。③ 人类活动对海草床的影响主要表现在海水养殖、填海造陆、溢油、疏浚、挖沙、船舶活动等方面。其中，海水养殖会产生过剩的营养物质，导致浮游生物和藻类大量繁殖，吸收大量的营养物质和光照，降低水体透明度，严重影响海草生长和扩散。填海造陆、疏浚和挖沙则会直接掩埋或去除海草，并增加水体浑浊度。船舶活动不仅会增加水体浑浊度，而且会阻挡阳光，妨碍海草生长。此外，全球变暖导致的海水暖化也会直接影响海草的新陈代谢和碳平衡的维持；海平面上升则会影响海草的光合作用效率。

4. 海草床的保护和修复

近些年来，有关海草床的保护与恢复逐渐成为国际上的研究热点。我国的海草保护和修复研究始于 21 世纪初④，目前还主要是以自然保护为主，辅以小范围的人工修复。例如，广西合浦国家级自然保护区在约 32 平方公顷的区域，通过改善生境和加强保护使海草床盖度由 1% 提高到 2%；在 0.07 平方公顷的小范围内通过移植方式小规模恢复贝克喜盐藻，移植 3 个月后成活率达到98.3%。⑤ 在人工育苗、移栽和播种技术方面，有学者以北方常见的鳗草（旧名"大叶藻"）为对象，在山东莱州湾芙蓉岛开展实验研究，研发了鳗草种子采集、保存和育苗技术以及相应的移栽装置；利用菲律宾蛤仔作为生物载体，

---

① Robert C，Ralph D，Rudolf G，et al. The value of the world's ecosystem services and natural capital. *Ecological Economics*，1998，25（1）.

② Waycott M，Duarte C M，Carruthers J B，et al. Accelerating loss of seagrasses across the globe threatens coastal ecosystems. *Proceedings of the National Academy of Sciences of the United States of America*，2009，106（30）.

③ 张景平、黄小平、江志坚：《广西合浦不同类型海草床中大型底栖动物的差异性研究》，Proceedings of 2011 International Conference on Ecological Protection of Lakes-Wetlands-Watershed and Application of 3S Technology（EPLWW3S 2011 V3），2010.

④ 韩秋影，施平：《海草生态学研究进展》，载《生态学报》，2008 年第 11 期。

⑤ 国家项目协调办公室：《中国南部沿海生物多样性管理项目自评估报告》，北京：国家海洋局，2011 年。

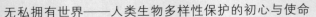
开发了鳗草种子的底播技术，提高了鳗草床修复和构建的成苗率。① 然而，目前成功修复退化海草床的案例屈指可数，海草床生态修复的理论研究和实践经验仍需加强和积累。②

鉴于海草的重要生态价值，我国政府对海草的保护和修复也越来越重视。例如，2017 年我国政府向《联合国气候变化框架公约》秘书处提交了《中国气候变化第一次两年更新报告》，首次将"蓝色碳汇"纳入其中，并强调了海草床在其中发挥的重要作用。可见，海草床生态系统的保护和修复已在国家层面列入生态环境发展的重要支持领域。③ 目前，包括广西合浦儒艮国家级自然保护区、山东黄河口国家级自然保护区、荣成大天鹅国家级自然保护区等在内的一些重要滨海湿地保护区已陆续开展了海草床的修复工作。随着海草床恢复技术的发展和保护力度的加强，相信在不久的将来，我国海草床的面积将会得到大范围的恢复。

（三）珊瑚礁

1. 珊瑚礁概述

珊瑚礁，是由刺胞动物门珊瑚虫纲石珊瑚目的一大类多细胞无脊椎动物（即"造礁珊瑚"或"珊瑚虫"）及其他造礁生物（如石灰质藻类）在生长过程中形成的碳酸钙骨骼，经过数百甚至上千年的不断堆积而形成的独特海域生境（图 3 - 19），是全球最大的生态系统之一。珊瑚虫属于虫藻共生体，体内包含可以进行光合作用的藻类，这些藻类依靠珊瑚虫排出的废物获取营养物质，同时为珊瑚虫提供所需的氧气和 98% 的食物。藻类的生长需要充足的阳光和温暖的水体，因此珊瑚礁仅在水体透明度高的贫营养海域才能发育。与造礁珊瑚相对应的是软珊瑚（如海笔、海鞭、海扇），它们因没有石灰质骨骼而不能造礁，但常在珊瑚礁中及周边海域出现，与造礁珊瑚共同营造出绚丽多姿的珊瑚礁生态系统。

① 潘金华：《大叶藻（Zostera marina L.）场修复技术与应用研究》（学位论文），中国海洋大学，2015 年。

② 毛伟，赵杨赫，何博浩等：《海草生态系统退化机制及修复对策综述》，载《中国沙漠》，2022 年第 42 卷 01 期。

③ 黄小平，江志坚，张景平等：《全球海草的中文命名》，载《海洋学报》，2018 年第 40 卷 04 期。

图 3 - 19 我国近海一种典型造礁珊瑚——指形鹿角珊瑚

（拍摄地：深圳月亮湾，供图：张雄）

全世界目前现存约 800 种造礁珊瑚，而且每年都会有一些新种被发现。它们主要分布在南北纬 30°之间、水深不超过 30m 的温暖海域（水温不低于 20℃）。我国造礁珊瑚多样性非常高（图 3 - 20），总计约 571 种。[1] 但受冬季低水温的影响，我国珊瑚礁主要分布在低纬度热带和亚热带海域，最北界为福建东山湾，总面积约 3 万平方公里，且以南海南部海域、海南东部和南部、雷州半岛西部的造礁珊瑚种类最为丰富。[2] 我国岛屿上的珊瑚礁主要分布在西沙群岛、南沙群岛、中沙群岛和东沙群岛。其中，南沙群岛记录到的造礁珊瑚多达 250 种[3]，西沙群岛约 190 种[4]，东沙群岛约 229 种[5]。

① Huang D H, Benzoni F, Fukami H, et al. Taxonomic classification of the reef coral families Merulinidae, Montastraeidae, and Diploastraeidae（Cnidaria：Anthozoa：Scleractinia）. *Zoological Journal of the Linnean Society*, 2014（2）：277 - 355.

② Zhang, Q. *Coral Reef Conservation and Management in China*. Economic valuation and policy priorities for sustainable management of coral reefs, 2001.

③ Chen C A and Shashank K. Taiwan as a connective stepping - stone in the Kuroshio traiangle and the conservation of coral ecosystems under the impacts of climate change. *Kuroshio Science*, 2009, 3（1）：15 - 22.

④ Hughes T P, Huang H, Matthew A L. The wicked problem of China's disappearing coral reefs. *Conservation Biology*, 2013, 27（2）：261 - 269.

⑤ Dai C F, Fan T Y, Wu C S. Coral fauna of Tungsha Tao（Pratas Islands）. *Acta Oceanographica Taiwanica*, 1995（34）：1 - 16.

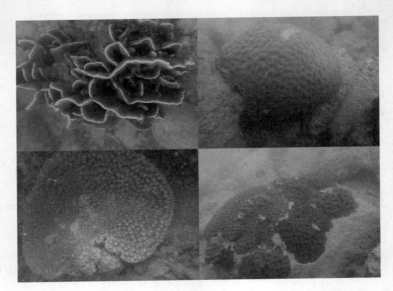

图 3－20　我国近海各类造礁珊瑚（拍摄地：深圳月亮湾，供图：张雄）

（2）珊瑚礁生物多样性与生态系统服务

珊瑚礁生物多样性极为丰富，用不到 0.1% 的海洋面积庇护了约占全球 25%—30% 的海洋生物，总计超过 60000 种，包括约 4000 种鱼类。① 我国珊瑚礁鱼类总数约 1000 种，但有记录和描述的仅占一半左右。其中，南沙珊瑚礁鱼类约 30 科 250 多种②，西沙群岛约 21 科 116 种③，但也有未公开的调查资料显示西沙群岛的珊瑚礁鱼类高达 309 种④。

珊瑚礁具有非常重要的生态功能，对人类社会发展具有重要价值。首先，珊瑚礁为众多海洋生物提供了不可或缺的栖息地。它不仅是鱼类和无脊椎动物的产卵场和繁殖地，而且可以作为它们躲避天敌的场所。珊瑚礁还可以调节海洋环境和保护海岸环境，通过生物作用维持海水中二氧化碳和钙的收支平衡，

---

① Census of Coral Reef Ecosystems（CReefs）（2022 - 9 - 7）. http://www. coml. org/census-coral-reef-ecosystems-creefs.

② 方宏达，吕向立：《南沙群岛珊瑚礁鱼类图鉴》，中国海洋大学出版社，2019 年。

③ 邱书婷，刘昕明，陈彬等：《西沙群岛珊瑚礁鱼类多样性及分布格局》，载《海洋环境科学》，2022 年，第 41 卷 03 期。

④ 许红，史国宁，廖宝林等：《中国海洋的珊瑚——珊瑚礁：南海中央区珊瑚—珊瑚礁生物多样性特征》，载《古地理学报》，2021 年，第 23 卷 04 期。

并保持极高的生物多样性，有助于海洋生态系统稳定性的维持。① 其次，珊瑚礁为人类提供了丰富的渔业资源和旅游资源（如休闲潜水观光，图 3 - 21），对周边社区的经济社会发展做出了重要贡献。据统计，全球有超过 5 亿人依赖珊瑚礁提供的各种资源和服务。② 世界上最著名的珊瑚礁——澳大利亚大堡礁，每年游客观光创造的经济价值高达 60 亿美元。③ 珊瑚礁也是很多新型海洋药物和活性物质开发的宝库。④ 并且珊瑚礁和红树林一样具有消浪减灾的功能，对于海岸带居民有一定的保护作用。

图 3 - 21　休闲潜水员拍到的珊瑚礁中的鱼群
（拍摄地：惠州测风塔附近，供图者：张玉香）

3. 人类对珊瑚礁的影响

珊瑚礁对温度、光照、透明度等因素十分敏感，是一个非常脆弱的生态系统，易受到人为干扰和气候变化的影响。据统计，在过去 70 年里，全球珊瑚

---

① 杨欣冉，孟沛柔，张慧：《珊瑚礁白化与生态平衡》，载《地球》，2022 年第 1 期。

② Wilkinson C. *Status of Coral Reefs of the World*. GCRMN, Townsville, Australia, 2008.

③ Deloitte Access Economics. *Economic contribution of the Great Barrier Reef*. Great Barrier Reef Marine Park Authority, Townsville, 2013.

④ 黄晖，张浴阳：《珊瑚礁生态修复技术》，海洋出版社，2019 年。

礁总面积已下降 50%。① 珊瑚的生长除了需要充足的光照和适宜的温度之外，还必须通过食藻类的鱼和底栖动物（如海胆）来控制水层中和珊瑚礁上生长的藻类，因为这些藻类一旦爆发，不仅会挤兑珊瑚的生长空间，还会降低水体透明度，影响与珊瑚虫共生的虫黄藻的光合作用。然而，很多珊瑚礁分布在人口密集、经济活动频繁的海岸带区域，它们很容易受到填海造陆、捕捞、环境污染等人类活动的干扰，出现严重衰退消失现象，有的甚至难以恢复。② 温室气体排放导致的全球气候变化，尤其是极端低温和极端高温天气，也是影响珊瑚礁的一个非常突出的因素。这些极端天气会导致珊瑚虫中的藻类光合作用停滞，不仅不再向珊瑚虫提供氧气，反而会消耗珊瑚虫的营养物质，这就使它们之间原本互利互惠的"契约关系"就此终止，珊瑚虫会将藻类"扫地出门"，而自己也会因为缺氧很快死亡，只剩下石灰质的骨骼，从而出现"白化"现象。这种白化现象已经在全球各地出现，包括著名的澳大利亚大堡礁，在最近这十年里白化问题越来越严重。科学家预计，到 2030 年，全球约 70% 的珊瑚礁都会发生白化事件。③

同世界上很多国家一样，我国珊瑚礁的破坏情况也很严重。1984 年以前，我国珊瑚礁还处于比较健康的状态，覆盖率④高于 70%，但 1990 年以后，我国珊瑚礁面积迅速降低，至今已减少了约 80%。⑤ 其中，西沙群岛珊瑚覆盖率从 2006 年的 65% 以上下降到 2009 年的 10% 以下。⑥ 与 1950 年相比，海南岛沿岸珊瑚礁破坏率已达 80%，珊瑚覆盖率也显著下降。其中，三亚鹿回头海域原有的 81 种造礁石珊瑚中有 30 种已经区域性灭绝。⑦ 珊瑚礁的破坏不仅引

① Eddy T D, Lam V W, Reygondeau G, et al. Global decline in capacity of coral reefs to provide ecosystem services. *One Earth*, 2021, 4（9）：1278 – 1285.

② Williams I D, Baum J K, Heenan A, et al. Human, oceanographic and habitat drivers of central and western Pacific coral reef fish assemblages. *PloS one*, 2015, 10（4）.

③ Jeffrey M, Ruben V H, Drew C H, et al. Improving marine disease surveillance through sea temperature monitoring, outlooks and projections. *Philosophical transactions of the Royal Society of London. Series B, Biological sciences*, 2016, 371（1689）.

④ 即活珊瑚在珊瑚礁区域内的面积占比，常用来反映珊瑚礁的健康状况。

⑤ 王丽荣、于红兵、李翠田等：《海洋生态系统修复研究进展》，载《应用海洋学学报》，2018 年第 37 卷 03 期。

⑥ 吴钟解、王道儒、涂志刚等：《西沙生态监控区造礁石珊瑚退化原因分析》，载《海洋学报（中文版）》，2011 年第 33 卷 04 期。

⑦ 涂志刚、陈晓慧、张剑利等：《海南岛海岸带滨海湿地资源现状与保护对策》，载《湿地科学与管理》，2014 年第 10 卷 03 期。

发了很多依赖珊瑚礁生活的鱼类和底栖动物的消失，而且影响了自身发挥海岸屏障的作用，使得海啸等自然灾害给沿海居民造成的影响更加严重。

4. 珊瑚礁的保护和修复

由于珊瑚礁的重要价值和所面临的威胁，包括中国在内的很多国家都在积极开展珊瑚礁的保护和修复工作。我国政府高度重视珊瑚礁的保护工作，先后建立了包括三亚鹿回头珊瑚礁自然保护区、徐闻珊瑚礁自然保护区和涠洲岛珊瑚礁海洋公园在内的国家级海洋保护区。这些保护区也对珊瑚礁的保护和自然修复发挥了一定的作用，但总体上看，目前的保护成效不高，珊瑚礁盖度均出现了不同程度的下降。这背后的原因除了全球气候变化导致珊瑚礁白化之外，周边海域的水体污染也是不容忽视的因素。例如洗涤剂、防晒霜等化工产品的主要成分容易引起珊瑚死亡。① 为此，我国一方面积极参与全球减排行动，另一方面大力推进沿海的污水治理工程，目前已取得积极效果，我国近海水质正稳步提升。

珊瑚礁的修复技术一直是国内外研究的热点，并在实践中不断得到改进，逐渐形成了三种珊瑚礁修复方法。② 第一种是自然修复法，主要靠珊瑚礁自身的恢复能力进行自我重建，并辅以有效的保护措施和对人类活动的管理，多用于轻度受损的珊瑚礁。第二种是生物修复法，主要是通过人工恢复和重建珊瑚礁内受损的珊瑚以及清除敌害生物来达到促进珊瑚礁重建的目的。我国最早于20世纪90年代在海南三亚开展了珊瑚礁移植实验，并在西瑁洲岛建立了珊瑚培育基地。③ 在珊瑚育苗育种领域，目前国内外已经发展出有性繁殖和杂交育种技术，用来筛选能够适应极端环境的造礁珊瑚，为应对全球气候变化而做准备。④ 第三种方法是生态重构法，主要是针对重度受损的珊瑚礁，进行生境营造（即人工鱼礁）和生物移植（即生物修复）。人工鱼礁是利用人工混凝土和陶瓷块等为珊瑚虫的着床和珊瑚礁鱼类的聚集提供必要条件。我国的珊瑚礁修

---

① 朱小山，黄静颖，吕小慧等：《防晒剂的海洋环境行为与生物毒性》，载《环境科学》，2018年第39卷06期；陆昊，刘红岩，黄秀铭等：《洗涤剂主成分LAS和AEO对软珊瑚氧化应激水平的影响》，载《海洋环境科学》，2021年第40卷01期。

② 龙丽娟，杨芳芳，韦章良：《珊瑚礁生态系统修复研究进展》，载《热带海洋学报》，2019年第38卷06期。

③ 陈刚，熊仕林，谢菊娘等：《三亚水域造礁石珊瑚移植试验研究》，载《热带海洋》，1995年第03期。

④ Thomas C D. Translocation of species, climate change, and the end of trying to recreate past ecological communities. *Trends in Ecology & Evolution*, 2011, 26 (5).

复主要采用的是生物修复和生态重建的方法，目前已经在海南、广西和广东进行了探索性实验和小范围应用，对促进我国珊瑚礁的恢复起到了一定的积极作用。但是目前尚未形成可以推广的技术标准，也没有建立起珊瑚礁修复成效的评估体系，仍需要进行更加全面深入的研究。

必须强调的是，珊瑚礁的保护与修复不能仅仅依靠政府的推动和科学家的努力，还需要我们每个人都出一份力。大到养成节能减排的生活方式，小到减少使用洗涤剂和防晒霜等点滴小事，都有助于珊瑚礁的保护和恢复。但愿在不久的将来，我国沿岸受损的珊瑚礁会重现缤纷绚烂的色彩，各种各样的海洋生物畅游其中，恢复往日的荣光！

（四）远洋带

1. 远洋带概述

与陆地相距甚远的海洋，是一片深蓝，这个位于大陆棚之外的海域被称为远洋带，通常水深达 200 米以上。这片占据海洋体积 65% 的区域，汇聚了很多世界之最：最大的哺乳类——蓝鲸、最长的硬骨鱼——桨鱼、最快的鱼——旗鱼……这里还有会发光的鱼、虾和水母以及会飞的鱼、会潜水的鸟等奇异生物。[1] 根据水层的光照程度，这些生物分布在不同的水层，各有自己的特色生活习惯。这些水层带分别是透光带、中层带、半深海带和深海带。

透光带（photic zone）：又称真光带（euphotic zone）和表层带（epipelagic zone），是最靠近海平面的区域，阳光最为充沛，足以供浮游植物进行光合作用。透光层是海洋中能进行光合作用的生物的主要聚集区，具有基础生产力，也是各类生物密度最高的水层。[2] 这一区域从海表面延伸至水深 100 米至 200 米之间，由于受大气层和阳光的影响，水温有明显的季节性变动。[3] 透光带以下是三个暗黑的无光带。

中层带（mesopelagic zone）：又称黄昏区（twilight zone），位于透光带之下，范围在海平面下 200 米至 1000 米。这里光线稀少，温度变化较透光带小，

---

① Honeyborne J, Brownlow M. *Blue planet II*. Random House, 2017.

② Talley, Emery L D, Pickard W J, George. *Descriptive physical oceanography*：*an introduction*. Academic Press, 2012.

③ Sigman D M, Haug G H. *The biological pump in the past*. Treatise on Geochemistry. Pergamon Press, 2006：491 – 528.

范围为4℃—20℃，压力随深度加深而增加。①

半深海带（Bathypelagic）： 位于海平面下1000米到4000米之间，这里由于完全缺乏阳光，因此无法进行光合作用，唯一的光源是生物体的自行发光。此处水压极高，平均温度约为4℃。②

深海带（Abyssal zone）： 处于海洋4000米至6000米的水深处，常年黑暗，水压极高，温度低于3℃。③ 因为大量有机物质从上层漂流下来并被分解，该区域含有更高浓度的营养盐，如氮、磷和二氧化硅等。

2. 远洋带的生物多样性与生态系统服务

透光带是最靠近海平面的区域，光照最充足，既有浮游植物又有浮游动物，可以支撑大型生物的生存，如海洋哺乳动物和鱼类，因此约90%的海洋生物都生活在透光带中，生物多样性十分丰富，大部分大洋带的渔业活动都在此区域进行。除了为人类提供食物外，透光带中产生的有机物也是下层无光带的重要养分来源。这里的有机物生产驱动消费、传递、沉降和分解等一系列生物学过程，使碳从表层向深层转移，成为海洋生物的碳泵，进而提供重要的生态系统服务。④

中层带的生物多样性甚丰，钻光鱼、水滴鱼、鱿鱼和能进行生物发光的水母等适应弱光环境的生物居于此区域。这里的草食性动物以生物尸体上的碎屑与粪粒为食，而这里的肉食性动物又以前者为食。一些物种每天在透光带和中层带之间垂直移动，并将颗粒有机物输送到深处，加速碳沉降的进行。⑤

半深海带和深海带完全没有初级生产力，这里的生物必须以上方沉降的有

---

① Sigman D M，Haug G H. *The biological pump in the past*. Treatise on Geochemistry. Pergamon Press，2006：491－528.

② Sigman D M，Haug G H. *The biological pump in the past*. Treatise on Geochemistry. Pergamon Press，2006：491－528.

③ Sigman D M，Haug G H. *The biological pump in the past*. Treatise on Geochemistry. Pergamon Press，2006：491－528.

④ Sigman D M，Haug G H. *The biological pump in the past*. Treatise on Geochemistry. Pergamon Press，2006：491－528.

⑤ Carol R，Deborah K S，Thomas R A. Mesopelagic zone ecology and biogeochemistry-a synthesis. *Deep Sea Research Part II*：*Topical Studies in Oceanography*，2010，57（16）：1504－1518. Watermeyer K E，Gregr E J，Rykaczewski R R，et al. *M2.2 Mesopelagic ocean water*. Keith D A，Ferrer-Paris J R，Nicholson E，Kingsford R T. The IUCN Global Ecosystem Typology 2.0：Descriptive profiles for biomes and ecosystem functional groups. Gland，Switzerland：IUCN，2020.

机碎屑或动物尸体为食①，生物密度较低。由于暗黑无光，这里的许多物种都没有眼睛。此区域的代表性生物包括水层区的大鲸鱼、皱鳃鲨、鱿鱼和章鱼以及底栖的海星、海绵多孔动物、腕足动物和海胆。

3. 人类对远洋带的影响

不同海洋层带受人类活动影响的性质与程度各异。

作为海洋的最上层，透光带受到人类活动的影响最为严重和直接。渔业活动导致透光带生物多样性面临着最巨大的压力，例如，大量捕捞可致使目标鱼群的规模减少到难以持续的程度，导致地方种群的灭绝；选择性的捕捞导致鱼群和其他物种种群由较小的早熟个体组成或出现性别偏差；废弃的渔网也会持续对海洋生物造成威胁。塑料污染也会对海洋生物造成威胁。当这些塑料在阳光和波浪侵蚀的作用下分解成微塑料时，它们很容易被浮游动物和浮游植物摄入，而浮游动物和浮游植物又会被远洋鱼类捕食。接着，这些鱼为许多顶级捕食者提供食物，包括鸟类、大型鱼类、海洋哺乳动物和人类。同样，来自陆地的其他污染物可能会沿着食物链积累并威胁海洋生物。海运也对透光带的生物造成威胁。繁忙的海上交通增加了大型海洋哺乳类生物被船只撞击的风险，而航行时的噪音和排放的油污都会对海洋生物造成不同程度的影响。此外，气候变化和海洋酸化可能对海洋生物和生态系统产生难以预测的深远影响，这些全球性变化对海洋生态的影响仍然有待探索。

透光带以下的区域受渔业活动和陆上污染的影响相对较低和间接。这些区域的生物主要以从透光带下沉的有机物为食，但随着鱼类和其他海洋生物被陆续捕捞，到达深海区的有机物也相对减少。此外，该区域还存在塑料等污染物。塑料污染对深海区域的生物尤其不利，因为这些生物已经进化为吃或试图吃任何移动着的或看起来像碎屑的东西，塑料污染导致它们摄入和消耗的是塑料而不是营养。另外，深海采矿作业可能会成为深海区未来最严峻的问题。采矿不仅会增加深海带的污染量，甚至会增加整个海洋的污染量，并破坏栖息地和海底。虽然这些深海区域离人类甚远，但是人类活动依然在对这些本来就脆

① Linardich C，Keith D A. *M2.4 Abyssopelagic ocean waters*. Keith D A，Ferrer-Paris J R，Nicholson E，Kingsford R T. The IUCN Global Ecosystem Typology 2.0：Descriptive profiles for biomes and ecosystem functional groups. Gland，Switzerland：IUCN，2020. Linardich C，Sutton T T，Priede I G，et al. *M2.3 Bathypelagic ocean waters*. Keith D A，Ferrer-Paris J R，Nicholson E，et al. The IUCN Global Ecosystem Typology 2.0：Descriptive profiles for biomes and ecosystem functional groups. Gland，Switzerland：IUCN，2020.

弱的生态系统带来严重的威胁。

（4）远洋带的保护和修复

远洋带远离陆地，大部分位于国家管辖范围以外的地区（areas beyond national jurisdiction，ABNJ），因此缺乏整全、共同的法律框架保护。《联合国海洋法公约》规定了各国保护、养护和管理海洋的义务，包括 ABNJ。然而，它并没有制定全面的保护措施，因此目前仍有不少活动基本上不受规管。

我国非常重视远洋带的渔业，对其作业进行着多项管控，目标是既养护大洋资源，又合理开发利用。[①] 如中国在全球率先实行公海自主休渔，以保护渔业资源。休渔期间，所有中国籍远洋渔船停止捕捞作业。中国远洋渔船实行 24 小时船位监测，所有远洋渔船均须安装并正常开启船位监测系统（VMS），并通过加强处罚力度来确保我国远洋渔船遵守国际规则。此外，研发并推广环境和生态友好型渔具及捕捞方式，要求渔船减少垃圾污染物的排放，都可以降低渔业活动对海洋生态系统的负面影响。

（五）海山

1. 海山概述

海山是指从海底隆起高度超过 1000 米、但仍未突出海平面的大型地貌，这些山峰通常处于水深几百到几千米的海平面下，因此海山多被认为属于深海区域的一部分。全球高于 1000 米的海山超过 1.4 万座，[②] 是最常见的海洋生态系统之一。海山通常由死火山形成，以岩石等硬底为主。海山的隆起可引起上升流，把海底的营养物质带上来，提高此处的生产力和生物量，造就了独特的海山生物群落和生态系统。[③]

2. 海山的生物多样性与生态系统服务

人类对海山的生物多样性与生态系统服务仍然处于初步探索阶段。由于此处特殊的地理特征和水文条件，海山的浮游生物种群数目经常高于深海生境的平均水平，它们又吸引着其他海洋生物的聚集，使得海山成为了重要的生物热点。

近年的调查发现，海山几乎聚集了所有动物门类的代表，从最原始的海绵

---

① 刘新中：《保护公海渔业资源，为世界渔业发展贡献中国力量》。见人民网（http：//country. people. com. cn/n1/2020/1122/c419842 – 31939567. html）。

② Watts T. Science，Seamounts and Society. *Geoscientist*，2019，29（7）：10 – 16.

③ 王琳，张均龙，徐奎栋：《海山生物多样性研究近 10 年国际发展态势与热点》，载《海洋科学》，2022 年第 46 期 05 卷。

到最高等的哺乳动物都在海山栖息。从透光带下沉的细菌和原生动物等微生物则成为"海洋雪"，是海山生物的主要食物来源。由于海山周围的强大水流可以为它们提供食物，海山斜坡上聚居了大量的滤食性动物，特别是珊瑚、海葵、形态各异的玻璃海绵等。此外，软沉积物经常在海山积累，为多毛类动物（环状海洋蠕虫）、寡毛类动物（微滴虫）、腹足类软体动物（海蛞蝓）、棘皮动物（海星、蛇尾、海参、海胆、海百合）、软体动物（双壳类、螺类、烟灰蛸）和甲壳动物（深海虾、蟹、寄居蟹、铠甲虾）等底栖动物提供生境。同时，海山为大型动物提供了栖息地和产卵地，包括众多鱼类，如鲨鱼、深海狗母鱼、鲅鳙鱼、金枪鱼等。它们和海洋哺乳动物、头足类动物等一同在海山上聚集、觅食。同时，海山可能是一些迁徙性动物的重要停留点，鲸鱼可能还会在迁徙的过程中利用海山这一海床上鲜明的地理特征作为导航信息。

与其他深海栖息地相比，海山上的底栖无脊椎动物和滤食性动物，尤其是珊瑚和海绵的物种丰富度和丰度较高。海山与垂直迁移的生物、经过的海洋流之间的相互作用可以促进与顶级中上层捕食者的营养交换。因此，海山是远洋生物多样性的重要热点，在增加远洋物种的渔业捕捞量方面发挥着重要作用。

3. 人类对海山的影响

近年来，海山对鱼群的聚集效果受到商业捕鱼业的关注，海山的鱼类群体在20世纪下半叶开始被广泛捕捞。近80种鱼类和甲壳类在海山中受到商业性捕捞，当中包括龙虾、鲭鱼、鳕场蟹、红鲷鱼、金枪鱼、胸棘和鲈鱼。由于管理不善和捕捞压力增大，一些典型渔场的种群数量严重耗尽。一些被明显过度捕捞的物种，如胸棘鲷（产于新西兰和澳大利亚）、李氏五棘鲷（产自日本和俄罗斯），寿命长、生长缓慢、成熟缓慢的特点使其易受过度捕捞的影响。此区域常用的拖网捕捞方法和海山的矿物开采对海山生态造成极大破坏。由于许多海山位于ABNJ而难以对渔业或采矿活动进行适当的管控，使问题更加复杂。还有，鲸落等有机物的沉降是海山群落的重要营养来源之一，因此捕鲸会减少海山群落的营养来源。

海山上的珊瑚也面临被过度开采的威胁。由于它们在制作珠宝和装饰品方面具有非常高的价值，因此被大量开采，导致珊瑚床资源枯竭。

4. 海山的保护和修复

海山生态保护的最大障碍就是信息的匮乏。由于对深海进行深入探索的技术在最近几十年才出现，且到达海山的任务艰巨而昂贵，所以深入的科学研究只覆盖少部分的海山，保护工作所需的世界海山地图的绘制和对其生物资源的调研，目前尚处于起步阶段。我国在海山生物多样性研究近 10 年来发展增速，研究力度明显加强。①

海山生态保护的另一难题是，大部分海山都位于 ABNJ，因此在保护措施的实行上难度较高，必须通过国际间的合作协调，才能确保海山的资源得到充分的保护。一些可行的管理措施包括：对易危的海山区域规划建立保护区，长期禁止捕捞活动、禁止接触海床的捕捞活动（如拖网捕鱼）、要求对海山鱼类种群和生态系统产生不良影响的活动进行环境评估等。协议将有助于协调 ABNJ 相关的各个部门和区域机构，并有助于建立全球公认的海洋保护区。此外，海山生物资源的保护还需要一套明确的样本共享和使用来自 ABNJ 的遗传资源的规则，提高透明度，并促进所有国家用户的参与。②

（六）热泉与冷泉

1. 热泉与冷泉概述

科学家曾经认为，即使在不见天日的深海，生物都需要依靠以光合作用为基础的食物链获取养分。然而，热泉和冷泉生物群的发现推翻了这个假设。这些地方有富含化学成分的液体从地壳中喷出，为化能自养微生物提供能量，使其得以在一些非常恶劣的环境中维持茂盛的生命群体。这些栖息地的独特群落与周围海底和水体中的生态系统相互作用，影响着地球化学循环。

热泉围绕在洋中脊周边，是海水由于穿过地球板块运动所造成的裂隙而被加热的现象，温度可高达 350℃—400℃。生活在喷口附近的生物能够生活在非常热的水里（65℃—100℃）。热液之中含有大量的硫化氢，这对于大多数生物而言是有毒的，但却可以作为部分化能自养微生物的养分。此外，热泉通常处于 1000 米以下的海底，水压巨大，以至于来自水下泉眼的热液不会沸腾。虽然热泉分布于各大海洋，但是活跃的热泉生态系统是一个罕见的栖息地，约占 50 平方公里，相当于＜0.00001% 的地球表面面积。③

冷泉是海底另一个富含能量丰富的化学物质的环境。冷泉出现于由板块运

---

① 王琳，张均龙，徐奎栋：《海山生物多样性研究近 10 年国际发展态势与热点》，载《海洋科学》，2022 年第 46 期 05 卷。

② 谢伟，殷克东：《深海海洋生态系统与海洋生态保护区发展趋势》，载《中国工程科学》，2019 年第 21 卷 06 期。

③ Dover V, Lee C, Arnaud-Haond S, et al. Scientific rationale and international obligations for protection of active hydrothermal vent ecosystems from deep-sea mining. *Marine Policy*, 2018 (90)：20 – 28.

动造成的海底裂缝中，它以水、碳氢化合物、硫化氢、细粒沉积物为主要成分的流体以喷涌或渗漏方式从海底溢出，并产生一系列的物理、化学及生物作用。溢出的流体富含甲烷、硫化氢等物质，能够给一些化能自养微生物提供丰富的养分。与热泉不同，冷泉的温度与周围的水域相似，其渗出物也往往比热泉更稳定。热泉的寿命相对较短，但冷泉的寿命很长。冷泉最常见于从潮间带到超深渊区这一范围。①

（2）热泉与冷泉的生物多样性与生态系统服务

化能自养细菌和古菌是热泉与冷泉生态系统的食物链基础，支撑着独特的热泉和冷泉生物群落。以这些初级生产者为食的生物包括深海双壳类（贻贝类和蛤类）、蠕虫（管状群蠕虫和冰蠕虫）、多毛类动物、海星、海胆、海虾等一级消费者。二级消费者有鱼、螃蟹、扁形虫、冷水珊瑚等。其中，管状蠕虫是热泉泉口特有物种中的典型代表，它演化出了一种高度特异化的"摄食体"器官，里面生长着大量共生微生物，这些微生物在蠕虫体内进行化能自养作用，并为其宿主提供养分。② 在化能自养微生物的支持下，冷泉和热泉区域一般都是海底生命极度活跃的地方，被称为"深海绿洲"。

此外，在全球尺度上，热泉和冷泉参与了碳、硫和氮的生物地球化学循环和元素转化。③ 这些生态系统的独特之处在于利用氢气、甲烷、硫化氢、铵或铁的化学能量来固定无机碳，并产生更多的微生物和动物生物量。相对于周围的深海环境，这些过程增强了生态系统中营养和结构的复杂性，并为复杂的营

① Bernardino A F, Levin L A, Thurber A R, et al. Comparative Composition, Diversity and Trophic Ecology of Sediment Macrofauna at Vents, Seeps and Organic Falls. *PLOS ONE*, 2012, 7 (4).

② Xie W, Wang F, Guo L, et al. Comparative metagenomics of microbial communities inhabiting deep-sea hydrothermal vent chimneys with contrasting chemistries. *ISME Journal*, 2011, 5 (3): 414 – 426..

③ Hinrichs K, Boetius A. The anaerobic oxidation of methane: new insights in microbial ecology and biogeochemistry［M］//Wefer G, Billett D, Hebbeln D, er al. Ocean Margin Systems. Berlin, Heidelberg: Springer-Verlag, 2002: 457 – 477. Dekas A E, Poretsky R S, Orphan V J. Methane-consuming microbial consortia deep-sea archaea fix and share nitrogen in methane-consuming microbial consortia. *Science*, 2009, 326: 422 – 426.

养相互作用提供了环境。① 此外，化能自养微生物对甲烷的消耗也起到了生物过滤器的作用，防止甲烷进入水体而成为潜在的温室气体来源。② 因此，虽然这些生态系统距离人类很遥远，它们提供的生态系统服务却为人类的福祉做出了重要贡献。

3. 人类对热泉与冷泉的影响

一些热泉与冷泉系统已经被人类活动破坏或成为人类新的开发目标。③ 拖网捕鱼会破坏这些栖息地的物理结构并影响当地的生物群落。石油、天然气或水合物开采和采矿活动可能会干扰化学物质的流入并影响生物群落与正常化学合成系统的相互作用。鲸落被认为是热泉与冷泉种群扩散交流的"垫脚石"。因此，捕鲸活动的加强可能会降低热泉与冷泉生物群落的可持续性或影响新群落的建立。

4. 热泉与冷泉的保护

由于热泉与冷泉生态系统拥有独特的生物多样性、生态特性和生态功能，这些生态系统符合具有"重要生态或生物意义的海洋区域"（EBSA）的条件。④ 根据国际法，具体 EBSA 的认定、保护和管理措施的制定均由各国和主管政府间组织决定。目前，热泉与冷泉生态系统受到一些非正式或自愿性的保护计划或行为守则以及国家或国际法规定的正式保护措施所保护。例如，海洋采矿业制定了《国际海洋矿物学会海洋采矿环境管理准则》，其中概述了作业机构、监管机构、科学家和其他相关方使用热泉与冷泉资源的原则和最佳实

---

① Levin L A. Ecology of cold seep sediments: interactions of fauna with flow, chemistry, and microbes. *Oceanography and Marine Biology An Annual Review*, 2005: 1 – 46. Cordes E E, Cunha M R, Galéron J, et al. The influence of geological, geochemical, and biogenic habitat heterogeneity on seep biodiversity. *Marine Ecology*, 2010, 31: 51 – 65.

② Boetius A, Wenzhoefer F. Seafloor oxygen consumption fuelled by methane from cold seeps. *Nature Geoscience*, 2013, 6 (9): 725 – 734.

③ Ramirez-Llodra E, Tyler P A, Baker M C, et al. Man and the last great wilderness: human impact on the deep sea. *PLOS ONE*, 2011, 6 (8): e22588.

④ Clark M R, Rowden A A, Schlacher T A, et al. Identifying Ecologically or Biologically Significant Areas (EBSA): A systematic method and its application to seamounts in the South Pacific Ocean. *Ocean and Coastal Management*, 2014, 91: 65 – 79.

践。① 科学家正在倡议建立热泉与冷泉保护区网络，对保护区中的采矿活动进行严格管理甚至禁止，以提高保护成效。②

值得注意的是，一些自然变化，如地质地理变化、气候变化等，都会对热泉与冷泉的生物群体造成影响。在这些自然变化与人为干扰相互作用下，热泉与冷泉会做出怎样的响应，目前仍未可知。热泉与冷泉独特的生物群落跟其他深海生物群之间的连通性尚未被阐明。促进和资助对热泉与冷泉生物多样性的科学探索以及针对这些知识缺口的研究、加强国际上的合作交流，将有助于有效的保护措施的制定。

（七）展望

沿近岸到大洋、从海面到深渊，海洋孕育着生命。多样的生态系统为人类提供了巨大的便利，但同时也日益受到了各种人类活动的威胁。为了海洋资源可以被持续发展利用，我们需要进行更多的科学研究来识别威胁、寻找补救措施、开发管理策略以及订立保护工作的优先次序。同时，通过教育和科普宣传，让公众自愿选择食用"可持续利用海鲜"③ 和支持"环境友好"的公私营机构，对于海洋资源的可持续利用将发挥重要作用。然而，只有个别国家"关爱海洋"是不足够的，人类以大海为纽带，形成了"海洋命运共同体"。这一概念最初由习近平主席于 2019 年 4 月在中国人民解放军海军成立 70 周年时提出，他指出："人类居住的这个蓝色星球，不是被海洋分割成了各个孤岛，而是被海洋联结成了命运共同体，各国人民安危与共。"在现今国际时局和全球环境变化的背景下，过往人类对海洋资源霸占、开发、视海洋为"公共池塘"的观念已经不合时宜。新的海洋资源利用理念需要坚持四海一家、敬畏海洋的价值观，需要国际社会共同努力、扩大共识，加强在科研和资源管理上的合作，才能确保为我们的下一代留下一片碧海蓝天。

（本节撰稿人：张雄　马嘉欣）

---

① Boschen R E, Rowden A A, Clark M R, et al. Mining of deep-sea seafloor massive sulfides：A review of the deposits, their benthic communities, impacts from mining, regulatory frameworks and management strategies ［J］. Ocean and Coastal Management, 2013, 84：54 - 67.

② Boschen R E, Rowden A A, Clark M R, et al. Mining of deep-sea seafloor massive sulfides：A review of the deposits, their benthic communities, impacts from mining, regulatory frameworks and management strategies ［J］. Ocean and Coastal Management, 2013, 84：54 -67.

③ 国际自然基金会：《海鲜消费指南》见 https：//www. wwfchina. org/content/press/publication/2018/海鲜消费指南单页 final. pdf.

二、红树林的生物多样性与保护

红树林生长在热带、亚热带的海岸潮间带，它是受周期性潮水浸淹的潮滩湿地木本生物群落，主要由以红树植物为主体的常绿灌木或乔木组成。① 它主要分布在江河入海口及沿海岸线的海湾内，兼具陆地生态和海洋生态特性，具有较高的生物多样性，是陆地向海洋过渡的一种重要生态系统类型。

图 3-22 红树林湿地 （供图：潘莹）

（一）红树林生态系统特征及功能

1. 红树林的分布

红树林的分布主要受地形地貌、潮位、海水盐度、气温和海浪等因素的共同影响，主要分布在全球热带及亚热带地区的滨海潮间带，隐蔽的海岸、风浪较小的曲折河口港湾和泻湖是它们的理想生境。但由于海流的作用，红树林的分布超出了热带海区。在北半球，红树林的分布可到达北美大西洋沿岸的百慕大群岛（北纬32°20′）及日本南部（北纬31°22′）；在南半球，红树林分布范围比北半球更远离赤道，可至澳大利亚南部（南纬38°45′）及新西兰（南纬

---

① 何斌源，范航清，王瑁，赖廷和，王文卿：《中国红树林湿地物种多样性及其形成》，载《生态学报》，2007年第27卷11期。

38°59′)。① 根据 Hamilton 和 Casey 的估算，2012 年全球红树林的有林面积为 83495 公顷，其中印度尼西亚、巴西、马来西亚、巴布亚新几内亚、澳大利亚、墨西哥、尼日利亚、缅甸、菲律宾和泰国等 20 个国家拥有全球 85% 的红树林。②

图 3-23　红树林世界分布示意图（制图：成都地图出版社有限公司）

我国红树林分布于海南、广东、广西、福建、浙江、台湾、香港和澳门等地，其中主要分布在北部湾海岸和海南东海岸，北部湾海岸包括广东湛江、广西沿海及海南的西海岸。我国红树林自然分布的北界是福建省的福鼎市（隶属宁德市），人工成功引种的北界则为浙江乐清西门岛。第二次全国湿地资源调查的数据显示，我国（未包括港澳台和海南省三沙市）现有红树林湿地面积 3.45 公顷，有林面积 2.53 万公顷左右。

（2）红树林的生境特征

基质特征：红树植物需要风浪比较平静、淤泥较厚的平缓海滩环境。因此，红树林主要分布于隐蔽海岸，风小浪小，水体运动慢而多淤泥沉积的河口海湾。学者把红树林划分为软底型（河口海湾环境淤泥潮滩）、硬底型（大洋

---

① Giri C, Ochieng E, Tieszen L, et al. Status and distribution of mangrove forests of the world using earth observation satellite data. *Global Ecology and Biogeography*, 2011, 20 (1): 154-159.

② Hamilton S, Casey D. Creation of high spatiotemporal resolution global database of continuous mangrove forest cover for the 21st century: a big-data fusion approach. *Global Ecology and Biogeography*, 2016, 25: 729-738.

环境砂砾质潮滩）及其间的过渡类型。① 事实上，尽管红树林也可以生长在砂质、基岩和珊瑚海岸，但它们更喜欢软泥型的环境，而砂质地、排水不畅的烂淤地、干涸地均不利于红树植物生长。

温盐特征：红树植物喜好高温，对低温较敏感，因此红树林分布的纬度界线主要受温度（气温、水温或霜冻频率）控制。红树林分布中心地区海水温度的年平均值为 24 ℃ – 27 ℃，气温则在 20 ℃ – 30 ℃范围内。同时，红树植物对盐度有一定的适应范围，在盐度约 2 – 35 的河口海岸线生长较好，在淡水或盐度较高的海水中都生长不良。

水文特征：周期性的潮汐作用是红树林生态系统的一大特征。红树林一般分布于平均海面与大潮平均高潮位之间的滩面，周期性的潮水浸淹和退却会给红树植物及时补充水分和氧气。过长时间的淹水会导致红树植物缺氧窒息，长期干旱则会造成红树植物缺水。因此，不同红树植物物种对潮水浸淹的耐受程度决定了它们在潮间带的分布状况。极端天气现象带来的强波浪和风暴潮会对红树林造成破坏，热带气旋和飓风产生的波浪会对红树林造成威胁，甚至形成毁灭性的打击。②

3. 红树林的生态功能

红树林有利于维持海岸生态系统的结构和功能，具有防风消浪、促淤护岸、净化水体等作用。同时，红树林为各种海洋生物特别是一些濒危哺乳动物、爬行动物、两栖动物和鸟类提供栖息地、产卵场和食物来源，维系着近岸的生物多样性。除此之外，红树林不仅为沿岸社区供给木材等经济产品，还为周围居民提供休闲娱乐等服务价值，以此来支撑社会经济发展。近年来，包括红树林在内的滨海湿地在固碳和减缓气候变化方面发挥的重要作用引起了全球性的广泛关注。红树林的生态功能主要可概括为以下几个方面：

维系近岸生物多样性：红树林作为河口海区生态系统的初级生产者，支撑着广阔的陆域和海域生命系统，为海区和海陆交界带的生物提供了重要的食物来源，也为鱼、虾、贝、蟹、螺等水生生物和鸟类提供了良好的栖息地和繁衍场所，以此形成了红树林生态系统中复杂的食物链和食物网，在维系近岸生物多样性方面具有重要意义。以底栖动物为例，红树植物的凋落物及其有机碎屑

---

① Por F D & Dor I. Hydrobiology of the Mangal: The Ecosystem of the Mangrove Forests (Developments in Hydrobiology, 20). *The Hague*: *Dr W Junk Publishers*, 1984. 1 – 271.

② 彭逸生，周炎武，陈桂珠：《红树林湿地恢复研究进展》，载《生态学报》，2008 年第 28 卷 2 期。

可以为红树林生态系统和邻近系统的底栖动物提供食物来源。同时，红树植物的根系、枝干、枝条也为底栖动物提供了栖息和附着场所。此外，红树林植被还能通过改善潮间带的高温和高蒸腾作用来吸引大量的大型底栖动物，是其他无脊椎动物和鱼类的重要食物来源。

固碳、储碳、减缓气候变暖： 红树林生态系统净初级生产力较高，可以吸收大量的二氧化碳，将二氧化碳中的碳固定在树叶、树枝、树干和根部，成功稳定空气中的二氧化碳含量。同时，红树林还有着较高的储碳能力，这主要缘于两方面的原因，一方面，红树林湿地的沉积物长期处于厌氧环境，减缓了根系和凋落物的分解速率，加速了碳埋藏速率；另一方面，陆地径流和海洋潮汐共同作用带来了大量外源性碳，被红树林固定并快速沉积在地下部分。因此，红树林在降低大气中温室气体浓度、减缓全球气候变暖、固碳和储碳中，起着十分重要的独特作用，是具有高碳汇能力的碳库。

消浪促淤： 红树植物的地上结构较复杂，它们的地表支柱根、呼吸根和茂密的植株可以破碎波浪以消耗波浪的能量。据报道，50 米宽的红树林植物白骨壤可将 1 米高的海浪削减至 0.3 米以下，使林内水流速度大幅降低，有效减少海岸侵蚀。因此，红树林在防御台风、海啸等极端天气灾害方面作用巨大。除此之外，红树林植被在消减波浪和潮流能量的同时，还可以促进潮水中悬浮泥砂和有机颗粒物的沉积，外加红树林可以通过根系网罗碎屑促进土壤沉积物的形成，因此红树林有极强的促淤功能。据报道，红树林淤积速度是附近裸滩的 2—3 倍，可促使沉积物中粒径小于 0.01 毫米的粘粒含量增加，并以其枯枝落叶直接参与沉积。

净化水质： 红树具有发达的根系，可以加速潮水和陆地径流带来的泥沙和悬浮物的沉积，潮水和陆地径流中的污染物可以随着泥沙和悬浮物沉积在红树林湿地中，起到净化水质的作用。此外，红树植物在吸收水分的同时可以吸收其中的污染物，并对其进行转运、代谢、转化和降解，从而降低沉积物和周围水体中污染物的浓度。很多学者认为，自然红树林湿地和人工红树林湿地可以作为多种污染物快速而有效的处理场所，尤其是对富含营养盐废水具有很高效的处理能力。① 近年来的研究数据表明，除了红树植物之外，红树林湿地沉积

---

① Chen J，Zhou H C，Wang C，et al. Short-term enhancement effect of nitrogen addition on microbial degradation and plant uptake of polybrominated diphenyl ethers（PBDEs）in contaminated mangrove soil. *Journal of Hazardous Materials*，2015，300：84－92.

物中的微生物在污染物的代谢和净化中更加有效，发挥的作用更大。[①]　因此，红树林湿地形成的一套完整的土壤—植物—微生物复合系统，在沉淀、过滤和降解污染物、净化海水和陆地径流中起着很重要的作用。

生态旅游和社会教育等服务价值：红树林湿地既可以为周边居民和游客提供自然景观旅游价值，又可以作为滨海湿地生态恢复后的示范基地，供人们进行参观学习。例如海南的东寨港红树林保护区是中国第一个红树林保护区，于1980年1月建立，其在2005年被《中国国家地理》杂志评为中国最美八大海湾之一，随后在2012年被《森林与人类》杂志评为中国最美20处森林之一。位于广东的深圳内伶仃福田红树林自然保护区，是全国唯一一处在城市腹地、面积最小的国家级森林和野生动物类型的自然保护区，已经开展了一定规模的环境知识教育和观鸟等生态活动。

（二）红树林生态系统生物多样性

1. 植物多样性

植物是生态系统的生产者，生长在红树林生态系统的植物主要是红树植物。红树植物的生活条件与一般的陆生植物不同，他们需要忍受滨海湿地周期性潮水导致的缺氧乃至厌氧环境，忍受高盐度等条件。因此，红树植物的种类较少。中国现有原生红树植物21科37种，其中真红树植物11科14属25种，包括秋茄、木榄、白骨壤、老鼠簕、桐花树、海莲、尖瓣海莲、角果木、榄李、红树、红海榄、海漆、卤蕨、杯萼海桑、海桑、尖叶卤蕨、小花老鼠簕、厦门老鼠簕、红榄李、木果楝、水椰、瓶花木、海南海桑、卵叶海桑和拟海桑（表3-1）；半红树植物10科12属12种，包括银叶树、玉蕊、水黄皮、海檬果、海滨猫尾木、阔苞菊、黄槿、莲叶桐、水芫花、钝叶臭黄荆、杨叶肖槿、苦郎树。[②]　此外，我国在三十多年红树林生态恢复工作过程中引种了2种外来真红树植物：包括无瓣海桑（*Sonneratia apetala*）和拉关木（*Laguncularia racemosa*），其中前者已成为我国的广布种。除长期生存于林下的蕨类外，红树林群落内外的草本植物和藤本植物一般不被列入红树植物范畴，而被归属于红树林伴生植物，例如海刀豆、马鞍藤、鱼藤、南方碱蓬、海马齿等。随着纬度的升高，红树植物种类逐渐减少。在我国，海南拥有最多红树物种，我国已

---

② 王文卿，陈琼：《南方滨海耐盐植物资源》，厦门大学出版社，2003年版，1-444页。

记录的物种在海南均有分布，而浙江只有引种的秋茄（*Kandelia obovata*）1 种。

表 3 – 1　中国现有原生真红树植物的物种及其分布①

序号	种名	分布
1	卤蕨（*Acrostichum aureum*）	海南、广东、广西
2	尖叶卤蕨（*Acrostichum speciosum*）	海南、广东
3	木果楝（*Xylocarpus granatum*）	海南
4	海漆（*Excoecaria agallocha*）	海南、广东、广西
5	杯萼海桑（*Sonneratia alba*）	海南
6	海桑（*Sonneratia caseolaris*）	海南
7	海南海桑（*Sonneratia × hainanensis*）	海南
8	卵叶海桑（*Sonneratia ovata*）	海南
9	拟海桑（*Sonneratia × gulngai*）	海南
10	木榄（*Bruguiera gymnorhiza*）	海南、广东、广西、福建
11	海莲（*Bruguiera sexangula*）	海南
12	尖瓣海莲［*Bruguiera sexangula*（var. *rhynchopetala*］	海南
13	角果木（*Ceriops tagal*）	海南、广东
14	秋茄（*Kandelia obovata*）	海南、广东、广西、福建
15	正红树（*Rhizophora apiculata*）	海南
16	红海榄（*Rhizophora stylosa*）	海南、广东、广西
17	拉氏红树（*Rhizophora × lamarckii*）	海南
18	红榄李（*Lumnitzera littorea*）	海南
19	榄李（*Lumnitzera racemosa*）	海南、广东、广西
20	桐花树（*Aegiceras corniculatum*）	海南、广东、广西、福建
21	白骨壤（*Avicennia marina*）	海南、广东、广西、福建
22	小花老鼠簕（*Acanthus ebracteatus*）	海南、广东、广西
23	老鼠簕（*Acanthus ilicifolius*）	海南、广东、广西、福建
24	瓶花木（*Scyphiphora hydrophyllacea*）	海南
25	水椰（*Nypa fruticans*）	海南

---

① 王文卿，陈琼：《南方滨海耐盐植物资源》，厦门大学出版社，2003 年版，1 – 444 页。

2. 红树植物独特的生态特征

潮间带生境具有高度盐渍化、缺氧、酸化、高光辐射及周期性海水浸淹等特征，而这些特征大都不利于植物的生长。红树植物经过长期的自然选择和进化适应，逐渐形成了很多独特的生态特征来应对这种不利环境，例如胎生现象、独特的根系，并且具有一套特殊的耐盐机制。

具有独特的气生根和支柱根： 为了适应潮间带缺氧和潮汐冲刷的环境，红树植物发育形成了指状根、笋状根、板状根、膝状根、蛇状匍匐根等多种形态的气生根和支柱根。其中支柱根和板状根是红树植物为适应潮滩泥泞的生长环境，从茎的基部延伸出拱形下弯的支柱或板状的根样结构，该种结构能起到支持的作用，从而帮助红树植物抗御风浪。呼吸根是红树植物的一部分根背地向上生长露出地面用于呼吸而形成的结构，常见的呼吸根有指状根和笋状根，这类根一般通气组织较发达，且根的表皮还有用于与外界进行气体交换的皮孔，以此来适应土壤中缺氧的环境。

图 3 – 24　红树植物的指状根（供图：潘莹）

胎生现象： 红树植物的另一种重要特点是具有胎生现象，且可分为显胎生和隐胎生两种。显胎生是指红树植物的果实成熟后仍留在树上，果实内的种子发芽后从果实中伸出，形成一个下垂的胚轴，等待胚根成熟后，若掉落插入泥中则可继续发育成长为红树小苗，而若掉入潮水中则由于胚轴内的气道组织而漂浮在水面上来远漂传播，常见的显胎生红树植物包括秋茄、木榄、正红树等红树科植物；隐胎生是指红树植物的种子萌发后仍留在果皮内，待到把果皮填满，果实掉入水中后，果皮吸水胀破，幼苗伸出果皮，插入泥中，并生根固着下来，常见的隐胎生红树植物包括白骨壤、桐花树等非红树科红树植物。

图 3 – 25　秋茄下垂的胚轴（供图：潘莹）

耐盐机制： 为了能够适应潮间带的高盐环境，红树植物进化出一套有别于陆生植物或淡水生植物的适应机制。首先，红树植物可通过根系的过滤系统在吸收水分时将海水中的盐分化过滤掉，并且红树植物还可通过积累大量渗透调节物质来使叶片的水势降低，从而增强其对水分的吸收能力。除此之外，当体内有大量的多余盐分时，红树植物还可通过盐腺泌盐，以此来排除体内多余的盐分，以维持体内盐类低浓度，或者以落叶脱盐，如将体内多余的盐分输送到枯黄的叶片中，等待其凋落后来排出盐分。同时，红树植物的叶片较小，革质，且肉质化程度较高，这也是一种盐适应，因为肉质化的叶片能储存大量的水分，从而降低盐分浓度以避免盐分浓度过高使红树植物受到伤害。

图 3 - 26　红树植物叶片泌盐现象（供图：潘莹）

3．动物多样性

红树林具有复杂的有机碎屑食物链，生物资源丰富，为红树林里的动物提供了充足的食物。这些动物是生态系统中的消费者，将摄取的有机物变成自身能够利用的物质，在红树林生态系统的物质循环和能量流动中起着很重要的作用。红树林中主要的动物包括鸟类、底栖动物、两栖动物、爬行动物以及一些游泳动物等。

鸟类多样性：红树林具有复杂的有机碎屑食物链，生物资源丰富，为鸟类提供了充足的食物。同时，红树林的生境多样性为各种需求不一的鸟类提供了适宜的觅食区、栖息地和繁殖地，是鸟类理想的生境。红树林湿地既有长期或临时的水域，又有退潮后大片裸露的滩涂，成为水鸟生活和觅食的适宜场所。而且红树林还兼具陆地森林的性质，可以满足陆鸟的生活需求。当陆鸟的原有生境被破坏而被迫离开时，红树林可以为陆鸟提供新的栖息地。目前，中国重要的红树林湿地均开展过鸟类调查，并且已记录有 19 目 58 科 421 种鸟类，约占我国鸟类总数的 30%。[1] 根据何斌源等人（2007）的汇总，陆鸟是中国红树林湿地鸟类的主要生态类群，共有 224 种，占据了鸟类总数的 58%，剩余的 177 种水鸟占据了 42%。其中，有 6 种国家一级保护鸟类，包括黑鹳

---

[1]　何斌源，范航清，王瑁等：《中国红树林湿地物种多样性及其形成》，载《生态学报》，2007 年第 27 卷。

（*Ciconia nigra*）、白鹳（*Ciconia ciconia*）、东方白鹳（*Ciconia boyciana*）、中华秋沙鸭（*Mergus squamatus*）、白肩鵰（*Aquila heliaca*）和遗鸥（*Larus relictus*），及 63 种二级保护鸟类，如黑脸琵鹭（*PIataIea minor*）等。黑脸琵鹭是全球濒危鸟类，据调查，全球有约 30% 的黑脸琵鹭在我国华南地区以红树林区作为其越冬栖息地，可见红树林区对保护某些珍稀濒危物种及生物多样性是多么重要。①

　　值得一提的是，中国华南沿海区域是候鸟迁徙途径的重要区域之一，分布在该区域的红树林可以为迁徙候鸟提供食物和能量补给，还可供候鸟进行短暂休息。红树林湿地的鸟类中，大多数是往来迁徙的候鸟，且种类和数量呈现出明显的季节变动，具体表现为，在春、秋候鸟迁徙季节，鸟类的种类和数量急骤增多，呈现出两个显著高峰。因此，春秋季节是观鸟爱好者进入红树林湿地来观鸟的最佳时机。为满足大众对观鸟的需求，很多红树林也建造了利于观鸟的设施，例如，福田红树林作为深圳最佳观鸟地点之一，是一个观鸟赏绿的好地方，保护区里有观鸟亭和观鸟屋，在观鸟亭上，可以俯视成片茂密的红树林，眺望宁静的深圳湾海面，可以看到白鹭飞进红树林，消失在茂密的丛林里。

图 3 - 27　大量鸟类在红树林湿地觅食（供图：潘莹）

---

　　① 周放，房慧玲，张红星等：《广西沿海红树林区的水鸟》，载《广西农业生物科学》，2002 年第 21 卷 3 期。

底栖动物多样性：底栖动物是红树林湿地种类最为丰富的生物类群，它们为红树林的鸟类提供了最主要的食物，也为红树林生态系统的物质循环和能量流动做出巨大贡献。截止到 2007 年，共统计了 13 门 873 种底栖动物，包括腔肠动物门 8 种，扁形动物门 3 种，线形动物门 29 种，纽形动物门 4 种，环节动物门 142 种，星虫动物门 11 种，螠虫动物门 3 种，软体动物门 348 种，甲壳动物门 250 种，腕足动物门 1 种，棘皮动物门 28 种，尾索动物门 3 种，脊索动物门 43 种。[①]

红树林湿地中比较常见的底栖动物有拟蟹守螺、滩栖螺、招潮蟹等，这些底栖动物的经济价值不高，常被用作养殖虾蟹的新鲜蛋白补充，但他们主要以红树林凋落物、有机碎屑和小型藻类为食物，是食物链的重要中间环节，在红树林区物质、能量转移过程中起着很大作用。同时，底栖动物中还有很多经济物种，如可口革囊星虫（*Phascolosoma esculenta*）、裸体方格星虫（*Sipunculus mudus*）、团聚牡蛎（*Ostrea glomerata*）、缢蛏（*Sinonovacula constricta*）、红树蚬（*Gelolna coaxans*）、文蛤（*Meretrix meretrix*）、青蛤（*Cyclina sinensis*）、脊尾白虾（*Exopalaemon carinicauda*）和锯缘青蟹（*Scylla serrata*）等。因此，到红树林湿地赶海捕捉小型底栖动物经常是红树林附近居民的娱乐活动或副业。福建沿海居民制作的一种特色传统风味小吃——土笋冻，便是用可口革囊星虫加工而成的冻品，因为可口革囊星虫含有大量胶质，制作出来的土笋冻晶莹透明、鲜嫩脆滑，吃的时候配上酱油、北醋、甜酱等调味品，让人回味无穷。

图 3－28　退潮时来红树林湿地赶海的居民（供图：潘莹）

---

① 何斌源，范航清，王瑁等：《中国红树林湿地物种多样性及其形成》，载《生态学报》，2007 年第 27 卷 11 期。

鱼类：红树林湿地的鱼类以小型鱼类为主，目前在中国红树林湿地记录有258种鱼类，其中最具有代表特征的类群是弹涂鱼。弹涂鱼是虾虎鱼科背眼虾虎鱼亚科弹涂鱼族（Periophthalmini）鱼类的通称，大多是两栖鱼类。常见弹涂鱼包括青弹涂鱼（*Scartelaos viridis*）、广东弹涂鱼（*Periophthalmus cantonensis*）和薄氏大弹涂鱼（*Boleophthalmus boddarti*）等种类。弹涂鱼是暖温性近岸小型鱼类，喜欢栖息于河口、港湾、红树林区的半咸水域及滩涂。弹涂鱼的体形不同于其他普通鱼类，它们进化出特大肉质化的胸鳍，既可以用来游泳，也可以用来支撑身体在泥滩上攀爬跳跃。同时，弹涂鱼能用湿润的皮肤和口腔黏膜进行呼吸来摄取空气中的氧气，以适应半水半陆的潮间带环境。因此，在退潮的光滩，经常可以看到大片的弹涂鱼跳出水面或泥泽，形成一道独特的风景。

图 3-29　滩涂中的弹涂鱼（供图：潘莹）

此外，红树林生态系统还生活有其他两栖类、爬行类和兽类等动物，但相比于上述类群，关于红树林湿地两栖类、爬行类和兽类的调查相对较少且研究不系统，我们不再赘述。

（三）我国红树林的保护

1. 我国红树林过去面临的问题及改善措施

红树林生态系统具有防风消浪、促淤护岸、固碳储碳和维持生物多样性等重要功能。20 世纪 50 年代，我国红树林面积约 5 万公顷。然而，随着经济社会的快速发展和人口的急剧增长，沿海地区开展的围垦造田、围海养殖、填海造地、海岸工程建设等活动，使红树林遭受了较大的破坏，2000 年减少到 2.2 万公顷。红树林大面积的消失和破坏，造成生境碎片化，使很多生物丧失了栖息地和繁衍场所，导致红树林的生物多样性急剧降低。

红树林生境的丧失和退化唤醒了公众的红树林保护意识，自 1980 年以来，我国开始注重红树林保护工作，陆续建立红树林自然保护区。红树林自然保护区所保护的对象就是红树林这一特殊的自然生态系统，我们主要将这一系统所在陆海交界处，包括河口水域、滩涂的各个潮带及潮上带的一部分陆域划分出来，进行特殊的管护。中国目前拥有 6 个国家级红树林自然保护区，包括海南东寨港国家级自然保护区、广西山口红树林生态自然保护区、广西北仑河口国家级自然保护区、广东内伶仃福田国家级自然保护区、广东湛江红树林国家级自然保护区、福建漳江口红树林国家级自然保护区。

随着公众环保意识和各地保护意识的加强，我国对红树林的保护修复力度逐渐加大。2001 年起，原国家林业局启动红树林保护工程，将全国约 50% 的红树林划入自然保护区。随后，国家相继出台《全国湿地保护工程规划（2002—2030）》《全国湿地保护"十三五"实施规划》《湿地保护修复制度方案》《全国沿海防护林体系建设工程规划（2016—2025 年）》等文件，不断加大对红树林湿地生态修复的投入，各地营造红树林的热情高涨，红树林保护和修复进程加速。2020 年 8 月 14 日，自然资源部、国家林业和草原局印发了《红树林保护修复专项行动计划（2020—2025 年）》，以 2020 年到 2025 年为实施周期，明确了预期的工作目标，即到 2025 年营造和修复红树林 18800 公顷，其中，营造红树林 9050 公顷，修复现有红树林 9750 公顷。2020 年，我国红树林面积已增加到 2.9 万公顷，增加 7000 公顷，成为世界上少数几个红树林面积净增加的国家之一。目前，我国 55% 的红树林湿地被纳入保护范围，远高于世界 25% 的平均水平。

2. 我国红树林当前面临的主要问题

当前，红树林面临的问题已由之前的毁林破坏转变为人为和自然因素共同作用导致的生态退化、全球气候变化、污染胁迫、外来生物入侵、病虫害频发和岸线侵蚀等，这些威胁对红树林造成的影响日益严重，并成为我国当前红树林生态保护和修复面临的主要问题。

外源污染： 红树林湿地是海陆交汇带内的一个特殊生态系统，固有的特性使其较一般潮滩更易富集污染物，它能够接受大量的来自河水、潮汐、地表径流所携带的污染物，成为很多污染物理想的吸收和储存场所。红树林湿地复杂的水文特征容易使沉积下来的污染物再次进入生态系统中，从而对生态系统造成二次污染，使其成为污染物的重要汇库和潜在污染源。上述特殊性使红树林湿地的区域生态风险日益加剧，红树林湿地系统中沉积物、植物、水等多介质中污染物的研究也日益得到重视。国内外针对红树林湿地中污染物的研究，主要集中于红树林湿地沉积物中持久性有机污染物质（POPs）与重金属的分布特征、红树植物中污染物质的生物累积规律、环境因素（如 pH、Eh、盐度等）对红树植物生长和污染物累积的影响等方面。[1]

红树林湿地对污染物有一定的自净能力，适度的污水进入红树林湿地后，能够为红树植物提供所需的氮磷等营养物质，进而促进红树植物的生长。但是，红树林对污染物的净化能力是有限的，大量养殖、工业及生活污水的排放、近海石油泄漏等都会对红树林造成威胁。这是因为污染物进入红树林后，可能会造成沉积物环境的缺氧，破坏沉积物中微生物的活性和群落组成，并对红树林植物和林下动物产生胁迫。此外，城市周边生活垃圾的排入和海漂垃圾在红树林中的堆积，不仅对红树植物造成直接的物理伤害，还会对种子萌发过程造成影响，并且对底栖动物群落、沉积物中的微生物群落组成造成影响。

---

① Chen J, Wang C, Shen Z J, et al. Insight into the long – term effect of mangrove species on removal of polybrominated diphenyl ethers (PBDEs) from BDE-47 contaminated sediments. *Science of the Total Environment*, 2017, 575: 390 – 399. Pan Y, Chen J, Zhou H, et al. Vertical distribution of dehalogenating bacteria in mangrove sediment and their potential to remove polybrominated diphenyl ether contamination. *Marine Pollution Bulletin*, 2017, 124: 1055 – 1062. Zhu H W, Wang Y, Wang X W, et al. Intrinsic debromination potential of polybrominated diphenyl ethers in different sediment slurries. *Environmental Science and Technology*, 2014, 48: 4724 – 4731.

图 3 – 30　红树林里的塑料垃圾（供图：潘莹）

外来生物入侵：红树林生态系统的外来种入侵主要包括互花米草、五爪金龙和薇甘菊等入侵生物、鱼藤等藤本植物、牡蛎和藤壶等污损生物、病虫害等。以互花米草为例，互花米草原产自北美东海岸的海滩，具有耐盐、耐淹、抗风浪及快速繁殖等特性，同时，由于互花米草茎干密集粗壮、地下根茎发达，能够促进泥沙的快速沉降和淤积，我国在 20 世纪 70 年代末大量引入互花米草，用于沿海多个省份的滩涂保护和促淤造陆工程，并在当时为抵御台风和保护海滩起到了重要作用。然而，由于互花米草超强的生命力和繁殖力导致的大面积扩张，严重威胁了当地的海岸生态系统，成为多个地方的入侵物种。现在，互花米草已经被列入全球最具威胁性的 100 种外来生物名录，而且入侵到红树林生态系统，成为威胁红树植物生长的一个主要因素。此外，近年来红树林病虫害问题尤为突出，病虫害的暴发趋于频繁，害虫的种类多样化、影响的区域进一步扩大。[①] 尤其是一些种植的人工林，由于树种比较单一，对病虫害的抵抗力较弱，在病虫害暴发时往往大面积死亡。

①　徐华林，刘赞锋，包强，曾立强，江世宏：《八点广翅蜡蝉对深圳福田红树林的危害及防治》，载《林业与环境科学》，2013 年第 29 卷 5 期。

图 3–31　被互花米草侵占的红树林湿地（供图：杨勇）

（本节撰稿人：潘莹）

三、陆地森林与碳汇

　　工业革命以来，人类活动加剧，特别是消费大量化石能源所产生的二氧化碳（CO_2）的累积排放，导致大气中温室气体浓度急速增加，加剧了以变暖为主要特征的全球气候变化。世界气象组织发布的《2020 年全球气候状况》报告表明，2020 年全球平均温度较工业化前水平高出约 1.2℃，2011 年至 2020 年是有记录以来最暖的 10 年，1970 年以来的 50 年是过去两千年以来最暖的 50 年。预计到 21 世纪中期，气候系统的变暖仍将持续。全球变暖正在影响地球上每一个地区，高温热浪、海平面上升、极端气候事件频发给人类生存和发展带来严峻挑战，对全球粮食、水、生态、能源、基础设施以及民众生命财产安全构成长期重大威胁，进而影响世界经济发展和社会进步，甚至影响到未来发展道路的选择。

　　全球气候变化引起各国政府、科学界与公众的强烈关注。联合国环境规划署（UNEP）和世界气象组织（WMO）于 1988 年建立了政府间气候变化专门委员会（Intergovernmental Panelon Climate Change，IPCC），专职负责气候变化评估工作。在 IPCC 先后 6 次评估报告以及其他科学、公众及政府力量的推动下，各国政府先后谈判达成了《联合国气候变化框架公约》、《京都议定书》和《巴黎协定》等 3 个重要文件，将碳减排增汇提升为与国家政治、外交和生态安全等密切相关的重大问题，构成了国际社会合作应对气候变化的科学基础、政治共识和法律遵循。

中国是一个处在现代化发展进程中的大国，也是受全球气候变化影响最显著的国家之一，因而，实施低碳发展战略，不仅是中国主动担当全球气候安全责任的客观需要，也是中国大力推进生态文明建设的基本要求。在应对气候变化与治理方面，中国不仅是第一批签署《联合国气候变化框架公约》及《京都议定书》的国家，而且还是最早制定并实施应对全球气候变化国家方案的发展中国家。2020 年 9 月 22 日，习近平主席在第七十五届联合国大会上宣布，中国力争 2030 年前二氧化碳排放达到峰值，2060 年前实现碳中和目标，中国已经将应对全球气候变化全面融入国家经济社会发展的各个方面和全过程。[1]

（一）森林碳汇的意义

应对气候变化、减少大气中温室气体浓度的一个重要途径是增强地球表层生态系统对大气温室气体的吸收作用，即生态系统的碳汇功能。[2] 按照《联合国气候变化框架公约》及相关议定书的定义，碳汇是指从大气中清除二氧化碳的过程、活动和机制，碳排放是指向大气中排放二氧化碳的过程、活动和机制。森林、草原、湿地是陆地生态系统的主要组成部分。生物量、枯落物和土壤固定了碳而成为碳汇，生态系统中微生物、动物、土壤等的呼吸、分解则释放碳到大气中成为碳源。

森林生态系统是陆地最大的碳库，在应对气候变化中具有独特的功能，在维持全球碳平衡中具有重要的作用。这主要有两个原因：一是森林生态系统的植被、凋落物、有机质残体及土壤有机质中储存有大量的碳，约占陆地生态系统有机碳地上部分的 80%、地下部分的 40%；二是森林生态系统如果遭到破坏或干扰，系统中储存的大部分碳会释放到大气中，成为大气中二氧化碳浓度

① 郇庆治：《中国应对全球气候变化政策》，载《绿色中国 B 版》，2019 年第 4 期。
② 吕达仁、丁仲礼：《应对气候变化的碳收支认证及相关问题》，载《中国科学院院刊》，2012 年第 27 期。

升高的一个重要因素。[①] 因此，森林的碳汇作用在缓解气候变化中具有重要意义。

（二）森林碳汇评估方法

科学精准的碳汇评估方法是碳汇量计算的技术保障。区域陆地生态系统碳收支估算方法大体可分为"自下而上（Bottom-up）"和"自上而下（Top-down）"两种类型。"自下而上"的估算方法是指将样点或网格尺度的地面观测、模拟结果推广至区域尺度；常用的"自下而上"方法包括清查法、涡度相关法和生态系统过程模型模拟法等。"自上而下"的估算方法主要指基于大气二氧化碳浓度反演陆地生态系统碳汇，即大气反演法。不同估算方法的优缺点和不确定性来源均不尽相同（图3-32，表3-2）。[②]

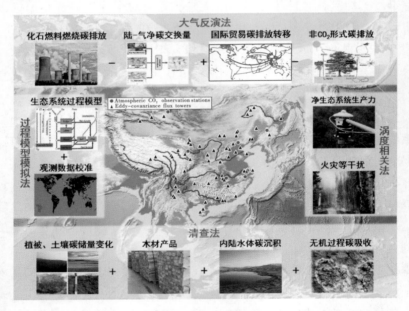

图3-32　陆地生态系统碳汇综合观测和评估方法体系示例[③]

（制图：成都地图出版社有限公司）

① 贺金生：《中国森林生态系统的碳循环：从储量、动态到模式》，载《中国科学：生命科学》，2012年第42期。

② Piao S，He Y，Wang X & Chen F. Estimation of China's terrestrial ecosystem carbon sink：Methods，progress and prospects. *Science China Earth Sciences*，2022，（65）：641-651.

③ Piao S，He Y，Wang X & Chen F. Estimation of China's terrestrial ecosystem carbon sink：Methods，progress and prospects. *Science China Earth Sciences*，2022，（65）：641-651.

1. 清查法

通过大量的地面调查来获得陆地生态系统的主要基础数据，利用已建立的生物量模型估算生态系统的碳储量，基于不同时期资源清查资料的比较来估算陆地生态系统（主要是植被和土壤）碳储量变化，即陆地生态系统碳汇强度。清查法具有精度高、可靠性强的优势，但工作量大，通常只能在抽样总体中保证精度。一般而言，资源清查数据的样点覆盖密度是制约基于清查法的碳汇估算准确度的核心因素。

2. 涡度相关法

涡度相关法根据微气象学原理，直接测定固定覆盖范围（Footprint，通常数平方米到数平方千米）内陆地生态系统与大气间的净二氧化碳交换量，据此通过尺度上演估算区域尺度净生态系统生产力（NEP）。目前，全球最为著名的联网观测平台是由国际气象组织始建于1989年的全球大气观测网（Global Atmosphere Watch，GAW），另外美国的全球碳总量观测网TCCON数据也能够提供较高精度的观测数据。但受到仪器成本、维护费用以及站点分布等因素的制约，同时对下垫面有较为苛刻的要求且区域尺度上人为影响普遍存在，涡度相关法通常很少用于直接估算区域尺度上碳汇大小，更多用于理解生态系统尺度上碳循环对气候变化的响应过程。

3. 生态系统过程模型模拟法

利用卫星遥感、气象观测数据等，基于过程的生态系统模型通过模拟陆地生态系统碳循环的过程机制，对网格化的区域和全球陆地碳源汇进行估算，它是包括全球碳计划在内的众多全球和区域陆地生态系统碳汇评估的重要工具。优势在于可定量区分不同因子对陆地碳汇变化的贡献，并可预测陆地碳汇的未来变化。由于不同模型在结构、参数和驱动因子等方面的显著差异，TRENDY、MsTMIP、ISIMIP等多模型比较计划研究均表明，生态系统过程模型模拟结果仍存在很大的不确定性，给区域陆地生态系统碳汇模拟的可靠性带来较大争议。

4. 大气反演法

基于大气传输模型和大气二氧化碳浓度观测数据，并结合人为二氧化碳排放清单，估算陆地碳汇。不同于"自下而上"的方法，大气反演具有近实时评估陆地碳汇及其在全球范围内对气候变化的响应优势。总的来说，随着目标区域变小，大气反演结果的不确定性逐渐增大；就国家尺度而言，即使是具有较多的大气二氧化碳观测站点的欧美国家，大气反演结果的不确定性也不可忽视。

表3-2　估算陆地生态系统碳汇的不同方法的优缺点

估算方法		优点	局限性
自下而上	清查法	采样点的植被和土壤碳储量更准确	（1）清查周期长；（2）清查数据侧重森林和草地等分布广泛的生态系统，而在湿地等面积占比低的生态系统，长期观测的清查数据稀缺；（3）从样点到区域尺度碳储量的转换过程也存在较大不确定性；（4）清查数据不包含生态系统碳横向转移
	涡度相关法	在精细时间尺度上长期连续原位测量生态系统碳通量，有助于理解碳循环对环境变化的响应机制	（1）观测、地形和气象条件复杂、能量收支闭合度差异以及观测仪器的系统误差；（2）生态系统通量观测站点常设置在人为影响较小的区域，难以兼顾林龄差异和生态系统异质性；（3）无法剔除作物收获对农业生态系统中碳收支的影响；（4）由于忽略了伐木、火灾和其他干扰的影响，在区域范围内高估了生态系统碳汇
	生态系统过程模型模拟法	定量划分不同驱动因素对陆地碳汇变化的贡献，并可预测未来陆地碳汇的变化	（1）模型结构、参数以及驱动因子的不确定性；（2）生态系统管理对碳循环的影响通常被忽视或过于简化；（3）大多数模型不包括非二氧化碳形式的碳排放和横向碳运输过程，如河流运输
自上而下	大气反演法	估计全球范围内碳源和碳汇的实时变化	（1）由于空间分辨率低，无法准确划分不同生态系统类型的碳通量；（2）反演的精度受到大气二氧化碳观测点的数量和分布、大气传输模型和二氧化碳排放清单的不确定性的限制；（3）一般不考虑国际贸易引起的非二氧化碳形式的陆地—大气碳交换和碳排放转移

中国科学院大气物理研究所团队联合气象、林草等领域专家发表在 Nature 上的一项研究表明，2010 年至 2016 年，中国陆地生态系统年均吸收约 11.1 亿

吨二氧化碳，是此前国内外研究结果 3.5 亿吨的 3 倍多。[①] 也就是说，这几年，我国每年有将近一半的二氧化碳被森林等陆地固碳系统吸收，之前我国的陆地生态系统固碳能力被低估。未来随着卫星观测能力的进一步提升，现在观测的不足将得到弥补，从而建立更全面的观测体系、提供更准确的碳收支数据，为我国的"碳中和"目标提供科技支撑。

（三）森林碳汇格局及影响因素

1. 森林碳汇格局

森林碳汇功能是森林 5 大碳库固碳能力的综合体现，包括森林植被地上和地下生物量、木质残体、凋落物和土壤碳库（图 3 - 33）。2020 年世界粮农组织《全球森林资源评估报告》指出，全球森林总碳储量达到 6620 亿吨碳，森林植被和土壤碳库是全球森林碳储量的主要部分，分别占森林总碳储量的 44% 和 45%；森林木质残体碳储量占 4%，凋落物碳储量占 6%。与森林植被相比，森林土壤碳库具有更高的稳定性，在提升森林碳汇功能，应对全球气候变化上具有重要作用。[②]

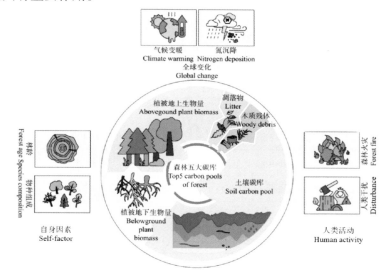

图 3 - 33 森林碳汇组成与影响因素[③]

① Wang J, Ferg L, Palmer P I, et al. Large Chinese land carbon sink estimated from atmosphsric carbon dioxide data. Nature，2020，(586)：720 - 723.

② 付玉杰，田地，侯正阳等：《全球森林碳汇功能评估研究进展》，载《北京林业大学学报》，2022 年第 44 卷。

③ 付玉杰，田地，侯正阳等：《全球森林碳汇功能评估研究进展》，载《北京林业大学学报》，2022 年第 44 卷。

2020 年世界粮农组织《全球森林资源评估报告》指出，1990 年以来，全球森林碳储量表现为持续下降趋势。2020 年全球森林碳储量有 662Pg，相比 30 年前，下降了 6Pg。全球森林碳汇存在明显的地理分布格局，欧洲、亚洲东部、北美洲、亚洲西部和中部的森林生态系统是对全球森林固碳增汇有较大贡献的主要区域；而南美、非洲和亚洲南部、东南部地区则是全球森林碳排放的主要区域（表 3 - 3）。

表 3 - 3　全球森林生态系统碳汇分布格局

（单位：pg）

地区	1990—2000 年	2000—2010 年	2010—2020 年
欧洲（Europe）	243.4	365.7	333.3
东亚（East Asia）	127.3	135.4	205.1
北美洲（North America）	106.1	61.6	78.8
西亚和中亚（Western and Central Asia）	17.2	29.3	17.2
加勒比地区（Caribbean）	6.1	4.0	3.0
大洋洲（Oceania）	-7.1	-3.0	2.0
北非（Northern Africa）	-4.0	-4.0	-6.1
中美洲（Central America）	-16.2	-15.2	-9.1
南亚和东南亚（South and Southeast Asia）	-44.4	-58.6	-83.8
东非和南非（Eastern and Southern Africa）	-67.7	-80.8	-89.9
南美洲（South America）	-411.1	-416.2	-188.9
西非和中非（Western and Central Africa）	-174.7	-171.7	-223.2

南美、非洲和东南亚热带雨林地区受到伐木、传统及商业耕作等严重的人为活动干扰。2010 年至 2018 年间，亚马逊流域旱季和森林砍伐的加剧，导致火灾事故增多，造成东部碳排放增加，显著高于西部地区。亚马逊流域东南部被锁定为一个净碳排放源，从碳汇直接变成了碳源。① Hubau 等人长期观察全

---

①　Gatti L V, Basso L S, Miller J B, et al. Amazonia as a carbon source linked to deforestation and climate change. *Nature*, 2021, (595)：388 - 393.

球565片未受人类干扰的原始热带森林中约30万棵树木的生长情况，研究发现，20世纪90年代，热带雨林吸收了大约17%的因化石燃料燃烧而产生的二氧化碳。而此后30年里，原始森林面积减少了19%，森林吸收碳的能力断崖式下跌，热带雨林碳汇能力降低了33%，而全球碳排放量猛增了46%。长此以往，热带雨林的碳汇将在15年后（2030年代中期）完全转变成为碳源。①

与之相反，在1990—2010年间，东亚季风区的亚热带森林生态系统具有很强的碳汇能力，与北美东南部的亚热带森林和欧洲的温带森林生态系统的碳吸收强度相当，超过了亚洲和北美热带森林生态系统，也高于亚洲和北美温带与寒温带森林生态系统。这一研究成果证实了亚洲的亚热带森林生态系统在全球碳循环及碳汇功能中发挥着不可忽视的作用，这也挑战了过去普遍认定的欧美温带森林是主要碳汇功能区的传统认识。②

中国约占世界陆地面积的6.5%，贡献了全球陆地碳汇的10% – 31%，表明中国陆地生态系统在全球陆地碳汇中发挥了重要作用。同时，由于中国的人工林目前主要为中幼龄林，因此它们比老林具有更大的碳汇潜力。与欧洲和美国相比，中国的森林生态系统在未来作为碳汇的潜力将更大。③

2. 森林碳汇的影响因素

影响森林碳汇的主要因素包括：森林自身因素、气候变化、土地及森林资源利用等人类活动三个方面。

森林自身因素：森林碳汇受其林龄、树种组成等自身因素的影响，同时与生境和气候条件密切相关。不同森林类型的生态系统之间，光合作用、自养呼吸和异养呼吸等数据差异导致碳汇能力差异很大。即使同一类型，不同年龄、地点，也存在很大的差异。已有研究证实，树种不同碳汇能力各异。一般来说，生长快的速生树种碳汇能力要高于慢生树种。生长旺盛的幼龄林和中龄林

---

① Hubau W, Lewis S L, Phillips O L, et al. Asynchronous carbon sink saturation in African and Amazonian tropical forests. *Nature*, 2020, (579): 80 – 87.

② Yu G, Chen Z, Piao S, et al. High carbon dioxide uptake by subtropical forest ecosystems in the East Asian monsoon region. *Proceedings of the National Academy of Sciencesof the United States of America*, 2014, (111): 4910 – 4915.

③ Piao S, He Y, Wang X & Chen F. Estimation of China's terrestrial ecosystem carbon sink: Methods, progress and prospects. *Science China Earth Sciences*, 2022, (65): 641 – 651.

具有较强的碳汇能力，而老龄林和退化森林的增汇潜力则相对较低。[1] 然而也有研究发现，老龄林，可能同样具有较强的碳汇功能，这主要是因为土壤碳固持能力较强导致的。[2]

气候变化：在全球变化背景下，森林生境条件发生了极大的改变，并成为影响其碳汇功能的主要因素。全球气候变暖正促进高纬度北方地区的植被生长季节不断提前并逐渐延长，从而提升森林碳汇功能。[3] 同时，全球氮沉降增加能够提升森林植被的固碳能力，尤其是中高纬度的温带和北方地区，这主要是因为该区域森林生产力通常受到氮含量的限制。[4] 近期也有研究发现长期氮沉降可促进热带森林吸收大气中的二氧化碳，学者基于目前研究进展进一步提出了土壤碳吸存假说。该假说认为，氮沉降促进土壤碳吸存的现象在全球范围内普遍存在，但是"氮限制"和"富氮"生态系统的表现机制不同。在"氮限制"生态系统，氮沉降促进了净初级生产力，土壤碳吸存增加的主要驱动因素是地上凋落物输入量的增加和二氧化碳排放通量的降低；在"富氮"生态系统，长期氮沉降没有影响到净初级生产力，土壤碳吸存增加的主要驱动因素是二氧化碳和可溶性有机碳（DOC）输出通量的降低。[5]

人类活动：森林火灾、土地利用变化等人类直接活动会增加森林碳排放，加剧全球森林碳汇功能的降低。森林火灾直接燃烧森林植被，直接将植被储存的碳排放到大气中，还进一步损害森林生态系统的结构和功能，如影响凋落物碳的总量和分解速率，增加土壤有机质分解，增加土壤呼吸碳释放等，从而影响森林生态系统的碳固定、分配和循环。2019 年，亚马逊森林火灾频发，导致热带雨林大面积受损，大量热带生物栖居地丧失。欧盟哥白尼气候变化服务

① Yu G, Chen Z, Piao S, et al. High carbon dioxide uptake by subtropical forest ecosystems in the East Asian monsoon region. *Proceedings of the National Academy of Sciencesof the United States of America*, 2014, （111）: 4910 – 4915.

② Zhou G, Liu S, Li Z, et al. Old-growth forests can accumulate carbon in soils. *Science*, 2006, （314）: 1417.

③ Lucht W, Prentice C, Myneni R B, et al. Climatic Control of the High-Latitude Vegetation Greening Trend and Pinatubo Effect. *Science*, 2002, （296）: 1687 – 1689.

④ Schulte-Uebbing L & de Vries W. Global-scale impacts of nitrogen deposition on tree carbon sequestration in tropical, temperate, and boreal forests: A meta-analysis. *Global Change Biology*, 2018, （24）: e416 – e431.

⑤ Lu X, Vitousek P M, Mao Q, et al. Nitrogen deposition accelerates soil carbon sequestration in tropical forests. *Proceedings of the National Academy of Sciencesof the United States of America*, 2021, （118）: e2020790118.

中心发出警告，该场大火已导致全球一氧化碳和二氧化碳的排放量明显飙升，不仅对人类的健康构成了威胁，还加剧了全球气候变暖，火灾频发使亚马逊热带雨林碳汇功能逐渐丧失。①

森林的土地利用变化主要包括森林砍伐、取用薪柴或开垦农田，相反的过程则为退耕还林及森林生态系统修复等。森林砍伐通过对地上部分生物量的收获，造成森林碳储量的大量流失，同时也增加了森林土壤呼吸的强度，降低土壤碳汇功能。② 在过去的四五十年里，人类活动对亚马逊地区的影响越来越大，17%的森林消失，其中14%被转化为农业用地（89%为牧场，10%为农作物）。在毁林达到30%及以上的区域，其二氧化碳排放量是毁林在20%以下区域的10倍，森林砍伐和森林退化降低了亚马逊地区的碳汇能力。2000—2014年间，刚果盆地约有16.5万平方公里的森林消失，60%的森林砍伐发生在原生林以及成熟的次生林。以目前的态势发展下去，到2100年刚果盆地所有的原始森林均将消失。③

我国陆地生态系统在过去几十年一直扮演着重要的碳汇角色。在2001—2010年期间，陆地生态系统年均固碳2.01亿吨，相当于抵消了同期中国化石燃料碳排放量的14.1%。其中，森林生态系统是固碳主体，贡献了约80%的固碳量。④ 我国重大生态工程，如天然林保护工程、退耕还林工程、长江和珠江防护林等工程的实施，为中国陆地生态系统固碳做出了重要的贡献。中国人工林面积居全球第一，对全球植被增量的贡献比例居世界首位，为增绿固碳、减缓全球气候变暖发挥了显著作用。⑤

① Gatti L V, Basso L S, Miller J B, et al. Amazonia as a carbon source linked to deforestation and climate change. *Nature*, 2021, (595): 388 – 393.

② Riutta T, Kho L K, Teh Y A, et al. Major and persistent shifts in below-ground carbon dynamics and soil respiration following logging in tropical forests. *Global Change Biology*, 2021, (27): 2225 – 2240.

③ Tyukavina A, Hansen M C, Potapov P, et al. Congo Basin forest loss dominated by increasing smallholder clearing. *Science Advances*, 2018, (4): eaat2993.

④ Tang X, Zhao X, Bai Y, Tang Z, et al. Carbon pools in China's terrestrial ecosystems: New estimates based on an intensive field survey. *Proceedings of the National Academy of Sciencesof the United States of America*, 2018, (115): 4021 – 4026.

⑤ Lu F, Hu H, Sun W, et al. Effects of national ecological restoration projects on carbon sequestration in China from 2001 to 2010. *Proceedings of the National Academy of Sciencesof the United States of America*, 2018, (115): 4039 – 4044.

（四）提升森林碳汇功能的途径

科学增加森林碳库和提升森林碳汇能力，除了应继续推进传统的林业减排增汇措施，尽可能地扩大森林面积，精准提升森林质量，还需要注重新型生物/生态碳捕集、利用与封存的技术开发与应用。

1. 传统的林业减排增汇措施

传统的林业减排增汇措施，主要包括造林、再造林、退耕还林和森林管理等减排或增汇途径（表3-4）①，具体包括：

持续增加森林面积：加大植树造林和封山育林，持续增加森林面积和蓄积量。同时，深入开展全民义务植树活动，通过多途径、多方法、多形式推动增绿增汇。

巩固退耕还林成果：实施生态保护修复重大工程，开展不同地理单元的山水林田湖草沙冰一体化保护和修复，进一步实行退耕还林等重大生态修复工程，深入推进大规模国土绿化行动。

实施森林质量精准提升：采取多样化的森林经营和管理措施，规范开展森林经营活动。如改善林分结构，将纯林改造为混交林往往具有更好的固碳效益。② 科学适当地延长森林间伐时间、人工林抚育、防火和病虫害防治等，也能提高森林生态系统的碳汇能力。

表3-4　人为管理措施对森林生态系统碳汇效应的影响及其定性评价③

技术措施	碳汇效应	技术成熟度	环境适应性	社会适应性	当前应用规模	固碳效应评价难度	综合评估指数	IPCC承认度（是/否）
造林再造林	＊＊＊	＊＊＊	＊＊	＊＊	＊＊＊	＊	＊＊＊	是
退耕还林	＊＊＊	＊＊＊	＊＊	＊＊	＊＊	＊	＊＊＊	是
天然林保护	＊＊	＊＊＊	＊＊＊	＊＊	＊＊	＊	＊＊＊	否

---

① 于贵瑞，朱剑兴，徐丽等：《中国生态系统碳汇功能提升的技术途径——基于自然解决方案》，载《中国科学院院刊》，2022年第37期。

② Huang Y, Chen Y, Castro-Izaguirre N, et al. Impacts of species richness on productivity in a large-scale subtropical forest experiment. *Science*, 2018, (362): 80-83.

③ 于贵瑞，朱剑兴，徐丽等：《中国生态系统碳汇功能提升的技术途径——基于自然解决方案》，载《中国科学院院刊》，2022年第37期。

续上表

技术措施	碳汇效应	技术成熟度	环境适应性	社会适应性	当前应用规模	固碳效应评价难度	综合评估指数	IPCC 承认度（是/否）
森林抚育	＊＊	＊＊	＊＊	＊＊＊	＊＊	＊＊	＊＊	否
森林间伐	＊＊	＊＊	＊＊	＊＊	＊	＊＊＊	＊＊	否
人工林天然化	＊＊	＊＊	＊	＊	＊	＊＊＊	＊	否
速生丰产林建植	＊	＊＊	＊	＊	＊＊	＊＊	＊	否
林分优化/改造措施	＊	＊	＊	＊	＊	＊＊＊	＊	否

注：星号数量表示优劣度。其中，除评估难度外，星号越多则表明该管理措施具有更强的碳汇效应或更适合推广。

2. 开发新型生物/生态碳捕集、利用与封存技术

新型生物/生态碳捕集、利用与封存（Bio-CCUS 或 Eco-CCUS）是指通过提升陆地生态系统生产力途径来更多地固定大气二氧化碳，并将其转换为有机生物质，进而作为能源、化工或建筑材料替代化石产品，或直接埋藏或地质封存。光合作用是地球上最大规模的能量和物质转换过程，是高效转换光能固定二氧化碳的自然过程，可为 Bio-CCUS 或 Eco-CCUS 提供充足原料。[1]

利用分子生物学原理，研发高新生物固碳技术：潜在的技术突破包括利用分子生物学技术改良光合生物的捕光、固碳和代谢途径，提升生物光合固碳效率；改良筛选出更高效的固碳、抗盐碱或抗干旱的树种；有可能培育出高效固碳且减污的微生物等。

基于现代生物合成原理，开发人工模拟光合作用新技术：潜在的技术突破包括发展化学与生物催化相耦合技术，构建形成简单的固碳淀粉人工合成途径；挖掘生物酶催化剂，突破自然界淀粉合成的复杂调控障碍；开发模块组装优化与时空分离策略，解决人工碳固定途径中的底物竞争、产物抑制等问题；突破应用技术的成本限制，提高人工固碳技术的应用价值和产业化进程等。

现代生物技术的发展为模拟光合作用、生物改良，进而开发生物碳汇封存提供了科技支撑。在构建二氧化碳高效生物利用或封存的技术模式集成体系方

---

① 于贵瑞，朱剑兴，徐丽等：《中国生态系统碳汇功能提升的技术途径——基于自然解决方案》，载《中国科学院院刊》，2022 年第 37 期。

面具有广泛的应用前景。

（五）结语

森林生态系统是陆地最大的碳库，其碳汇功能在缓冲气候变化方面意义重大，扮演着维持全球碳平衡的关键角色。尽管在国际上出现了一系列的减排公约协议书来应对全球变化，呼吁注重和保护森林，维持其碳汇功能，但森林砍伐、火灾等依旧造成了严重的损害。我国过去30余年积极主动采取了诸多重要举措，生态恢复取得了巨大成就，森林系统碳汇能力也得到了较大的提升。未来要实现国家"双碳"战略行动的生态系统碳汇倍增目标仍然是极其艰巨的重大任务，需要提升碳汇估算的技术，建立更全面的观测体系、提供更准确的碳收支数据；继续推进传统的林业减排增汇措施，尽可能地扩大森林面积，精准提升森林质量；注重新型生物/生态碳捕集、利用与封存的技术开发与应用，从而为我国的"双碳"战略行动目标的实现提供科技支撑。

（本节撰稿人：李珊　刘晓娟）

第三节　生态城市

一、城市生态系统的生物多样性特征

作为人类活动最集中的区域，城市生态系统是受高强度人类活动干扰的自然—社会—经济复合生态系统。简要来说，城市生态系统主要由两个部分组成，即自然生态系统和社会经济系统。城市自然生态系统包括生物部分（动物、植物和微生物）和非生物部分（水、土、气等自然环境要素）；在城市社会经济系统中，生物部分主要是人，非生物部分包括生产和生活需要的各种物质、能源等。城市生态系统有巨大的物质循环和能量流动，对周围自然生态系统也产生了强烈的影响。生物多样性是城市发展的自然底色。城市生物多样性虽然与非城市自然生态系统的生物多样性无法相比，但城市生物多样性是在一个相对较小的面积上近距离为城市居民提供生态服务，对维护城市生态平衡、改善城市人居环境具有重要意义。① 此外，城市生物多样性保护不仅可以为濒危植物资源提供异地保护的场所，还可以作为动植物迁移过程中的驿站。与自然生态系统相对，城市生态系统由于物种多样性的减少，其物质循环和能量流动的方式和途径都发生了显著改变，城市生态系统本身自我调节能力很小，而且其稳定性主要取决于城市社会经济系统的调控能力和水平。

城市化极大地改善了城市居民的生活条件，城市的发展建立了适于人们生活、居住和生产的生态环境。但是，城市化是生物多样性降低、外来物种入侵和本地物种灭绝的重要原因。城市化过程中人口和产业集聚，人工建筑物取代了自然生态系统，自然资源被过度开发利用，对城市的土壤、光照、温度、降水等生态因子产生了很大的影响，城市物理环境条件的改变使得生物栖息地和环境因子较自然系统发生了明显变化。② 城区的紫外线辐射、日照时间、年平均风速、相对湿度均比周围乡村低，而云雾、年平均气温、降雨量、人口密度、道路密度、机动车辆、土壤紧实度均比周围乡村高。此外，城市是物质及能量快速输入与输出的区域，水体、大气、土壤污染等一系列环境污染问题影响了各种生物的正常生存繁衍，使许多物种难以适应而死亡。在城市化过程中，以经济发展为主导的城市开发建设彻底地改变了城市原有的景观格局和生态过程，造成城市生物栖息地大幅减少。③ 另外，由于道路等廊道的建设造成城市景观斑块的分隔，限制了城市生物的活动范围，也不利于城市生物的迁徙与交流，影响了城市生物多样性的维持。此外，城市绿化种植树种单一，使城市生态系统结构趋于简化，同时盲目引入外来植物造成生物入侵和本土动植物生境的破坏。城市生产和生活产生的大量垃圾也给城市生态环境造成严重破

① Bryant, G. L., Kobryn, H. T., Hardy, G. E., et al. Habitat islands in a sea of urbanization. *Urban Forestry & Urban Greening*, 2017, (28): 131 – 137.

② Pauchard, A., Aguayo, M., Pena, E., et al. Multiple effects of urbanization on the biodiversity of developing countries: The case of a fast-growing metropolitan area (Concepcion, Chile). *Biological Conservation*, 2006, 127: 272 – 281. Uchida, K. Blakey, R. V., Burger, J. R., et al. Urban biodiversity and the importance of scale. Trends in Ecology and Evolution, 2021, 36 (2), 123 – 131.

③ Vimal, R., Geniaux, G., Pluvinet, P., et al. Detecting threatened biodiversity by urbanization at regional and local scales using an urban sprawl simulation approach: Application on the French Mediterranean region. *Landscape and Urban Planning*, 2012, 104: 343 – 355.

坏，导致城市生物数量和种类大幅减少。①

城市生态系统的生物多样性有其独特性。首先，由于城市化过程中高强度人类活动对城市区域生物栖息地的破坏，由此造成城市生物种类匮乏，生物多样性的丰度下降和多度增加。野生动植物种类丰度一般从城市中心向城郊逐渐增多，这显然与人类活动对动植物生境的干扰强度与频度递减、生境多样性递增和生境质量改善有关。② 其次，通常城市生态系统的环境污染相对较重，因此城市生物种类中耐污染种类占有一定的优势。环境污染使城市生境中的敏感种消失，耐污种存留，进而改变了城市生物种类的组成。再次，城市区域野生草本植物多于木本植物，野生草本植物在物种密度与丰度上大于木本植物。野生草本的繁殖力、扩散力尤其是适应性强。城市里面的先锋植物多为草本类，特别是杂草和一年生草本植物，它们能够忍受较高程度的干扰。最后，城市野生生物中伴人植物与小型动物比例较大。由于人类活动的影响，城市动物群落中的大中型哺乳动物相继消失，主要由一些小型哺乳动物、无脊椎动物、鸟类、两栖爬行类动物组成。城市中能够生存下来的动物种类多是一些伴人物种，例如城市中的昆虫以鳞翅目的蝶类、蛾类的种类和数量最多。自然林地中常见的食虫鸟类、地面筑巢或树洞筑巢鸟类等的种类和数量均随城市化程度的提升而减少，麻雀、家燕等伴人种类逐渐占据优势。

二、生物多样性对城市生态系统的价值

生物多样性不仅直接供给人们生产生活所需的食品、药物和工业原料，还具有调节气候和水文过程、吸收和分解污染物、美化城市环境、满足居民文化娱乐需求等间接价值，维持着城市生态系统的稳定性和可持续性。③ 生态系统服务是人类从生态系统获得的惠益，生物多样性给城市居民带来的生态系统服务主要有：

---

① Fattorini, S. Insect extinction by urbanization: A long term study in Rome. *Biological Conservation*, 2011, 144: 370 – 375.

② Garaffa, P. I., Filloy, J., Bellocq, M. I. Bird community responses along urban – rural gradients: Does the size of the urbanized area matter? *Landscape and Urban Planning*, 2009, 90: 33 – 41.

③ 毛齐正、黄甘霖，邬建国：《城市生态系统服务研究综述》，载《应用生态学报》，2015 年第 26 卷 04 期。

（一）改善城市空气质量

植被对空气中污染物的截留、吸收、降解和转化等生态过程可以显著改善空气质量。除了植物基本的固碳释氧功能外，植物可净化的大气污染物种类繁多，例如，二氧化硫、氮氧化物、氟化物和氯气等。粉尘也是大气污染的重要指标之一，植物特别是乔木对烟灰、粉尘有明显的阻挡、过滤和吸附作用。

（二）调节城市热岛效应

城市水泥、沥青路面和玻璃幕墙等不透水面使到达城市的太阳辐射与大气逆辐射增强，叠加上城市工业、商业与居民生活等排放的大量废热，致使城市出现热岛效应。城市植物既可直接吸收与反射太阳辐射，也可间接减弱大气逆辐射，还可大量吸收温室气体，从而有助于削弱城市热岛效应。

（三）调节城市水循环和空气湿度

城市地面多为不透水面，影响了水循环过程，雨后地表径流强烈，而且土壤结构也在城市开发建设过程中受到破坏。城市绿地植物群落根系和植被冠层可以截留雨水，减少地表径流，增加土壤湿度，调节水文过程以及极端降水造成的城市洪水，也可以促进土壤生物地球化学循环，改善土壤动物生境。此外，城市植物的蒸腾作用可以增加城市空气湿度，对城市空气湿度产生调节作用。

（四）降低城市噪声

城市林带和草坪等通过对噪声的反射、吸收和干扰等，能够有效改善噪声污染。在城市交通干道和生活区周围建防噪声林带可起到降低城市噪声污染。成年林对噪声的减缓效果优于幼龄林，阔叶林好于针叶林。

（五）维护城市生态平衡

城市生境质量高时可支撑的动植物种类也较多，此时城市生态系统抗干扰能力和恢复力也较强。生物多样性保护对维护城市生态安全和生态系统的稳定性具有重要意义。城市化过程中人口迁移流动日益频繁以及人类对自然生态系统的破坏是大规模传染病流行的主要原因之一。因此大规模传染病暴发与生物多样性减少和生态平衡破坏息息相关。[①]

（六）提供教育文化休闲场所

生物多样性是构筑城市文化的自然基础，也是城市重要的公共资源之一。分布于城市公园的形态大小不一的植物群落构成了城市的生命绿岛，成为市民

---

① Bradley, C. A., Altizer, S. Urbanization and the ecology of wildlife diseases. *Trends in Ecology and Evolution*, 2006, 22（2）：95－102.

休闲娱乐场所。人类从城市生物多样性中所获取的精神收益包括景观美学、艺术、休闲娱乐和自然教育等。

三、城市化对城市区域生物多样性的影响

目前绝大多数生态环境问题，例如气候变化、环境污染、生物多样性丧失等都与城市化密切相关。作为人类活动最集中的区域，城市运行需要消耗大量自然资源，同时排放大量废弃物，对生物多样性影响巨大。[1] 在城市生物多样性调查和监测的基础上，探索影响城市生物多样性分布和变化的关键因素，将有利于制定有效政策和规划建设方案以改善城市生物栖息地和保护城市生物多样性。[2] 城市生物多样性状况取决于多种因素，例如城市建设强度、城市发展阶段、栖息地的破碎化程度、城市自然本底、环境污染治理状况以及不同物种对环境变化的响应等。[3]

首先，城市生物多样性与城市建设强度密切相关。城市建设强度较高区域的生物多样性最低，建设强度中度区域的生物多样性最高。[4] 在同一城市以城市建设强度居中区域的生物多样性达到最高，近郊区或远郊区的生物多样性不仅高于城市中心区域，而且显著大于当地的自然生态系统。[5] 在城市化进程中，通常植物多样性显著增加的同时脊椎动物多样性显著降低。城市道路交通等廊道建设造成的城市景观破碎化，形成了一系列面积和形状各异的景观斑块，为城市生物提供了多样化的生境。栖息地破碎化对生物多样性的影响主要体现在面积效应、隔离效应和边缘效应等方面，它通过减小种群面积、阻碍基

---

① Mcdonald, R. I., Kareiva, P., Forman, R. T. The implications of current and future urbanization for global protected areas and biodiversity conservation. *Biological Conservation*, 2008, 141: 1695 – 1793.

② 马克平：《生物多样性监测依赖于地面人工观测与先进技术手段的有机结合》，载《生物多样性》，2016 年第 24 卷 11 期。

③ Filippi-Codaccioni, O., Devictor, V., Clobert, J., et al. Effects of age and intensity of urbanization on farmland bird communities. *Biological Conservation*, 2008, 141: 2698 – 2707.

④ Droz, B., Arnoux, R., Bohnenstengel, T., et al. Moderately urbanized areas as a conservation opportunity for an endangered songbird. *Landscape and Urban Planning*, 2019, 181: 1 – 9.

⑤ Garaffa, P. I., Filloy, J., Bellocq, M. I. Bird community responses along urban-rural gradients: Does the size of the urbanized area matter? *Landscape and Urban Planning*, 2009, 90: 33 – 41.

因流动、阻止种群自由扩散、影响繁殖成功率以及遗传变异等产生作用，进而影响生境的物种丰富度、种间关系、群落结构及生态过程，从而导致生物多样性大幅降低。植物的生态幅范围较窄，在多样化的生境中适应并保持了较高的物种多样性。此外，城市绿化中引进了大量的外来物种，而且引入种的数量和速率远超本地种消失的速率，这是城市植物多样性增加的重要原因。城市动物的活动范围及所需求的生境远远大于植物，但是城市景观的破碎化不但导致其生境面积减少，而且阻隔了城市动物的觅食和迁徙等活动，从而造成城市动物种类和数量的大量减少。[1]

其次，在城市化过程中，城市本地物种消失和外来物种增加是城市生物多样性变化的典型特点。城市化显著地降低了本地物种的多样性。城市的外来物种主要来源于花园和公园的引种、城市土壤的富营养化和破碎化的生境所带来的杂草、物种沿城市道路的扩散、国际贸易来往中生物的无意识引入。[2] 随着城市外来物种数量和种类的增加，本地物种多样性会逐渐降低。探索城市外来物种的入侵机制有助于降低外来入侵物种带来的潜在风险，更好地保护城市本地物种。[3] 在城市植物群落中，本地种偏向于选择自然度较高的生境，而外来种可以适应城市复杂的环境条件，倾向于选择多种生境，在本地物种分布较多的区域也可以成功入侵。外来物种竞争资源的能力通常较强，更容易入侵本地物种分布较少的生境并适应城市复杂的环境。[4]

最后，城市化也导致城市生物类群的趋同化。城市景观营造和人工植被管理增加了城市植物物种多样性，但并没有导致植物类群多样性的增加。城市中出现的大多是类似的植物群落，具有相似的系统分类，类似的生活型以及生存策略，城市植物群落组成的同质性特征远比郊区高。与自然生态系统的植物群落相比，城市植物大多属于两年生或多年生植物、气传花粉、常绿植物、风力和人为传播种子以及适宜较高养分的群落类型，但植物的生活型却没有显著的

① Harveson, P. M., Lopez, R. R., Collier, B. A., et al. Impacts of urbanization on Florida Key deer behavior and population dynamics. *Biological Conservation*, 2007, 134: 321 – 331.

② 毛齐正，马克明，邬建国等：《城市生物多样性分布格局研究进展》，载《生态学报》，2013 年第 33 卷 04 期。

③ 鞠瑞亭，李博：《城市绿地外来物种风险分析体系构建及其在上海世博会管理中的应用》，载《生物多样性》，2012 年第 20 卷 01 期。

④ 丛日晨，张颢，陈晓：《论生物入侵与园林植物引种》，载《中国园林》，2003 年第 3 卷。

差异。① 造成城市植物类群同质化的原因除了前面提到的在城市绿地建设过程中的外来物种引入和本地物种消失外，目前城市的生境结构较为类似以及便捷的城市交通成为动植物扩散的潜在通道，也导致了城市生物类群的均质化。城市化造成了一些地区特异性生物的消失。城市植物群落多样性下降有可能降低植物应对环境变化的能力，并影响其生态功能的发挥。在城市生物多样性保护工作中，保护本地物种多样性及其生境是降低城市物种同质化的重要手段。②

四、生态城市建设与城市生物多样性保护

生态城市作为当下探索人与自然协调共处、社会和谐进步、经济持续发展的实践，是实现可持续发展的重要举措。生态城市是按照生态学原理构建的社会经济自然各维度各因素协调发展的城市生态系统。生态城市理念趋向尽可能降低对资源的需求、对周围地域的依赖，也尽可能减少污染排放及人类活动对环境的影响，提高土地利用效率，减少能源使用量和二氧化碳排放量。生态城市建设要协调好城市复合生态系统的自然过程、经济过程和社会过程之间的关系，促进城市复合生态系统的各方面协调高效可持续发展。城市生态建设的本质是城市生态系统质量和城市生态功能的提升，通过城市生态保育、生态修复和生态重建等具体措施来保护和恢复城市生物多样性。城市并非只是给生物多样性带来威胁，人工与自然相互协调的城市生态系统也会为保护生物多样性提供机遇。

首先，在城市建设和发展过程中，改变最为明显的是城市植物种类组成，但是其物种、功能和谱系多样性在较短的时间内会处于较稳定的状态。③ 公园的植物物种丰富度与公园面积的大小密切相关。④ 在面积类似情况下，以天然

① Wenzel, A., Grass, I., Belavadi, V., et al. How urbanization is driving pollinator diversity and pollination – A systematic review. *Biological Conservation*, 2020, 241: 108321.

② Wang, Y., Zhu, L., Yang, X., et al. Evaluating the conservation priority of key biodiversity areas based on ecosystem conditions and anthropogenic threats in rapidly urbanizing areas. *Ecological Indicators*, 2022, 142: 109245.

③ Ruas, R., Santana, L., Bered, F. Urbanization driving changes in plant species and communities-A global view. *Global Ecology and Conservation*, 2022, 38: e02243.

④ Goddard, M. A., Dougill, A. J., Benton, T. G. Scaling up from gardens: biodiversity conservation in urban environments. *Trends in Ecology and Evolution*, 2009, 25 (2): 90 – 98.

林残体为主的公园和具有较高自发建植水平的中型公园中乔木层和灌木层的物种丰富度高于人工营造的城市景观公园的乔木层和灌木层的物种丰富度。① 在城市绿地和公园规划建设中，景观设计是城市公园植物多样性的主要驱动力。城市景观设计中可多利用本土植物进行规划设计，提高城市公园的生物多样性。② 此外，提升城市公园中本地种的物种数和丰富度可以体现当地公园特色，也可以降低城市植物群落的养护成本。其次，城市的建设和发展对野生动物多样性也造成了不可忽视的冲击。在城市中野生动物呈现出独特的多样性分布格局与生存资源利用方式。其中，城市哺乳动物多样性在一定程度上也反映了城市生态系统的质量。因此，在生态城市规划建设中，要注意保护和修复城市哺乳动物栖息地，保护城市哺乳动物群落多样性和物种丰富度。③ 再次，鸟类多样性也是城市生物多样性的重要组成部分。城市化不仅影响鸟类的物种丰富度和多样性，也影响着鸟类群落的营巢、取食和繁殖方式。在城市化的初期，自然栖息地的丧失导致城市鸟类多样性的减少。但是在城市化的后期，城市以存量发展为主，中心城区新建和修复的小型绿地和公园斑块会增加城市局部地区的鸟类多样性。④ 此外，城市可以为鸟类提供更多样化的食物资源和栖息场所，靠近城市中心的区域反而支持更丰富的鸟类物种。⑤ 栖息地丧失和生境的破碎化导致城市鸟类群落的物种多样性在城市空间上趋向于集聚分布格局。⑥ 因此，在生态城市规划和建设中，要通过物种调查获取当地鸟类组成的结构特点，并结合对当地城市建成环境要素的全面梳理，识别对鸟类多样性有显著影响的环境要素。通过城市森林斑块的扩建、城市公园系统景观格局改造

① Li, X., Jia, B., Zhang, W., et al. Woody plant diversity spatial patterns and the effects of urbanization in Beijing, China. *Urban Forestry & Urban Greening*, 2020, 56: 126873.

② 刘晖，许博文，陈宇：《城市生境及其植物群落设计：西北半干旱区生境营造研究》，载《风景园林》，2020 年第 27 卷 04 期。

③ Kristancic, A., Kuehs, J., Richardson, B., et al. Biodiversity conservation in urban gardens-Pets and garden design influence activity of a vulnerable digging mammal. *Landscape and Urban Planning*, 2022, 225: 104464.

④ Adams, B. T., Root, K. V. Multi-scale responses of bird species to tree cover and development in an urbanizing landscape. *Urban Forestry & Urban Greening*, 2022, 73: 127601.

⑤ Kurucz, K., Purger, J., Batary, P. Urbanization shapes bird communities and nest survival, but not their food quantity. *Global Ecology and Conservation*, 2021, 26: e01475.

⑥ Xu, X., Xie, Y., Qi, K., et al. Detecting the response of bird communities and biodiversity to habitat loss and fragmentation due to urbanization. *Science of the Total Environment*, 2018, 624: 1561 – 1576.

和栖息地多样性建设等来保护和维持城市鸟类多样性。最后，在生态城市建设过程中要创造多样化的生境类型，为城市昆虫类（例如蝶类）、苔藓类等物种多样性的保护和维持提供良好的生存环境。① 例如，在城市垂直绿化时可选择适宜的苔藓植物进行配置，增加城市生态系统的绿化功能。

城市生物多样性在很大程度上决定了城市生态系统的结构和功能，对城市生态系统的可持续性有重要意义。② 未来需要综合考虑城市自然条件和人类活动在城市生物多样性变化中的作用，从而为城市生物多样性保护和管理以及城市绿地和公园规划建设提供重要的科学依据，促进城市生态系统结构完善和功能提升。③ 在生态城市规划建设工作中，要将生物多样性相关理论运用于城市绿地规划建设、生态修复和景观设计中，识别城市生物多样性分布的热点区，完善城市绿地系统并创造多样化的生物栖息地，以此来推动城市生物多样性的保护。④ 具体来说，首先要通过建立完善的生态基础设施网络来保障城市生物多样性，要增加城市绿地面积，只有足够的面积才能有效地保护城市生物多样性；要加强城市生态廊道建设，提升城市绿色空间的连通性。其次，通过营建多样化生境和构建多级生物链提升城市生物多样性。构成生态基础设施的植物生境是可供鸟类、昆虫和其他动物繁殖、居住和捕食的栖息地，合理选择能够承载复杂生物链的植物作为骨干树种，在城市中构建野生动物友好的生态链条。再次，通过构建人与自然的联系，提升生物多样性价值对于人类社会的积极效益。近年来国家也高度重视生态保护的宣传和科普，市民对城市生物多样性的保护意识开始觉醒。随着生态文明建设深入推进，中国城市居民参与生物

① Buchholz, S., Gathof, A. K., Grsosmann, A. J., et al. K. Wild bees in urban grasslands: Urbanization, functional diversity and species traits. *Landscape and Urban Planning*, 2020, 196: 103731. Rose, J.P., Halstead, B. J., Packard, R. H., et al. Projecting the remaining habitat for the western spadefoot (Spea Hammondii) in heavily urbanized southern California. Global Ecology and Conservation, 2022, 33: e01944. Wenzel, A., Grass, I., Nolke, N., et al. Wild bees benefit from low urbanization levels and suffer from pesticides in a tropical megacity. Agriculture, Ecosystems and Environment, 2022, 336: 108019.

② Kowarik, I. Novel urban ecosystems, biodiversity, and conservation. *Environmental Pollution*, 2011, 159: 1974 – 1983.

③ Dorning, M. A., Koch, J., Shoemaker, D.A., et al. Simulating urbanization scenarios reveals tradeoffs between conservation planning strategies. *Landscape and Urban Planning*, 2015, 136: 28 – 39.

④ 董笑语，黄涛，潘雪莲等：《深圳市陆域野生保护动植物热点分布区辨识及保护对策》，载《生态学杂志》，2020 年第 39 卷 11 期。

多样性保护的广度、深度和专业度都得到了显著增强。① 面对城市生物多样性管理的各种挑战，需要鼓励和支持公众参与，同时基于长期监测网络所提供的数据，促进更开放、公正的决策过程，保障人与自然的和谐共生。在生态城市规划建设工作中，既要尊重自然、保护生物多样性，营造生物与人类和谐共处的人居环境，也要师法自然，采用生态规划与设计手段来修复和保护城市生物栖息地。② 通过城市生物多样性的修复和保护来提升城市生态系统的稳定性和生态服务功能，从而增强城市的生态安全。

（本节撰稿人：王钧）

五、生态农业

（一）生态农业的定义

生态农业（ecological agriculture）是我国现代农业建设中常见的一个专业术语，尽管国内不同学者针对生态农业作出的定义有所差异，但不同定义中生态农业的核心特征并没有太大差异。现阶段较广为接受的定义是，生态农业是指按照生态学原理和经济学原理，运用现代科学技术成果和现代管理手段，以及传统农业的有效经验建立起来的，能获得较高的经济效益、生态效益和社会效益的现代化农业。③

从生态农业定义我们可以看到，生态农业主要具备以下几个特征：①从建设目标看，生态农业涵盖了经济效益、生态效益和社会效益。其中经济效益是指生态农业作为高效的经济模式，能够促进农业生产，提高经济产出的经济目标；生态效益则是指生态农业建设过程中能够有效避免传统农业和现代农业发展过程中产生的农业资源配置不当、产地环境污染和生态系统功能下降等问题，维护良好的生态环境；社会效益则是指通过生态农业的建设与发展，有效改善农村地区居民生活质量，提高当地居民生活水平；②从建设原则来看，生态农业的建设需要遵循生态学原理和经济学原理。生态农业作为一种生产模

---

① 熊立春，程宝栋，曹先磊：《居民对城市生物多样性的保护态度及其影响因素——以成都市温江区为例》，载《城市问题》，2017 年第 10 卷。

② 陈婷，雍娟，何澳：《新加坡城市生物多样性保护经验对我国的启示》，载《园林与景观设计》，2021 年第 18 卷 401 期。

③ 郭喜铭，邱长生：《浅谈生态农业的可持续发展》，载《现代农业》，2014 年第 11 期。

式，需要依靠经济学原理的指导提高其产业价值；③在建设手段方面，生态农业并不拘泥于传统或现代农业措施，它的建设既依赖于传统农业的有效经验，也充分利用现代农业的技术创新成果和现代经济学的有效管理经验，以此构建经济高效、环境友好和推动当地社会发展的高效农业发展模式，而在建设过程中这种包容并举，兼收并蓄的开放思想也是生态农业实现经济效益、生态效益和社会效益的重要保障。

除了生态农业，20世纪下半叶同时也发展了多种新型农业模式，用以应对现代农业生产的资源短缺和环境污染问题，而这些全球范围内的现代农业模式统称为替代农业（alternative agriculture）。替代农业的整体目标均为减少现代工业化生产资料在农业生产过程带来的环境问题，并提高农业生态系统的自我维持能力，但是他们的实现目标和路径有所差异。典型的替代农业除了生态农业以外，还包括有机农业、自然农业等。

1. 有机农业

有机农业的起源最早可追溯至中国、韩国、日本等亚洲国家的传统农业生产模式，而有机农业的概念于20世纪二三十年代正式提出。1980年美国农业部在《关于有机农业的报告和建议》中将有机农业定义为有机农业是一种完全不用或基本不用人工合成的农药、动植物生长调节剂和饲料添加剂的生产体系。通过定义我们可看出，有机农业是传统农业，尤其是亚洲地区传统农业的发展与延伸。有机农业完全摒弃了现代农业发展中所必须的化肥、农药等人工合成农业生产资料（农业生产资料：农业生产的物质要素）。随着有机农业在国际上的影响扩大，20世纪80年代以来国际有机农业运动联盟（International Federal of Organic Agriculture Movement，IFOAM）联合多个国家和组织对有机农业和有机农业产品进行规范化，迄今为止 IFOAM 有来自全球108个国家的750多名成员（含正式会员——有投票权、联系会员和支持者——无投票权）。此外，IFOAM 通过在国际标准化组织（ISO）注册的有机农业基本标准，为世界不同国家和地区的市售农产品提供认证。通过这种市场认证和销售流通模式，有机农业也成为最广为人知，且最为成功的一类替代农业模式。

2. 自然农业

自然农业，又称自然农法，是日本农学家田茂吉在1935年提出的，而福冈正信进一步参考我国老子、庄子的道家无为思想，在20世纪70年代出版的《自然农法——绿色哲学的理论与实践》中，倡导的一种尊重自然、顺应自然，减少人类对自然的干预的农业生产模式。通过自然农业的发展与定义，我们可以发现自然农业与有机农业的建设原则相似之处在于二者均要完全杜绝农药、化肥等人工生产资料的投入，强调和自然生态系统一样避免人为干预。与有机农业不同的是，由于自然农业没有系统的认证与推广，自然农业对消费者来说还是一个比较陌生的概念。

　　3. 循环农业

　　循环农业是以循环经济理念为基础提出的新的农业发展模式。美国经济学家 K. E. Boulding 在 1962 年提出的宇宙飞船理论是循环经济思想的雏形。它以资源的高效利用和循环利用为核心，遵循的是"减量化、再利用、资源化"的 3R 原则。循环农业作为循环经济的重要组成部分，通过延长产业链和完善资源综合利用模式，强调按照 3R 原则提高农业生态系统物质和能量的多级循环利用，在提高生产效率的同时实现农业废弃物和农业污染最小化。通过循环农业的定义我们可以看到，循环农业的建设主要遵循经济学原理，而它的基本思路主要是依靠农业产业的交联与集约化来减少农业废弃物的产生。我国2015 年出台的《全国农业可持续发展规划（2015—2030 年）》明确提出要推进生态循环农业发展，因此部分学者也会将生态农业与循环农业进行结合，生态循环农业在生态农业的基础上强调了汲取循环农业延长产业链的发展思路，其整体建设目标与建设思路和生态农业相似。

　　和生态农业一样，这些不同类型的替代农业模式本质上都是为了解决现代农业发展过程中为了促进农业生产力的快速发展而过量施用化肥、农药等生产资料，导致的耕地土壤肥力过度消耗等问题，最终目的都是为了保证农业的可持续发展。但是在发展思路和目标方面，这些替代农业模式和生态农业又有所区别。循环农业从经济模型出发，强调充分利用各种生产资料，提高资源综合利用效率，实现节能减排目的，其主要关注的是生产过程对人类社会相关的环境影响；而有机农业和自然农业二者均选择完全摒弃 20 世纪大量使用的化肥、农药等人工合成生产资料，主要强调的都是农业生产方式的变革，自然农业强调最大化减少人为干预，实现无为而治，而有机农业则强调通过生物质堆肥、轮作、间作等传统农艺措施推动农业生产。然而，与作物产量息息相关的粮食安全问题依旧是全球范围内，特别是发展中国家所面临的严峻考验。18 世纪以来，化肥与农药作为推动农业生产力提高的重要发明，帮助人类实现了从完全依赖自然条件的农业生产模式，转化为对农业生产具有更强主观能动性的状态，全球粮食产量显著提升，为解决全球贫困人口的温饱问题做出了重要贡献。因此，如何更加科学合理地应用农业技术创新成果，实现农业生产的良性

进步是现代农业面临的重要议题。生态农业所倡导的农业生产模式是一个兼顾农业增收、经济高效和生态环境友好的新型农业模式。生态农业不拘泥于传统农业的生产资料类型，强调的是兼顾科学增产与生态效益。其在从最初的提出到现在所经历的短短 50 年时间里，不断被注入了新的时代内涵。

（二）生态农业理论的发展

相对于生态农业，农业生态学出现时间更早，但是二者是不一样的术语。农业生态学最早可追溯至 20 世纪 20 年代。1928 年，苏联农学家 Bensin 和美国农学家 Klage 先后提出农业生态学（Agroecology）一词，农业生态学作为一门生态学在农业上的分支学科早已得到了科学界的广泛认可。农业生态学主要强调通过生态学原理解决农业生产问题，关注农业生物（植物、动物和微生物）与农业环境之间的相互关系及其作用机理和变化规律，协调农业生物与生物、农业生物与环境之间的相互关系促进农业生产。由此可见，农业生态学关注的是以生态学原理解决农业生产问题的科学，所以我们也可以认为生态农业是农业生态学的重要内容。

生态农业作为一种新型农业模式的定义，在农业生态学提出后的四五十年后才问世。生态农业的思想最早可追溯至 20 世纪 70 年代初，它是美国土壤学家 William Albrecht（1888—1974 年）从营养元素、土壤肥力平衡、土壤微生物等土壤健康的角度出发，提出的一种区别于当时高消耗、高污染农业模式的一种替代农业形式。1980 年，英国农学家 M. Kiley. Warthington 在期刊 Food Policy 上发表了题为 "Problems of modern agriculture（《现代农业的问题》）" 的论文，对此前多年现代农业发展过程中呈现的农业与生态问题进行了归纳总结，如现代农业中农药、化肥等人工生产资料高投入影响了生态系统的循环，并导致生物多样性下降，产生动植物病害、虫害和杂草等问题;[①] 1981 年 M. Kiley. Warthington 在期刊 *Agriculture and Environment* 发表的题为 " *Ecological agriculture. What it is and how it works*（《生态农业，是什么和怎么做》）" 的论文[②]，针对英国当时以农场为主的农业模式，提出生态农业是解决以上问题的有效农业模式，并且认为发展生态农业具有以下特征：①生态农业模式是可持续的，能够实现自我维持（self-sustaining），对农业生产过程中的副产品进行

---

① Kiley-Worthington M. Problems of modern agriculture. *Food Policy*, 1980, 5（3）: 208–215.

② Kiley-Worthington M. Ecological agriculture. What it is and how it works. *Agriculture and Environment*, 1981, 6（4）: 349–381.

回收利用，并将损耗最小化；②通过多样化手段实现生态农业模式的自我维持，稳定和最大化生物质产量，维持动物（包括人类）和植物的适当比例；③为了最大化生物质产量和收益，减小生产规模以符合当地生产条件；④通过采取恰当的技术措施实现单位面积净产量最大化；⑤经济上可行，保证农业系统能够实现经济效益；⑥农产品应在农场就地加工，就地供给当地消费者，并通过家庭手工业等形式推动本土社区的发展；⑦在美学和伦理道德上可被人们接受。

通过上述定义，我们可以看出生态农业在提出初期的发展目标是兼顾农业生产效益、经济效益和社会效益。在农业生产模式上，生态农业旨在通过构建完善的物质和能量循环链条，减少副产品的废弃与排放，实现农业生产产量的最大化；在经济收益模式上，生态农业以提高农业经济效益为目标；在社会效益模式方面，生态农业则希望在保证伦理合理的基础上，通过对本土农业模式的完善与发展，推动本土居民的就业，实现社区发展，同时满足美学要求。尽管 M. Kiley. Warthington 在距今 40 年前提出的生态农业模式的建设原则以英国当地农业生产模式为参考，生态农业模式的构建以农场为单位开展，但是他提出的生态农业系统要求为世界生态农业的发展提供了可供参考的思路，而这也是生态农业广为人知的早期定义："生态上能自我维持，低输入，经济上有生命力，在环境、伦理和审美方面可接受的小型农业"①。

尽管我国生态农业的正式提出时间稍晚于西方国家，但是我国作为历史悠久的农业大国，从刀耕火种的原始农业到精耕细作的传统农业，再到现代农业的发展，数千年的农业发展史沉淀了具有中国农业文明特色的生态农业观，长期指导着我国传统农业生产过程中的实践。我国古代农学家早已从生态系统整体观的角度关注过农业生产过程，如北魏农书《齐民要术》指出："顺天时，量地利，则用力少而成功多。任情反道，劳而无获。入泉伐木，登山求鱼，手必虚；迎风散水，逆坂走丸，其势难"。这就是要求农业生产需要顺应四时更替和地形条件的自然规律，使其达到"力少而成功多"的效果。明代农学家马一龙在《农说》中同样指出："合天时、地脉、物性之宜。而无所差失，则事半而功倍矣，……知时为上，知土次之。知其所宜，用其不可弃。知其所宜，避其不可为"。这无疑是强调了农业生产除了适应天时地利之外，还要协调生物与环境的适应性。这些古代农学家淳朴的自然观与系统观在本质上为中

---

① 廖允成，林文雄：《农业生态学》，中国农业出版社，2011 年，第 246 页。

国特色的生态农业模式发展奠定了思想基础。

以我国农业生态经济学家叶谦吉教授（1909—2017 年）和生态学家马世骏教授（1915—1991 年）为代表的一批中国科学家在总结国外生态农业研究成果的基础，充分结合我国发展情况与现实国情，凝炼了"中国生态农业"的深刻内涵，指出要以生态平衡、生态系统的概念与观点来指导农业实践。1981 年，中国四川省遭受特大洪涝灾害之后，叶谦吉教授指出，掠夺式的生计农业在对生态环境造成严重破坏的同时，也为农业生产带来了毁灭性的破坏。叶谦吉教授从恢复生产、重建家园等角度提出我们需要创造一个合国情、合理、均衡、稳定、安全的生态农业系统，为我国农业现代化建设闯出一条新路。在同年召开的农业生态工程学术讨论会上，马世骏院士提出了"整体、协调、循环、再生"的生态农业工程建设原则。在 1982 年全国首届农业生态经济学术讨论会上，叶谦吉发表了题为《生态农业——我国农业的一次绿色革命》的论文，详细解释了中国生态农业的概念为"农业的未来要求在农业生态系统中主宰一切的人，必须善于遵循自然规律和经济规律，立足今日，放眼未来，多起积极维护作用，尽量少起或不起消极破坏作用，避免以至根除恶性循环，力求促进和维护良性循环，为我们这代人以及子孙后代创造一个理想的、经常保持最佳平衡状态的生态系统。对此，我们称其为高效生态系统，即生态农业。"[①] 相较于 M. Kiley. Warthington 提出的生态农业概念，叶谦吉教授以我国国情为基础提出的"生态农业"的新概念和新思路在明确农业生产、经济效益和社会效益目标的同时，提出要兼顾生态环境保护的原则，而这也是我国一直遵循的农业绿色发展思想。

1982 年，中国农业生态环境保护协会成立，国务院环境保护领导小组在协会的建议下，开始组织生态农业试点工作。这意味着我国生态农业建设的序幕正式拉开。值得一提的是，1986 年，叶谦吉教授撰写了题为《生态需要与生态文明建设》的论文，便提出了"生态文明"的概念。他认为，"人类既获利于自然，又还利于自然，在改造自然的同时又保护自然，人与自然之间保持着和谐统一的关系"[②]。事实上，我国生态文明思想的产生与生态农业发展息息相关，也与我国农业文明长期发展过程中凝练的人与自然和谐共生思想紧密

---

① 叶谦吉：《生态农业——我国农业的一次绿色革命》，全国首届农业生态经济学术讨论会，1982 年。

② 叶谦吉：《叶谦吉文集——生态需要与生态文明建设》，社会科学文献出版社，1986 年版，第 80 页。

相连。

生态农业模式概念一经提出，便引起了国际社会的广泛关注，并在汲取世界各地环境保护思想的过程中不断更新着自身的观念，丰富着自身的内涵，其所形成的以兼顾经济效益、生态效益和社会效益为目标的现代农业模式思想早已广为人知。随即，国际社会便开始了推进这一目标实现的进程。1987 年，世界环境与发展委员会（World Commission on Environment and Development，WCEE）便发布了《2000 年粮食：转向可持续农业的全球政策》的报告；1988年，联合国粮农组织（Food and Agriculture Organization of the United Nations，FAO）更是制订了《可持续农业生产：对国际农业研究的要求》，并于 1989 年 11 月通过了有关可持续农业发展的决议；1991 年 4 月，在荷兰召开了国际农业问题大会，联合国粮农组织正式向全球发出《可持续农业和农村可持续发展的登博斯宣言和行动纲领》倡议，其明确提出的"可持续农业和农村发展"概念，实际上就是将可持续发展农业，视为从关注农业生产过程向关注农村发展转变的显著标志。

（三）中国生态农业实践

生态农业作为一种整合传统农业生产经验与现代科技创新成果，以实现高经济效益、生态效益和社会效益的现代化农业模式，具有各式各样的实践形式。下面我们将结合我国传统农业向现代农业转型的典型生态农业实践案例，分析这些是如何以生态学原理为指导，在实现农业增收的过程中兼顾生态效益的。

1. 桑基鱼塘农业模式

桑基鱼塘农业模式起源于距今 2500 多年前的春秋战国时代，作为一种典型的循环农业模式，它被认为是世界上最早的生态农业模式之一。古书所谓"河港纵横，湖荡棋布，墩岛众多"，描述的便是太湖南岸古菱湖地区河网纵横交织，浅水湖泊星罗棋布，地势低下，陆地支离破碎的水乡泽国景象。这种河网密布，陆地零星分布的湿地生态系统，在雨季来临之时经常遭遇洪涝灾害。因此，当时的吴、越两国人民便通过修筑鱼塘开创了塘泥壅桑的农业生产形式。其具体方法是，在洼地东西向开挖"横塘"，南北向开挖"纵浦"，从而形成"五里七里一纵浦，七里十里一横塘"的棋盘式塘浦排灌系统，这就是被定义为"塘浦圩田系统"的农田水利工程。依托"塘浦圩田系统"，吴越人民创立了"池蓄鱼，其肥土可上竹地，余可雍桑、鱼，岁终可以易米，蓄羊五六头，以为树桑之本"的农业生产经营模式（明代《沈氏农书》），这实

际上就是为我们所熟知的"塘基上种桑、桑叶喂蚕、蚕沙养鱼、鱼粪肥塘、塘泥壅桑"的桑基鱼塘模式。桑基鱼塘系统通过生态系统营养物质循环模式，在取得了"两利俱全，十倍禾稼"的经济效益的同时，减少了农业废弃物的产生。2014 年 5 月，"浙江湖州桑基鱼塘系统"被列入第二批中国重要农业文化遗产名录；2017 年 11 月 23 日，它又被联合国粮农组织列入全球重要农业文化遗产保护名录。

图 3 - 34　广东省佛山市三水区的基塘农业模式（供图：吴晓翠）

唐宋时期，桑基鱼塘系统模式传入珠江三角洲农业产区，并在明清时期发展到鼎盛。当地人民根据珠江三角洲气候、地理环境等自然条件，进一步丰富了桑基鱼塘形式，比如通过在鱼塘的塘基上种桑、种蔗、种果树等，创造出桑基鱼塘、蔗基鱼塘、果基鱼塘等各具特色的基塘农业。

我国其他地区也各自根据自身的气候、地形与农业类型，发展出了具有鲜明地方特色的生态农业模式，比如同样具有悠久历史和完善食物链循环系统的贵州从江侗乡稻鱼鸭农业生产经营模式。事实上，贵州从江稻鱼鸭复合系统最早可追溯到东汉时期，作为一种在当地延续千年的农业生产方式，它在本质上也是利用生态系统食物链和物质循环系统构建的高效生态农业生产模式。这一融水稻生长、鱼苗和雏鸭养殖为一体的生态农业生产系统的具体做法是，每年春季谷雨前后水稻插秧完成的同时，在稻田水源中放入鱼苗，待鱼苗成长到一定程度以后再放入雏鸭，稻田中的鱼苗和雏鸭活动能够为水稻生长提供天然肥料，并完成松土、除草等生产性功能，而水稻则能为鱼苗和雏鸭提供遮蔽环境和害虫等食物。尽管稻鱼鸭系统看似简单，但它实则模拟了一个小型复杂生态系统。该系统中鱼、鸭的放养数量和时机，均需要考虑稻田的环境承载力和鱼鸭之间的种间竞争关系，还需要结合三者的生长周期，它在本质上是综合考量的结果。而现行的稻鱼鸭系统，实际上是当地劳动人民在千百年实践经验基础上建立的一种具有现实生命力的农业生态系统。稻鱼鸭生态系统投入使用一年后，稻田中土壤氮、磷、钾含量明显提高，水稻显著增产。作为一种蕴含丰富生态理念与知识的农业生产经营模式，稻鱼鸭系统是我国生态农业模式的一个典型代表，充分体现经济、生态、社会和文化等多重价值。作为现代生态农业发展的一种宝贵启示和一个实践方案，贵州从江稻鱼鸭系统在 2001 年被联合国粮农组织认定为全球重要农业遗产系统遗址，并称其为"一种超乎寻常的充分利用水土资源的生活模式"；2011 年 6 月，侗乡稻鱼鸭复合系统又被联合国粮农组织确定为全球重要农业文化遗产保护试点。

2. 种养结合循环农业模式

《全国农业可持续发展规划（2015—2030 年)》明确要求推进生态循环农业发展，优化调整种养业结构，促进种养循环、农牧结合、农林结合。种养结合的生态循环农业，能有效解决农村环境污染，改善农民生活环境，是发展绿色农业的有效载体和生态农业的一种重要发展模式，它实际上包括了通过完善种植业和养殖业结构，延长秸秆等种植业废弃物和畜禽粪污等养殖业废弃物生命周期。它通过最大限度地利用和减少废弃物产生，有效提高物质和能源的利用效率，实现物质循环。

传统的种养结合模式，采用的是机械地将种植业和养殖业集中布局的方式，它虽然能够有效提升群众经济收入，但却无法解决由于化肥、农药的过量施用和畜禽粪污处置等农业问题，还会导致不同程度的环境和空气污染。而生态循环农业模式所强调的种植业和畜牧业有机结合模式的主要形式，是将畜禽养殖过程中产生的粪便和有机物转化为农作物生长所需的肥料，并将农作物或绿肥作物用作畜禽养殖所需的饲料，这样便能从根本上提高种植业和养殖业的动植物能量转换与物质循环效能。事实证明，这种种养结合的新型生态农业循环经济方式，不仅能够有效提高资源和能源利用率，减少物质损耗，而且还可以推动当地农业经济发展。而今，这种种养结合生态循环农业模式的内涵，仍在不断丰富和发展。在"玉米—牛羊—蚯蚓—鸡—肥"种养结合循环模式试点中，玉米秸秆养殖利用率已达到 100%，而化肥施用量和农业废弃物排放量则分别减少了20%和90%以上，农业综合效益也提高了58%以上，较过去所采用的"玉米—牛—沼—肥"模式的综合效益高出了22%以上。

3. 绿色防控技术

绿色防控是指从农田生态系统整体出发，以农业防治为基础，积极保护和利用自然天敌，恶化病虫的生存条件，提高农作物抗虫能力，在必要时合理使用化学农药，将病虫危害损失降到最低。它是持续控制病虫灾害，保障农业生产安全的重要手段和实现生态农业的重要路径。

早在20世纪80年代，蒲蛰龙院士便提出了"以虫治虫"的绿色防控思路并积极主张采取"以发挥天敌作用为主的害虫综合防治策略"。在具体实践中，"以虫治虫"主要是通过采取耕作防虫、育蜂治虫、以菌治虫、养鸭除虫等措施，基本避免化学农药的使用。这种方式，既保护了农田生态，又能有效防治害虫。为此，蒲蛰龙院士先后构建了利用赤眼蜂防治甘蔗螟虫、利用澳洲瓢虫及孟氏隐唇瓢虫防治介壳虫、应用平腹小蜂防治荔枝蝽象及湘西黔阳地区柞蚕放养等多种"以虫治虫"模式，其成果被广泛推广到桂、闽、湘、川等多个省区，并在20世纪70年代发现赤眼蜂的三种潜在病原体及其致病情况，为世界各国应用赤眼蜂治虫提供了有益的参考。通过这些实践并结合国内外研究成果，蒲蛰龙院士还主编了《害虫生物防治的原理和方法》、《昆虫病理学》等专著，其主张的"以虫治虫"农作物病虫害防止方式，能减少三分之二的农药用量，这在很大程度上做到了在保障农业生产的同时减少农业生态系统的人为干扰，为我国乃至世界的农业病虫害综合防治做出了卓越贡献。他创建的中山大学昆虫研究所，也逐渐发展成了"有害生物控制与资源利用国家重点实验室"。聚焦农业有害生物的生物防治，献力健康农业发展、乡村振兴战略和生态文明建设，无论是在过去、现在还是将来，都是这一领域矢志不渝的理想和追求。

4. 智慧农业模式

智慧农业是集互联网、移动互联网、云计算和物联网技术为一体的新型农业生产方式，它以人工智能等信息技术为手段，通过科学管理制度和农业生产技术的结合，实现多技术综合应用，助推农业加速发展。智慧农业的应用领域十分广泛，涉及农业生产中播种、种植、收获和销售等各个环节，涵盖农作物发育、病虫草害识别、农业电子商务、农业信息服务等各个方面。目前，我国的智慧农业处于快速起步阶段，其所关注的重点，是与农业增产、农民增收相关的农业生产经营管理问题。随着智慧农业技术的成熟，尤其是与其他技术交互作用逐渐增强，智慧农业必将极大地在深化农业生产资源循环利用、促进农村生态环境保护、推进农业生态系统建设、维护农业生态系统平衡、丰富生态农业生产经营模式、推动我国农业绿色转型和可持续发展等方面发挥更加积极的作用。

（四）现代生态农业展望

进入新时代以来，在"四个全面"总体布局和"五位一体"战略布局框架下，为推动农业生产方式绿色转型和可持续发展，坚定不移地推动我国农业走中国式新型农业现代化道路，我国先后制定和颁布了一系列指导农业发展的规划性和政策性文件，从根本上为我国生态农业的发展指明了方向。

2015 年 5 月 27 日，农业部会同国家发展改革委员会等部门，共同编制了《全国农业可持续发展规划（2015—2030 年）》，将全国划分为优化发展区、适度发展区和保护发展区三大区域，并在优化发展布局，坚持因地制宜，宜农则农、宜牧则牧、宜林则林的总原则之下，确立了"逐步建立起农业生产力与资源环境承载力相匹配的农业生产新格局"的新型农业现代化建设规划。在依靠科技力量，坚持创新驱动的前提下，通过调整种养业结构，促进种养结合、农牧结合、农林结合，推进"稻鱼共生""猪沼果"林下经济等生态循环农业模式，被确定为推动我国农业生产方式绿色转型和可持续发展的基本方向。

2021 年 8 月 25 日，由农业农村部、国家发展改革委员会、科技部、自然资源部、生态环境部和国家林业草原局等 6 部门联合印发的《"十四五"全国农业绿色发展规划》立足农业绿色发展是生态文明建设的重要组成部分，是贯彻落实习近平生态文明思想的具体体现，在绿色是农业的底色，良好生态环境是最普惠的民生福祉、农村最大优势和宝贵财富思想主导下，将加快推进农业绿色发展确定为"十四五"期间农业发展的战略目标，这无疑意味着新时代农业的绿色发展，必须兼顾农业生产的经济效益、环境保护的生态效益和农民生活改善的社会效益三大主题，高度契合了生态农业的建设目标，从而为生态农业建设夯实了政策基础。

（本节撰稿人：何春桃）

六、兼顾生物多样性保护与社会发展的中国故事

人类，或者说智人，与其他众多物种共享着浩瀚宇宙中一颗渺小的蓝色星

球。我们曾经以山为床，以天为被，与动物比邻而居，在食物链中端小心应对着周围的一切。后来，我们在农业革命、工业革命的发展进程中逐渐独立于自然生态系统而建立起人类社会，但渐渐地，我们发现这种发展方式导致了气候变化、生物多样性减少等危及人类命运的问题。为了弥补我们曾经对生态环境造成的伤害，挽救人类本身，人类社会的每一个体都需要投入积极的行动。

作为世界上生物多样性最丰富的国家之一，中国致力于将生物多样性保护融入社会的发展，实现人类社会与自然环境的可持续共存。为此，中国开展了很多成功的探索，其中就包括中国如何通过立法兼顾野生动物保护与利用以及在全球变暖对生物多样性造成毁灭性破坏的背景下，中国又将如何兼顾温室气体减排与经济发展的生动案例。

（一）野生动物贸易与保护

野生动物是生物圈的重要组成部分，具有生态、经济、科学及美学价值，与人类社会的可持续发展息息相关。然而，由于全球气候变暖以及人类的过度利用，野生动物的生存条件越来越恶劣。世界自然基金会（WWF）发布的《地球生命力报告2020》显示，1970—2016年间，全球哺乳动物、鸟类、鱼类、两栖动物和爬行动物的数量平均下降了68%。为了保护野生动物资源，阻止非法野生动物贸易，中国建立了严格的野生动物保护法律体系。

（二）非法野生动物贸易的潜在风险

非法野生动物贸易不仅会导致野生动物资源的流失，更给人类社会的公共卫生安全带来了巨大挑战。2002年，寄宿在果子狸身上的SARS病毒所引发的非典疫情至今仍令人颤栗，仅仅17年后，新型冠状肺炎疫情的暴发再次引起人们对野生动物贸易潜在风险的担忧。随着对野生动物源性疫病的研究，人们发现野生动物体内携带有大量未知的病原体，气候变暖、人类活动范围扩大所造成的生存环境的变化可能会使它们携带的病原体传播并诱发传染病。[1]

在中国，猎食稀少珍贵的野生动物一度被视为地位的象征，乃至目前，野生动物产品仍被普遍认为具有高食补与药用功效，这使得中国具有庞大的野生动物贸易市场。在以供给侧保护为主的野生动物保护战略下，中国野生动物商业养殖和贸易迅速扩张。尽管中国围绕野生动物狩猎、圈养繁殖、进出口等环节建立了复杂的授权制度，但目前的管理制度和有限的检疫能力为走私入境、

---

① 秦思源，孙贺廷，耿海东等：《野生动物与外来人兽共患病》，载《野生动物报》，2019年第40卷01期。

养殖业盗猎等非法贸易提供了漏洞。这样的漏洞会导致野生、圈养个体和家畜的混合，为病毒在不同物种之间进行交换并最终从野生宿主到人体提供机会，进而可能在人群中广泛传播。① 因此，打击野生动物非法贸易十分必要。

为了更好地应对新型冠状病毒疫情，促进野生动物管理的改善，2020 年 2 月，全国人民代表大会常务委员会通过了《关于全面禁止非法野生动物交易、革除滥食野生动物陋习、切实保障人民群众生命健康安全的决定》。该决定突破性地迈出了全面禁止食用陆生野生动物的一大步，但食品消费仅约占中国野生动物养殖业产值的 24%，② 其余的如科研、药用、展示等与野生动物直接接触的非食用性利用方式还有待进一步加强管理。

（三）中国野生动物保护法律体系

新中国成立初期，针对战争、国家建设等对野生动物及其栖息环境的破坏，政府制定了一些与野生动物保护相关但相对分散的政策法规，没有形成完整的野生动物保护法律制度。③ 野生动物保护工作在这一时期并未得到足够的重视，使我国流失了大量野生动物资源。

改革开放后，为了应对日益严重的非法猎捕、贩卖、出口珍稀野生动物现象，我国于 1988 年 11 月制定并颁布了《中华人民共和国野生动物保护法》，围绕该法律框架确立了对野生动物"保护优先、规范利用、严格监管"的基本原则。之后，《陆生野生动物保护实施条例》《水生野生动物保护实施条例》《国家重点保护野生动物驯养繁殖许可证管理办法》等法规先后发布，建立了以供给侧保护为主的中国野生动物保护战略，旨在满足国人对野生动物及其产品需求的同时减轻野生种群所承受的狩猎压力。

为了完善野生动物保护法律体系，1988 年 12 月，国务院批准了《国家重点保护野生动物名录》，其中保护级别分为一级和二级，并且对水生、陆生动物做具体划分，明确了由渔业、林业行政主管部门分别主管的具体种类。该名录发表 30 余年间，除 2003 年和 2020 年分别将麝类、穿山甲所有种调升为国家一级保护野生动物外，没有进行系统更新，但此期间中国的野生动物资源与

---

① Jiao, Y. B., & Lee, T. M. China's conservation strategy must reconcile its contemporary wildlife use and trade practices. Frontiers in Ecology and Evolution, 2021, 9.

② Chinese Academy of Engineering. The strategic research report on the sustainable development of wildlife farming in China.

③ 邵光学：《新中国成立以来野生动物保护法制建设回顾及展》，载《野生动物学报》，2021 年第 42 卷 03 期。

保护形势发生了很大变化。因此，在 2021 年，国家林业和草原局、农业农村部在保留原名录物种的基础上，一方面，将豺、长江江豚等 65 种野生动物由国家二级保护野生动物升为国家一级；熊猴、北山羊、蟒蛇 3 种野生动物由国家一级保护野生动物调整为国家二级。另一方面，新增了 517 种（类）野生动物。除《国家重点保护野生动物名录》外，野生动物保护法规定保护的野生动物还收录于《国家保护的有重要生态、科学、社会价值的陆生野生动物名录》，即"三有保护动物名录"，以及省、自治区、直辖市根据当地野生动物资源所编写的地方重点保护野生动物名录中。

（四）跨界合作

以 1979 年 9 月与世界自然基金会签署《关于保护野生生物资源的合作协议》为节点，中国逐步加强野生生物资源保护国际交流，建立稳定的跨国境合作，对野生动物进出口贸易的管控力度随之加强。

1981 年 4 月中国正式加入《濒危野生动植物种国际贸易公约》，对公约所列出的野生动植物及其制品实施进出口证明书制度，对国内加工销售象牙及制品、食用陆生野生动物和以食用为目的的猎捕、交易和运输陆生野生动物予以严格禁止。在该公约框架下，各行各业的人们为打击非法野生动植物贸易而团结协作。2017 年 11 月，由中国野生动物保护协会、国际野生动植物贸易研究组织、世界自然基金会联合主办，百度、阿里巴巴和腾讯（BAT）发起，建立了中国首个打击网络野生动植物非法贸易互联网企业联盟。加入联盟的互联网企业承诺在各自运营平台上对野生动植物及其制品贸易信息进行严格审查，及时删除非法信息、监测并处理可疑用户，积极支持和配合执法部门开展工作。与此同时，无人机、红外相机、图像识别技术等新的科技手段源源不断地被应用于野生动物基础研究与状态监测工作中，有效地辅助了对非法野生动物贸易的打击。到 2021 年，该联盟已从其平台上删除或屏蔽了共计 1160 多万条濒危物种及其制品信息。①

2021 年 10 月 11—15 日，在中国昆明召开了以"生态文明：共建地球生命共同体"为主题的联合国《生物多样性公约》缔约方大会第十五次会议（简称 COP15）第一阶段会议。《生物多样性公约》是一项旨在保护濒临灭绝的植物和动物，最大限度地保护地球上多种多样的生物资源，以造福于当代和

---

① 李禾：《野生动物保护面临来自网络的新挑战》，载《科技日报社网》，2022 年 08 月 08 日第 7 版。

子孙后代的具有法律约束力的公约。缔约方大会是该公约的最高议事和决策机制，自 1994 年巴哈马拿骚举办 COP1 以来，这是第一次在中国举办缔约方大会。该会议的主要成果《昆明宣言》承诺：确保制定、通过和实施一个有效的"2020 年后全球生物多样性框架"，以扭转当前生物多样性丧失，并确保最迟在 2030 年使生物多样性走上恢复之路，进而全面实现"人与自然和谐共生"的 2050 年愿景。

在全球合作以恢复生物多样性的背景下，中国建立了多个自然保护区、国家公园，积极同其他国家合作交流。其中，中国与俄罗斯两国跨境合作保护野生东北虎豹的故事尤为经典。

20 世纪初期，俄罗斯远东地区南部、中国东北地区和朝鲜半岛曾分布有近 3000 只东北虎。但由于栖息地丧失和人类的猎捕，东北虎数量急剧下降。20 世纪 40 年代，远东地区东北虎数量仅剩 20－30 只。20 世纪中期以后，苏联政府采取东北虎禁猎、禁捕令、扩大保护地等保护措施，解除了东北虎的濒危状态，促进了种群复苏和分布区扩大。[1] 东北虎需要面积宽广而连续的生活区域，此前中国境内的东北虎主要有 4 个孤立状和破碎化的分布区，其中任意一个分布区都很难独立维持一个可持续生存的东北虎种群。为了东北虎种群的进一步复壮，中国于 2017 年正式开展东北虎豹国家公园试点，并与俄罗斯合作恢复跨境生态廊道，共同建立东北虎的集合种群。[2]

2019 年，通过签订《关于虎豹保护合作的谅解备忘录》《三年联合行动计划》等多项合作计划，我国的东北虎豹国家公园与俄罗斯豹地国家公园建立了稳定的合作渠道，共享东北虎豹科学研究、生态监测、环境教育和生态体验等领域的信息资源和数据库，联合修护破碎化栖息地，使东北虎、东北豹等珍稀野生物种得到有效保护。据东北虎豹国家公园管理局最新数据显示，东北虎豹国家公园内的野生东北虎、东北豹数量已由 2017 年试点之初的 27 只和 42 只分别增长至 50 只和 60 只，监测到新繁殖幼虎 10 只以上、幼豹 7 只以上，并呈现明显向中国内陆扩散的趋势。[3]

---

[1] 王凤昆，李艳，姜广顺：《东北虎栖息地历史分布、种群数量动态及其野外放归进展》，载《野生动物学报》，2022 年。

[2] Qi J, Gu J, Ning Y, et al. Integrated assess-ments call for establishing a sustainable meta-population of Amur tigers in NortheastAsia. Biol. Conserv. （261）: 109250.

[3] 赵乃政，刘帅，王超：《东北虎豹国家公园：探索野生动物保护新路径》，载《吉林日报》，2022 年 3 月 5 日。

图3-35　东北虎（图片来源于免费素材网站 Hippopx——https://www.hippopx.com/）

（五）穿山甲与亚洲象的保护故事

生态学将对人们具有特别吸引力，可促进人们对生物多样性保护关注的物种称为旗舰物种。在中国，曾一度因严重非法贸易而濒临灭绝的穿山甲和亚洲象便是两个非常有名的旗舰物种，它们也都经历了漫长但富有成效的保护历程。

穿山甲，体形狭长，四肢粗短，表面覆盖着坚硬的覆瓦状鳞片，是一种独特的长舌哺乳动物。中国是穿山甲及其衍生物的主要消费国之一，非法的滥捕滥猎让穿山甲几乎遭受了灭顶之灾。20世纪80年代以来，穿山甲开始变得难得一见，尤其是亚洲的中华穿山甲和马来穿山甲。2014年，世界自然保护联盟《濒危物种受胁红色名录》将中华穿山甲升级为"极度濒危"等级。2020年6月5日，中国正式将包括中华穿山甲在内的所有穿山甲种类列为国家一级重点保护野生动物，同时，将穿山甲鳞片及其制品从《中国药典》等医药典籍中删除，但是人们对穿山甲食补与药用功效的迷信却无法在短时间内消除。

为满足穿山甲庞大的市场需求，并同时减缓野生穿山甲所面临的猎捕压力，中国曾对人工养殖穿山甲进行了很多探索。人工养殖穿山甲，一方面需要养活穿山甲，另一方面需要使其在圈养条件下进行繁殖。然而，偏夜行性的穿山甲生性谨慎，对温度变化很敏感，食性高度特化，导致胃肠道相对也较为脆弱，一胎多只产一个穿山甲宝宝。圈养的陌生环境、人为干扰、不恰当的食物所导致的胃肠道疾病和肺炎都是圈养穿山甲的主要死因。[①] 一篇整理中华穿山甲已知圈养"繁殖"记录的论文指出，1984—2011 年间，仅有 20 例圈养条件下产仔的记录，其中只有 5 例是在圈养条件下自然受孕。其余 15 例都是野外怀孕后，在圈养条件下生产。而这 20 例当中，只诞生了 13 只活的幼仔。[②] 可见穿山甲的圈养繁殖十分困难，满足需求的规模化饲养穿山甲被认为是几乎不可能的。

图 3-36　穿山甲（该图片由 OpenClipart-Vectors 在 Pixabay 上发布）

不同于穿山甲，亚洲象作为我国最具代表性的大型珍稀濒危野生动物，与人类之间的冲突更具有双向性。随着人类对自然资源的过度开发，人象冲突成为当地人生产生活中的主要问题，并直接影响到人们对大象等野生动物保护工作的态度。

亚洲象常在海拔 1000 米以下的沟谷、河边、竹阔混交林中活动。全球现存种群总数量估计为 4—5 万头，被《濒危野生动植物种国际贸易公约》列入附录 I 物种。目前，中国境内的亚洲象分布于云南省的西双版纳、临沧和普洱3 个州市，以西双版纳国家级自然保护区为主要栖息地。

象牙制品极高的经济价值与合法象牙交易市场的存在导致了疯狂的盗猎以及猖獗的象牙走私活动。2009 年以来，根据大象贸易信息系统（ETIS）的统计，非法象牙贸易量居高不下，并呈规模化趋势。2014 年 10 月，西双版纳州勐腊县曾发生一起猎杀亚洲象案件，盗猎者为取下象牙，残忍地砍下大象的半个头，将长长的鼻子随意丢弃在地上，且头部腐烂。经解剖调查，认定死亡亚

---

① 陈丹，肖莉春，曾志燎：《中华穿山甲生态学及人工圈养研究现状》，载《南方农业》，2021 年第 15 卷 33 期。

② Hua L, Gong S, Wang F, et al. Captive breeding of pangolins: current status, problems and future prospects. *Zookeys*. 2015（507）：99-114..

洲象系制式枪支射杀。① 为挽救猎枪下的大象，国际组织和多个国家陆续展开行动。2015 年 9 月，作为世界上最主要的象牙市场，中美两国元首共同发出承诺，禁止象牙进出口，同时在各自国家停止象牙商业性贸易。2016 年 12 月，国务院发出《关于有序停止商业性加工销售象牙及制品活动的通知》，要求从 2017 年 3 月 31 日起至 12 月 31 日分期分批最终全面停止商业性加工销售象牙及制品活动。

对野生亚洲象来说，盗猎的压力仅仅是一个方面，人口快速增长、自然环境不断恶化下，栖息地遭到严重破坏所带来的危害更为巨大。为了获取足够的资源，亚洲象的活动范围不可避免地会与人类不断扩大的种植用地发生空间重叠。由此便产生了"对峙式"的人象冲突，严重威胁到了当地人的人身和财产安全。根据《云南省亚洲象保护暨亚洲象国家公园建设调研报告》，1991—2010 年间，亚洲象在西双版纳州取食玉米、水稻等粮食作物总计造成损失 2.4 万吨，踩踏、折断橡胶、茶叶等经济林木损失 156.4 万株，牲畜家禽损失 1550 头（只）。除直接损失外，许多社区群众因亚洲象的威胁和危害失去了产业结构调整等发展机会，正常生产生活秩序被严重打乱。② 为了调节当地人与亚洲象之间强烈的冲突，更好地保护亚洲象，1998 年，云南省政府颁布了《云南省重点保护陆生野生动物造成人身财产损害补偿办法》。

经过政府、保护组织和科研队伍多年的努力，当地人的亚洲象保护意识有很大提高，人象之间的矛盾也不再似往常尖锐。2021 年 4 月，一群从云南西双版纳出发一路北迁的野生亚洲象与人们所发生的故事即是一个很好的例证。这群亚洲象途径普洱、红河、玉溪、昆明 4 个州市，沿途在玉米地里睡觉、在高速路上散步、到村民家里喝水。为保障人象安全，政府采取了包括沿途设置投食区、派遣专业团队进行无人机实时跟踪、对民众进行预警和疏散等多种措施，社会公众也主动配合并理解和支持，体现了中国政府和公众在保护野生动物方面的努力与付出。

① 谭爱军，余玲江：《我国亚洲象的分布与保护》，载《防护林科技》，2015 年第 5 期。

② 赵思桃，孔芳菲，田恬：《亚洲象迁移过程中与人类冲突现状调查及对策建议——以西双版纳傣族自治州为例》，载《中国林副特产》，2022 年第 01 期。

图 3 - 37　迁移途中的亚洲象（图片来源于免费素材网站 Hippopx——
https://www.hippopx.com/）

从建设完善野生动物保护法律体系以规范利用野生动物资源、禁止非法野生动物贸易，到与多个国家、国际组织合作交流，多领域、多形式地开展野生动物保护工作，中国的野生动物保护经历了艰辛而又硕果累累的成长。为了人类与野生动物的可持续共存，相信中国的野生动物保护事业会不断创造出新的动人故事。

（六）"双碳"目标

18 世纪 60 年代，蒸汽机带动人类社会开始了发展最为迅猛的工业革命阶段。一路高歌猛进的智人利用任何可以利用的能量源源不断地催生金钱，直到温度慢慢攀升至一个又一个"沉默的阈值"——全球降水量重新分配、冰川和冻土消融、海平面上升、生物灭绝等现象接踵而至。

从政府间气候变化专门委员会（IPCC）1990 年发表的第一次评估报告到 2021 年 8 月 9 日题为"气候变化 2021：自然科学基础"的报告，人类对于气候系统变化的科学认知在不断加深，"1970 年以来的 50 年是过去 2000 年以来最暖的 50 年，1901 年至 2018 年全球平均海平面上升了 0.20 米，上升速度比过去 3000 年中任何一个世纪都快，2019 年全球二氧化碳浓度达 410ppm，高于 200 万年以来的任何时候。2011 年至 2020 年全球地表温度比工业革命时期（因 1850 年之前的观测有限，因此采用的是 1850 年至 1900 年的平均值）上升了 1.09 ℃，其中约 1.07 ℃ 的增温是人类活动造成的"。无数证据表明全球变暖的主要原因便是人类活动排放出的大量温室气体。来自太阳的热量可以轻松

地穿过这些气体到达地球，但是地球为维持温度平衡而需要向外太空散发的热量却被这些气体所阻拦，导致地球的温度不断升高。

作为《巴黎气候变化协定》的缔约方之一，为实现将全球平均气温较前工业化时期上升幅度控制在 2 ℃以内，并努力将温度上升幅度限制在 1.5 ℃以内的长期目标，中国需要尽快实现本国温室气体排放达到峰值并最终达到温室气体净零排放。为此，中国提出了"双碳"目标，指在 2030 年前碳排放达到峰值，即"碳达峰"，在 2060 年前人为碳排放与清除量实现平衡，即"碳中和"。其中，"碳"是指《联合国气候变化框架公约》管控的 7 种温室气体：二氧化碳（CO_2）、甲烷（CH_4）、氧化亚氮（N_2O）、氢氟碳化物（HFCs）、全氟化碳（PFCs）、六氟化硫（SF_6）、三氟化氮（NF_3）。为便于进行监测、措施规划，一般以二氧化碳为基准量化所有温室气体的排放、吸收，所以将温室气体排放统称为碳排放。

1. 低碳循环经济体系

目前的中国工业结构偏重、能源结构偏煤、能源利用效率偏低，在实现经济增长的同时也使生态环境遭到了破坏。在经济发展与"双碳"目标看似对立的关系中，中国搭建了一座神奇的桥梁——低碳循环经济体系。这一体系是融合了低碳发展和循环发展的一种经济社会发展模式，在考虑经济效益的同时考虑生态环境效益。其中低碳发展对应着"双碳"目标，指在经济发展的同时，单位生产总值所产生的包括二氧化碳在内的各种污染物排放以及所消耗的能源及其他资源量都在不断下降。循环发展是以资源消耗的减量化、废旧产品的再利用、废弃物的再循环为基本原则，以低消耗、高效率、低排放为特征的一种经济社会发展战略。

2021 年 2 月，国务院发布《关于加快建立健全绿色低碳循环发展经济体系的指导意见》，提出"到 2025 年，产业结构、能源结构、运输结构明显优化，绿色产业比重显著提升，基础设施绿色化水平不断提高，清洁生产水平持续提高，生产生活方式绿色转型成效显著，能源资源配置更加合理、利用效率大幅提高，主要污染物排放总量持续减少，碳排放强度明显降低，生态环境持续改善，市场导向的绿色技术创新体系更加完善，法律法规政策体系更加有效，绿色低碳循环发展的生产体系、流通体系、消费体系初步形成"的目标。

具体到人们的生活，比如为提高垃圾的回收利用率，减少污染物与温室气体的排放，中国多个城市先后实行严格的垃圾分类管理制度。作为一个新兴市场，垃圾分类产业化吸引了许多行业。多个企业结合物联网技术使垃圾数据化，推出智能垃圾分类回收平台帮助居民进行垃圾回收。有的平台甚至推出了上门回收服务、代扔垃圾服务，几元至十余元不等的单价便可得到专业的垃圾分类服务。此外，垃圾分类相关的教育培训、软件开发、VR 设备租赁等相关产业也应运而生。

2015 年 7 月，在马来西亚首都吉隆坡举行的第 128 届国际奥林匹克运动委员会全体会议上北京获得了 2022 年冬季奥林匹克运动会举办权。为实现历史上首个"碳中和"的冬季奥林匹克运动会，北京冬季奥林匹克运动会围绕"绿色办奥"主题展开了碳减排与碳抵消两个方面的办赛研究及各项筹备工作。

场馆建设作为碳排放量的"大户"，是碳减排工作的重点。首先，相比于建设更多新的场馆，改造国家游泳中心、五棵松体育中心等奥运场馆可减少温室气体排放约 3 万吨二氧化碳当量。同时，北京冬季奥林匹克运动会打造的 3 个超低能耗示范建筑工程，能最大程度降低建筑供暖及供冷需求并充分利用可再生能源，实现建筑节能降耗。其中，五棵松冰上运动中心建成超低能耗示范面积 38960 平方米，由于采用了更好的围护结构，并应用了可再生能源，运行阶段预计年减排二氧化碳 2927 吨。此外，北京冬季奥林匹克运动会还考虑到了赛后场馆的可持续利用。国家跳台滑雪中心"雪如意"、首钢滑雪大跳台"雪飞天"等都成为了首都的新地标。[1]

在碳抵消方面，中国石油、国家电网、三峡集团 3 家企业以赞助核证碳减排量的形式，分别向北京冬季奥林匹克组织委员会赞助了 20 万吨二氧化碳当量的碳抵消量。同时，北京冬季奥林匹克运动会还采用了人工造林的方式增加林业碳汇，如 2016 年 1 月至 2021 年 11 月期间，张家口市 50 万亩京冀生态水源保护林建设工程约 57 万吨二氧化碳当量的碳汇量均已核算并无偿捐赠给北京冬季奥林匹克组织委员会。[2]

2. 碳市场

为促进全球温室气体减排，《京都议定书》以国际公法为依据建立了温室气体减排量交易市场。在 7 种被要求减排的温室气体中，以二氧化碳（CO_2）为最大宗，故以每吨二氧化碳当量（tCO_2e）为计算单位进行交易，称碳交易。

---

① 王秋蓉：《探索面向碳中和的绿色建筑"中国方案"——访清华大学建筑学院教授朱颖心》，载《可持续发展经济导刊》，2022 年 03 期。

② 周亚楠：《北京冬奥会排放的碳是怎么被"中和"的》，见国家能源局网站（http://www.nea.gov.cn/2022-02/18/c_1310478262.htm）。

2005 年《京都议定书》正式生效后，利用市场机制控制和减少温室气体排放的全球碳交易市场呈现了爆炸式的增长。

作为全球第二大温室气体排放国，中国被许多国家看作是最具潜力的碳减排市场，中国的政府、企业也正积极地参与全球碳交易。2009 年 8 月，天平汽车保险股份有限公司成功购买北京冬季奥林匹克运动会期间北京绿色出行活动产生的 8026 吨碳减排指标，用于抵消该公司自 2004 年成立以来至 2008 年年底全公司运营过程中产生的碳排放，成为第一家通过购买自愿碳减排量实现碳中和的中国企业。①

2011 年 10 月，国家发展改革委员会发布《关于开展碳排放权交易试点工作的通知》，正式启动我国的碳排放权交易工作。从地方试点起步，2013 年 6 月深圳率先开展交易，其后，北京、天津、上海、重庆、广东、湖北、福建先后启动碳市场交易，为全国碳市场建设运行奠定了基础。7 年的试点工作后，全国碳排放权交易市场于 2021 年 7 月 16 日正式建立。其碳排放权交易中心位于上海，碳配额登记系统设在武汉。企业在湖北注册登记账户，在上海进行交易，两地共同承担全国碳排放权交易体系的支柱责任。

由于二氧化碳排放量较大，同时管理制度相对健全，数据基础比较好，发电行业成为了首个纳入全国碳市场的行业。目前，全国碳市场覆盖的重点排放单位为 2013—2019 年任一年排放达到 2.6 万吨二氧化碳当量（综合能源消费量约 1 万吨标准煤）的发电企业（含其他行业自备电厂）。同时，全国碳市场和地方试点碳市场并存，尚未被纳入全国碳市场的企业可继续在地方试点碳市场进行交易。②

据上海环境能源交易所 2022 年 7 月 16 日发布的数据，2021 年 7 月 16 日至 2022 年 7 月 15 日，全国碳市场共运行 242 个交易日，碳排放配额（CEA）累计成交量 1.94 亿吨，累计成交金额 84.92 亿元。碳配额成交价格从首日开盘价格每吨 48 元上升至每吨 60 元左右。虽然高于市场预期，但仍远远低于欧盟市场价格以及碳定价高级别委员会提出的实现《巴黎协定》温控目标的 2020 年每吨 40—80 美元和 2030 年每吨 50—100 美元的水平。

随着中国碳市场的发展，有越来越多的企业和机构以及自愿减排的个人参

---

① 佚名：《国内自愿碳减排第一单交易在北京环境交易所达成》，见北京环境交易所网站（https://www.cbeex.com.cn/article/cgal/201010/20101000024409.shtml）。

② 王科、李思阳：《中国碳市场回顾与展望》，载《北京理工大学学报（社会科学版）》，2022 年第 24 卷 02 期。

与到碳交易市场中。由生态环境部宣传教育中心、中华环保联合会等合作成立的"碳普惠合作网络"即是对小微企业、社区家庭和个人的节能减碳行为进行量化并赋予一定价值，从而激发公众参与碳减排意愿、助力实现"双碳"目标的一种自发自愿、非营利的协作机制。这样的机制建立在数字技术的基础上，因此，有很多企业参与到技术开发的环节中，推出个人的数字碳账本。其中，绿普惠推出的"绿普惠云—碳减排数字账本"利用互联网、大数据等数字技术把公众"衣食住行游"的每一次减排行为自动汇集成个人碳账本。在碳市场成熟时，云平台记录的个人减排量将可成为个人碳资产。把无形的绿色生活方式，转化为有形的绿色价值，即是人人参与、人人受益的碳普惠机制。

（本节撰稿人：邓瑾艺　李添明）

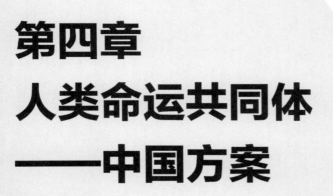

第四章
人类命运共同体
——中国方案

第一节　人类命运共同体与 "一带一路"

在经济全球化深入发展、各个国家之间关系更加紧密的 21 世纪，面对不时袭来的经济危机、气候变化和国际恐怖主义等全球性问题带来的严峻挑战，由以美国为首的西方国家主导的所谓 "战后国际新秩序" 的治理模式，越来越显现出日益明显的不适应性和治理危机。其在 2020 年突然袭来的新型冠状病毒面前所显现出的面对不稳定性和不确定性的无力感，让每一个人不得不在这无法置之度外的磨难中集体审视和反思 "世界怎么了" "我们该怎么办" 这些无比严肃的问题。而中国对此问题的坚定意志是，"推动构建人类命运共同体，实现共赢共享" [①]。

自 2013 年中国积极倡导并在外交行动中致力践行 "人类命运共同体" 这一重要理念以来，"构建持久和平、普遍安全、共同繁荣、开放包容、清洁美丽的世界"，始终是中国持续推进全球治理体系构建的要义。为以具体行动体现中国政府和人民积极推进以 "合作共赢" 为本质的新型国际关系的信心和决心，我国又提出了建设 "新丝绸之路经济带" 和 "21 世纪海上丝绸之路" 的合作倡议，即 "一带一路" 倡议。作为中国政府积极推动的新型全球治理模式和推动构建人类命运共同体的重要平台，或者说作为中国政府推动构建人类命运共同体的行动策略和实践方案，"一带一路" 倡议以 "共商、共建、共享" 为基本原则，在 "一带一路" 沿线国家和地区深刻推动了越来越大范围、越来越深层次的双边或多边合作，并正在更加深入地推进国家间、区域次区域间的互利互惠和共同繁荣。截至 2022 年 7 月底，中国已经同 149 个国家和地区、32 个国际组织签署了 200 多份共建 "一带一路" 合作文件，与 "一带一路" 沿线国家和地区的贸易总额，已累积超过 12 万亿美元。[②]

---

① 习近平：《共同构建人类命运共同体——在瑞士日内瓦万国宫出席 "共商共筑人类命运共同体" 高级别会议上的演讲》，载《人民日报》，2017 年 1 月 20 日第 2 版。

② 邱海峰：《共建 "一带一路" 取得新发展成果》，载《人民日报（海外版）》，2022 年 8 月 19 日第 3 版。

实践证明，由"一带一路"倡议所推动的国际合作，不仅为"一带一路"沿线国家和地区经济社会发展注入了强劲活力，而且也充分体现了中国积极履行作为负责任大国的历史担当。因此，"推动构建人类命运共同体"理念，相继被写入联合国大会决议和联合国安理会决议，得到了国际社会普遍认可。

一、"一带一路"建设为什么要绿色化

（一）绿色"一带一路"是生态文明思想的全球实践

2019 年，一场持续 11 个月的山火横扫了澳大利亚约 1900 万公顷土地，它不仅导致数万人流离失所，而且还使 30 亿只野生动物遭殃①，同时还向空气排放了 7.15 亿吨二氧化碳，直接影响了整个南半球的气候②。

2021 年，日本政府无视全球反对，决定将福岛核电站核污水直接排入大海，这种让全世界为其所造成的环境污染问题买单的恶劣行径，对人类社会和海洋生态造成的潜在威胁，几乎是难以估量的。

无数生动的事例表明，生态环境问题没有国界，如果再不加以解决，它终将影响整个人类的生存。因而，"面对生态环境挑战，人类是一荣俱荣、一损俱损的命运共同体，没有哪个国家能独善其身。唯有携手合作，我们才能有效应对气候变化、海洋污染、生物保护等全球性环境问题，实现联合国 2030 可持续发展目标。"③

从生态系统角度来讲，人与自然万物的生存本就是休戚相关的。地球系统的整体性和相关性决定了包括人类在内的生物圈是一个命运共同体。自古以来，中国人民在面对人与自然的关系问题上，就始终追求着人与自然共生共融的理想状态，而"天人合一"和"道法自然"的思想，便从根本上道出了人与自然是一体化构建的和谐共生关系本质。但随着经济社会的发展和工业化进程的加速，中国的环境问题也逐渐累积并显现出来。保护环境，实现可持续发展和建设生态文明强国的思想累进，恰恰体现我国对此问题不断思考、探索和

---

① Van Eeden L, Nimmo D, Mahony M, et al. Australia's 2019—2020 Bushfires: The Wildlife Toll. *Australia*: WWF, 2020.

② Van Der Velde I R, Van Der Werf G R, Houweling S, et al. Vast CO2 release from Australian fires in 2019—2020 constrained by satellite. *Nature*, 2021, (597): 366 – 369.

③ 习近平：《共谋绿色生活，共建美丽家园——在 2019 年中国北京世界园艺博览会开幕式上的讲话》，载《人民日报》，2019 年 4 月 29 日。

变革的精神历程。

在 1983 年 12 月召开的第二次全国环境保护大会上，环境保护便被确定为了一项基本国策。随着环境保护战略方针逐步推进，中国的环保事业便始终处在不懈努力的征程上。从邓小平理论，到"三个代表"重要思想和科学发展观，再到习近平生态文明思想，改革开放 40 多年中，我国始终在建设资源节约型和环境友好型社会的可持续发展道路上一路前行。而今，坚持在发展中保护、在保护中发展的生态文明思想早已深入每一个中国人的内心，而中国的环境保护政策也在不断建立健全完善并持续走向法治化的过程中。

可以说，中国对绿色发展方式的持续探索和不懈努力，已经或正在为全球生态环境治理贡献智慧和可借鉴的方案。党的"十八大"以来，尤其是"十八届三中全会"以来，以转变发展方式为主题，绿色发展和生态文明建设被摆在了党和国家事业前所未有的战略高度和突出位置，推进力度与日俱增。在许多重大国际国内场合，习近平同志都坚持马克思主义立场、观念、方法，秉承人与自然共融共生的中华传统生态思想，立足"人与自然是生命共同体"理念，以推动构建人类命运共同体为目标，倡导世界各国聚集合力，共同面对和解决环境恶化给人类生存和发展带来的威胁和挑战，并在生态文明思想主导下，赋予"一带一路"建设以绿色发展内涵。事实上，习近平同志所倡导的坚持"一带一路"建设绿色化思想，与联合国倡导和坚持的包容、公平、可持续以及人与自然和谐相处等目标高度契合，这无疑是"一带一路"倡议获得国际社会积极回应和广泛参与的重要原因。推动构建人类命运共同体，推动绿色"一带一路"建设，在本质上就是在尊崇自然的前提下推动绿色发展，以实现联合国《2030 年可持续发展议程》目标。[①] 以"一带一路"建设为载体，在"一带一路"沿线国家和地区展示和传播的绿色发展中国思想、智慧、策略、方案，不仅推动了生态文明建设，而且在与"一带一路"沿线国家和地区的人民携手合作的过程中，共同解决生态环境问题，使国际社会广泛受益。

（二）绿色"一带一路"是沿线国家和地区发展的共同诉求

"一带一路"沿线国家和地区大多数是发展中国家并处在发展与生态保护两大价值的博弈期。

---

① 周国梅，史育龙，阿班·马克·卡布拉基等：《绿色"一带一路"与 2030 年可持续发展议程：有效对接与协同增效》，中国环境出版集团，2021 年。

从区域生态环境状况来看，贯穿欧亚大陆的"一带一路"沿线国家和地区数量众多，虽然蕴藏着丰富的矿产资源，可向世界提供 57.9% 的石油、54.2% 的天然气和 70.5% 的煤炭，但发展却极不平衡，而且生态环境相对脆弱，其一旦遭受较为强烈的人为干预和破坏就将很难恢复，因而都不同程度地面临着多重生态环境问题交织的发展困境。例如，"丝绸之路"经济带主要覆盖中亚和中东地区，这里气候干旱，降水稀少，荒漠化问题突出，水资源短缺且水污染比较严重，此外还面临大气污染、土地退化以及土壤污染等环境问题。而与之相对的则是其生态治理能力普遍不足，难以单独应对生态环境问题的严峻挑战。从反映自然保护水平的自然保护区拥有量来看，"一带一路"沿线国家和地区人均保护区面积为 1.12 公顷/人，仅为世界平均水平的一半；从可再生能源的利用能力来看，"一带一路"沿线国家和地区的可再生能源占总能源比重的 17.5%，也低于 18.12% 的世界平均水平。但"一带一路"沿线一些国家和地区的生态环境保护的有些法律法规和技术标准，甚至比中国还要严格。例如，东盟多国水中重金属控制标准比中国高，俄罗斯的 1000 多项水质标准中，有些甚至比中国的高出 2000 多倍。[1] 因而，提高"一带一路"建设的绿色化水平，加强生态环境和自然资源保护，是共建"一带一路"的题中应有之义。

从区域发展模式角度来看，"一带一路"沿线国家和地区所面临的可持续发展问题相对比较突出。"一带一路"沿线国家和地区，覆盖了全球超过 64% 的人口和 30% 的 GDP。对于"一带一路"沿线国和参与国中的大部分发展中国家来说，经济发展是基本任务，可持续发展是目标导向。从经济发展结构来看，沿线各国发展水平参差不齐，有的是落后农业国，农牧、渔业、林业为其主要经济支柱，工业不发达；还有相当一部分国家处于向工业化转型的过渡时期，大力发展工业是其不二选择。因此，这些国家的农业和工业增加值的比重明显高于世界平均水平，经济发展对自然条件和资源能源的依赖性较大。从经济发展方式来看，不少沿线国家油气、矿产等消耗比重大，发展方式比较粗放。虽然 2015 年共建"一带一路"国家和地区的碳排放总量仅占全球碳排放总量的 28%，但如果这些国家继续沿用传统发展方式，那么在全球其他国家及地区均实现"2℃温升目标"所要求的减排量的前提下，到 2050 年，则这一比例将提升至 66%。生态环境的不断恶化，最终必将会成为这些国家和地

① 国冬梅，涂莹燕：《"一带一路"建设环保要求与对策研究》，中国环境出版社，2014 年，983－988 页。

区经济社会发展的严重阻碍。而由以美国为首的西方国家所主导的漠视发展中国家基本生存权、发展权的所谓"后现代"环保理念，则从根本上导致了全球生态治理体系低效率和碎片化，其几乎无助于"一带一路"沿线国家和地区改善生态环境、实现可持续发展。因此，我们必须清醒地意识到，西方国家"先破坏、再治理"的道路已经行不通了，所以包括"一带一路"沿线国家和地区在内的一切发展中国家，必须走出一条依靠绿水青山和自然资源禀赋的绿色发展之路。而建设绿色"一带一路"，正是要让"一带一路"沿线国家和地区，通过积极有效合作，共同突破发展困局，探索出一条切实可行的可持续发展之路，① 推动经济社会发展方式转型，全面实现经济社会发展目标。

（三）推进绿色"一带一路"建设是顺应绿色发展趋势的大国担当

"五通"，即政策沟通、设施联通、贸易畅通、资金融通和民心相通，是"一带一路"建设的主要内容。其中完善以经济走廊为基础的多维度基础设施网络，不仅是"一带一路"建设的优先领域，而且也是许多发展中国家的发展瓶颈。所谓"要致富，先修路"，在"一带一路"倡议下，加速建设交通、水利和能源等基础设施，可极大地增强沿线国家和地区之间的连通性，改善沿线各国人民的生活物质保障，为国际贸易和经济发展提供平稳、良好的环境。中央财经大学绿色金融国际研究院的研究报告显示，在 2013 - 2020 年，中国对"一带一路"沿线国家和地区的投资约为 7550 亿美元，其中能源和交通领域分别占 39% 和 25%，② 这无疑表明基础设施是中国在"一带一路"倡议框架下的主要投资领域。由此而引发的，是国际社会对"一带一路"项目建设给气候变化和生物多样性可能带来的负面影响的种种担忧。③

"一带一路"沿线国家和地区，包含了 36 个全球公认的生物多样性热点地区中的 27 个④，主要集中在东南亚、中印缅交界处与欧洲（图 4 - 1）。这些地区通常是物种多样化程度高度集中且由自然或人为因素造成了生境丧失和破

① 李丹，李凌羽：《一带一路"生态共同体建设的理论与实践》，载《厦门大学学报（哲学社会科学版）》，2020 年第 03 期。

② Nedopil Wang C B. China's Investments in the Belt and Road Initiative （BRI） in 2020. *Beijing：Green BRI Center，International Institute of Green Finance* （IIGF），2021.

③ Narain D，Maron M，Teo H C，et al. Best-practice biodiversity safeguards for Belt and Road Initiative's financiers. *Nature Sustainability*，2020，（3）：650 - 657.

④ Liu X，Blackburn TM，Song T J，et al. Risks of biological invasion on the Belt and Road. *Current Biology*，2019，29（3）：499 - 505.

碎化严重的区域。2017 年 5 月，世界自然基金会（World Wide Fund for Nature，WWF）估计，"一带一路"六大经济走廊与 265 个受威胁物种（其中包括 81 个濒危物种和 39 个极危物种，如赛加羚羊、虎和大熊猫等）的栖息地、1739 个重要鸟区（Important Bird Area，IBA）和 46 个生物多样性热点区域或全球 200 重点生态地区（Global 200 Ecoregions）存在交集。① 这些重叠之处也是在"一带一路"建设过程中进行生物多样性保护的重点区域。此外，基础设施投资的不断扩大可能会加剧某些国家所面临的生物多样性风险。2019 年的一项研究表明，"一带一路"基础设施的建设可能危及"一带一路"沿线分布的 4318 种动物和 7371 种植物。② 具体来说，基础设施开发，尤其是公路、铁路等"线性基础设施"，常常会直接导致建设地区周围动植物栖息地的破坏，造成栖息地破碎化，将连片的栖息地分割成相对较小且分散的"孤岛"，导致生物丧失扩散和建立稳定种群的机会，使生物种群数量减少，最终濒临灭绝。除此之外，公路、铁路的修建还会让盗猎、盗采活动以及生物入侵变得更加容易，同时也会增加野生动物意外死亡的几率（例如被公路上来往的车辆撞死），进一步威胁建设地区野生动植物的生存。

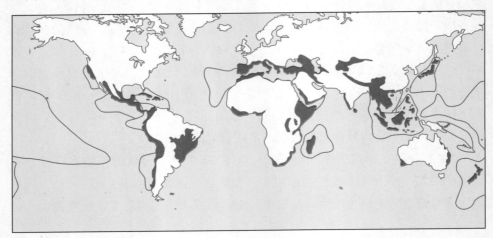

图 4-1　全球生物多样性热点地区（来源：DATA BASIN；制图：成都地图出版社有限公司）

---

① Li N & Shvarts E. The Belt and Road Initiative：WWF Recommendations and Spatial Analysis. *WWF*, 2017.

② Hughes Alice C. Understanding and minimizing environmental impacts of the Belt and Road Initiative. *Conservation Biology*, 2019, （33）：883-894.

从世界各国发展历史来看，环境问题和生态问题的出现与工业化进程高度相关。这些问题中有的可逆（如大气污染），有的不可逆（如物种灭绝），同时也会反过来对经济发展产生制约。而且自然受到的影响通常具有时间滞后性，即在多年后才会反映出问题和损失，而与之相应的则是对其进行恢复的成本、时间和难度的成倍增加。比如在美国西部大开发时期，由于"征服自然""文明战胜野蛮"的观念占据了主导地位，因而其对资源的掠夺式开发，直接造成了严重的生态失衡。而在运河开凿和交通革命兴起以后，汽车和铁路的空前发展，更是使木材资源以惊人的速度被摧毁，其中仅铁路一项就消耗了木材产量的 20%—25%。① 中国与"一带一路"沿线国家和地区在基础设施建设领域的合作，主要集中在铁路、港口、码头、公路等方面，这些项目的建设需要耗费大量资源和能源，特别是在建设项目与生物多样性重要区域重叠的情况下，如果管控不当的确会造成资源浪费、污染物排放和生态破坏等实际环境问题。因此，绿色建设和高质量发展是"一带一路"建设重点关注方向。另外，自 1972 年联合国人类环境会议召开以来，不断增强的可持续发展和环境保护意识，早已使得绿色发展与低碳复苏成为国际社会的普遍共识和一致行动。因而，必须在顺应可持续发展时代潮流的前提下，推动"一带一路"沿线国家和地区的绿色发展，实现经济社会发展方式的全面转型，彰显负责任大国的历史担当，回应国际社会的现实关切。

二、推进"一带一路"绿色发展和加强生物多样性保护的中国行动

（一）完善绿色"一带一路"顶层设计，为绿色发展多边合作提供保障

"一带一路"作为推动构建人类命运共同体的重要抓手，自提出伊始就一直坚持绿色发展理念。在过去近十年的"一带一路"高质量发展过程中，相应的绿色发展政策框架不断细化、丰富和完善，让绿色成为高质量共建"一带一路"的鲜明底色，其发展历程大致可归纳为萌芽阶段、起步阶段、探索

① 张准，周密，宗建亮：《美国西进运动对环境的破坏及其对我国西部开发的启示》，载《生产力研究》，2008 年第 22 期。

阶段和成熟阶段 4 个阶段①：

萌芽阶段：2013 年，商务部和原环境保护部联合发布了《对外投资合作环境保护指南》，对中国企业在对外投资合作中的环境行为规范问题提出了初步要求，以期引导中国企业在国际上积极履行环保社会责任。

起步阶段：2015 年 3 月，国家发展改革委员会等部门在其发布的《推动共建丝绸之路经济带和 21 世纪海上丝绸之路的愿景与行动》中，首次明确提出了"共建绿色丝绸之路"的理念，其中明确要求在投资贸易中要突出生态文明理念、加强生态环境、生物多样性和应对气候变化合作，并在鼓励企业参与"一带一路"沿线国家和地区基础设施建设和产业投资活动的同时，明确要求相关企业主动承担社会责任，严格保护生物多样性和生态环境。这些无疑充分显示了中国政府对"一带一路"沿线国家和地区生态环境问题的重视程度。2017 年 4 月，中国政府在其发布的《关于推进绿色"一带一路"建设的指导意见》中再次提出，绿色"一带一路"建设是分享生态文明理念、实现可持续发展的内在要求，是参与全球环境治理、推动绿色发展理念的重要实践，是服务打造利益共同体、责任共同体和命运共同体的重要举措，并进一步要求相关企业将生态环保理念融入"一带一路"建设的各方面和全过程。与此同时，原环境保护部制定的《"一带一路"生态环境保护合作规划》，详细部署了"一带一路"生态环境保护方面的重点工作，为"一带一路"建设过程中的生态环境保护擘画了一张宏伟的时代蓝图。

探索阶段：自中国与 29 国共同发起"一带一路"绿色发展伙伴关系倡议开始，绿色"一带一路"建设进入"快车道"。2021 年 7 月，生态环境部和商务部发布的《对外投资合作绿色发展工作指引》开创性地提出了鼓励企业"遵循绿色国际规则""参照国际通行做法"的要求，这实际上标志着我国共建绿色"一带一路"的顶层设计进入了超越东道国原则、与国际通行标准接轨的新阶段。2022 年 1 月，商务部和生态环境部再次印发的新版《对外投资合作建设项目生态环境保护指南》，又在已有的对外投资环境保护引导政策的基础上，增强了对于国际通行标准认可方面的内容，并在应对气候变化和生物多样性保护方面提出了新的要求，理顺了项目生命周期管理流程，细化了对境外投资合作建设项目实施各阶段以及各重点行业的具体指导。

成熟阶段：2022 年 3 月，国家发展改革委员会等部门出台《关于推进共

---

① 汤盈之：《解读｜绿色渐成"一带一路"的鲜明底色》，载《环境与生活》，2022 年第 06 期。

建"一带一路"绿色发展的意见》，进一步明确了推进共建"一带一路"绿色发展的重点任务，提出了"到 2025 年，共建'一带一路'绿色发展取得明显成效"和"到 2030 年，共建'一带一路'绿色发展格局基本形成"的目标任务。至此，中国建设绿色"一带一路"的政策框架在总体上已经更加充实、更加完善，从而使绿色"一带一路"建设从谋篇布局的"大写意"转入精谨细腻的"工笔画"，推动绿色"一带一路"建设实践活动的新阶段。

（二）提高项目建设绿色化水平，系统性防范生态环境风险

"一带一路"倡议实施以来，中国的对外直接投资是否导致并加剧了相关国家和地区的环境破坏一直是国际社会广泛关注的重要问题。在历史上，为了降低国内较高的环境补偿成本，部分发达国家更愿意通过对外国直接投资并将污染产业或夕阳产业转移到环境法规相对不严、标准相对不高的发展中国家，从而在一定程度上加剧了发展中国家的环境污染问题。而中国在深化与"一带一路"沿线国家和地区的合作时，若将经济发展与环境保护两者关系处理不当，就很可能使东道国可持续发展进程陷入缓滞甚至恶化状态，我国的国家利益与形象也将严重受损。因此，中国在深化"一带一路"项目建设过程中，始终在强化并致力于从各方面践行绿色"一带一路"理念原则，持续推进了"一带一路"建设项目的绿色发展。

从推动绿色基础设施建设情况来看，中国在"一带一路"建设过程始终将推进沿线国家和地区的绿色低碳转型作为首要目标。例如能源领域，中国在可再生能源方向上的投资比例逐年增加，而在传统能源方向上的投资比例逐年减少，帮助东道国建设了大量太阳能、风能等可再生能源项目，在很大程度上加速了东道国向高效、清洁、多样化能源供给方向的转变。美国企业公共政策研究所（AEI）发布的数据显示，2020 年上半年，中国在"一带一路"国家和地区投资的可再生能源项目占比，已超过化石能源项目。[①] 2021 年 9 月，习近平主席在第七十六届联合国大会一般性辩论上宣布，中国将不再新建海外煤电项目，大力支持发展中国家能源绿色低碳发展。而中国的海外"退煤"行动，无疑将对全球能源转型的加速演进起到了重要的推动性作用。

在防范生态环境风险方面，环境影响评价是国际上公认的，也是中国积极推动可持续发展的重要环境管理工具。建设项目环境影响评价是指事先对拟建

---

① Nedopil Wang C B. China's Investments in the Belt and Road Initiative（BRI）in 2020. *Beijing：Green BRI Center，International Institute of Green Finance（IIGF）*，2021.

项目可能造成的环境影响进行分析论证并在此基础上提出防范措施和对策的一个必要过程，它对于推动绿色"一带一路"项目建设具有十分重要的意义。此前中国投资者的常规做法是遵守其投资目的地的相关法律，而《"一带一路"重点区域（国家）环境影响评价体系研究报告》则认为，在巴基斯坦和孟加拉等国家和地区，有关环境影响评价的法律法规相对较少，环境影响评价技术所覆盖的行业相对狭窄，执行规范相对欠缺，环境保护标准相对"宽松"。① 因此，在推进绿色"一带一路"项目建设过程中，中国与东道国对在建项目的共同监管，执行了对接国际标准的环境保护规则。这一会同东道国联合制订和执行既对标国际标准，又适应当地自然和社会经济发展条件的做法，不仅系统性地防范了项目建设的生态环境风险，也提升了东道国的生态环境风险防范意识，推动了东道国的相关法律法规和制度建设。② 目前，由国内外研究机构共同开发的中国境外投资项目环境风险快速评估工具（ERST），已可在项目开发的早期阶段对其可能造成的生物多样性问题和环境资源潜在影响作出评估建议，从而大大增强了对项目环境风险和社会风险识别和管理的能力和效率。③

与此同时，通过规划、设计和建设、管理绿色"一带一路"项目，中国企业的环境保护社会责任意识也在不断增强。而以生态文明思想为主导，加强与当地政府、企业、社区合作并结合当地实际情况，优化设计方案和施工方案，采取多种多样环境保护措施，严格控制各类污染物的做法，对物种和生态系统的就地保护起到了积极的推动作用，取得了良好的生态效果。比如在西非几内亚湾的加纳，中交集团承建的加纳特码新集装箱码头项目工程，就是一个有名的生态环保工程。

该项目施工区域的沙滩，正是当地保护的海龟在西非的主要产卵地之一。考虑到项目施工地的推进可能对海龟原有的孵化沙滩产生一定影响，为确保海龟的正常繁殖，保持施工范围内现有生态平衡，项目施工方决定对海龟进行就

① 李巍，毛显强，周思杨等：《"一带一路"重点区域（国家）环境影响评价体系研究报告》，见自然资源保护协会（http://www. nrdc. cn/Public/uploads/2019 – 04 – 24/5cbfd70c37eed. pdf）。

② Ascensao F, Fahrig L, Clevenger A P, et al. Environmental challenges for the Belt and Road Initiative. *Nature Sustainability*, 2018, （1）：206 – 209。

③ 周国梅：《推动共建绿色"一带一路"凝聚全球环境治理合力》，载《丝路百科》，2021 年第 01 期。

地保护，而这对于项目建设者而言，无疑是一项全新的挑战。通过与加纳环保局、林业局、野生动物保护司及渔业委员会的多方沟通，项目找到加纳野生动物保护协会（GWS），请其选派专业人员到项目施工现场进行海龟保护工作指导。通过现场考察及多方沟通并在技术专家指导下，项目建设者选择了一块特定区域，模仿海龟孵化环境建立一个"海龟孕育中心"并由技术专家培训了一批人员从事海龟保护监测工作，同时将施工红线以内及周边较近沙滩的海龟蛋收集起来放到孵化池内统一照看，集中孵化，然后在经技术专家评估后将孵化的小海龟统一放生。至 2019 年 6 月 1 日，项目部共收集海龟蛋 15255 枚，孵化小海龟 11114 只，孵化率达 86.8%，这一数值远超过了自然条件下海龟蛋的孵化率。[1]

（三）加强区域合作，共筑保护合力

从《生物多样性公约》秘书处发布的世界生物多样性国家报告来看，资金、人才、科研条件匮乏，是目前许多"一带一路"沿线国家和地区生物多样性基础数据匮乏、科学研究滞后、保护工作不尽如人意的主要原因。不同国家和地区语言、文化、政体不同，科研实力差距大，经费支持不足，客观上加大了国际科技合作和跨区域生物多样性考察的难度。有基于此，中国在推动绿色"一带一路"项目建设过程中，始终高度重视生物多样性保护合作交流平台建设，致力于分享生物多样性保护的先进经验和技术。在 2019 年举办的第二届"一带一路"国际合作高峰论坛上，中国正式成立了"一带一路"国际绿色发展联盟，搭建了"一带一路"绿色发展合作平台。迄今为止，已有来自 40 多个国家的约 150 个合作伙伴加入了该联盟。"一带一路"绿色发展联盟包括 10 个主题的伙伴关系，其中之一就是生物多样性和生态系统管理伙伴关系。为了推动环境保护信息共享，中国还建设了"一带一路"生态环保大数据服务平台，集成 30 余个国家的国别基础数据、法规标准、环境政策、技术产业、案例分析等内容，汇集了 30 个国际权威公开平台的 200 余项指标数据，为全球 190 余个国家和地区的政府、企业、团体和个人提供了数据服务和决策支持。

此外，中国还在 2016 年实施了"绿色丝路使者计划"。这项起源于 2011

---

① "一带一路"绿色发展国际联盟、生态环境部对外合作与交流中心：《"一带一路"绿色发展案例报告（2020）》，见"一带一路"绿色发展国际联盟网站（http://www.brigc.net/zcyj/yjkt/202011/P020201129755133725193.pdf）。

年"中国—东盟绿色使者计划"的计划，是中国生态环境部在绿色"一带一路"倡议下，通过环保能力建设、产业合作对接等活动，分享中国社会与经济发展成果，推动区域生态环境保护合作，促进区域可持续绿色发展，共建绿色"丝绸之路"的环保能力建设旗舰项目。目前，该计划先后为120多个共建国家培训环保官员、专家和技术人员2000余人次，其中涉及生物多样性的培训达600多人次，包括了中国的首个野生动物保护技术援助项目——蒙古国戈壁熊保护技术援助项目。戈壁熊（*Ursus arctos gobiensis*）被誉为蒙古国"国熊"，是棕熊的一个亚种和全球唯一生存于沙漠戈壁地区的熊类（图4-2）。调查显示，2010年仅有21-33头戈壁熊分布于蒙古国大戈壁保护区A区，处于极度濒危状态的边缘。[①] 2013年10月，戈壁熊保护合作被列入中蒙两国《战略伙伴关系中长期发展纲要》。经过一系列准备，2018年4月，中蒙两国正式签订《蒙古国戈壁熊保护技术援助项目实施协议》。该项目由中国无偿提供资金，协助蒙古国开展一系列戈壁熊保护调查和研究，并负责培训保护区技术人员和管理人员，提供专用设备。在中国的技术支持和中蒙两国专家的共同努力下，极度濒危动物戈壁熊的种群数量已达到51只，从而摆脱了濒临灭绝的危机。[②]

图4-2　戈壁熊（供图：中国林业科学院森林环境与森林保护研究所）

---

① Tumendemberel O, Proctor M, Reynolds H, et al. Gobi bear abundance and movement survey, Gobi desert, Mongolia. *Ursus*, 2015, 26（2）：129 - 142.

② 霍文：《中国援蒙戈壁熊保护项目取得阶段性成果》，见人民网（http://world. people. com. cn/n1/2020/0306/c1002 - 31621042. html）。

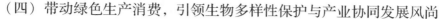

（四）带动绿色生产消费，引领生物多样性保护与产业协同发展风尚

促进"一带一路"沿线国家和地区的文化交流和文明互鉴，推动民心相通，是"一带一路"倡议所确立的"五通"之一。如习近平主席所说，"民心相通是'一带一路'建设的重要内容，也是关键基础"。实事上，"一带一路"建设，为全方位看世界打开了窗口，它不仅以实体线性交通设施联系着各国，而且也使得各国在科学、教育、文化、卫生、民间交往等方面有了更紧密的联结管道。例如，通过"一带一路"这个窗口，小小的松子就成为了中阿两国人民心连心的纽带。中国与阿富汗两国围绕"松子空中走廊"的建设，不仅将阿富汗的松子带入中国千家万户，而且还为战后的阿富汗人民带来了实实在在的经济收益。"一带一路"还使中医药成为了连接人类卫生健康共同体的一个重要纽带，使其在抗击新冠肺炎病毒疫情过程中发挥积极作用的同时，极大地刺激了国外对中医药的认知和需求。据统计，2016—2017 年间，出口到"一带一路"沿线国家和地区的中药材及其他相关产品的销售额猛增了 54%，达到了 2.95 亿美元。[1]

其中需要注意的是，原油、铁矿石、大豆等大宗商品的全球绿色价值链，对实现可持续发展目标尤为重要。虽然其中的一些大宗商品，如林产品、大豆、棕榈油、棉花、海产品等在中国国际贸易中的份额并不大，但其对地球资源环境却有较大影响。"一带一路"建设，恰好为全球大宗商品市场提供了巨大的需求刺激。[2] 这些基础原材料类大宗商品需求的增加和非法生产获取，不仅是地球资源压力的主要来源，而且还可能对当地自然资源和生物多样性造成潜在危害。以中医药为例，中国的一些制药企业计划将一些采购和生产部门转移到东南亚和非洲的"一带一路"消费市场国，以降低运输成本，增加供应量。虽然有的中药材确实由养殖业供应，例如麝香从养殖的麝属动物（*Moschus* spp.）体内提取，但是占中药材约 80% 的药用植物中估计有 70% –90% 是从野外采集的。在一个国家内部采购和供应，可能使得中医药的贸易和消费的可持续性和合法性脱离《濒危野生动植物种国际贸易公约》（CITES）的监督。因为该公约的规定只适用于国际贸易，而部分"一带一路"沿线国家和地区的法律无法对本国物种的利用实施有效监管，由此而会导致一些物

———————————

[1] Cyranoski D. Why Chinese medicine is heading for clinics around the world. *Nature*, 2018，（561）：448–450.

[2] 中国民主促进会中央委员会：《构建大宗商品的全球绿色价值链　推进绿色"一带一路"建设》，载《民主》，2017 年第 09 期。

种，尤其是一些未曾受到贸易威胁的物种可能受到威胁。① 因此，构建大宗商品全球绿色价值链的意义极其深远。

发展大宗产品可持续供应链以阻止毁林并保护生物多样性，不仅符合生态文明建设和建设"绿色丝绸之路"倡议的要求，而且也是实现联合国可持续发展目标的必由之路。随着绿色"一带一路"建设的深入发展，作为全球价值链分工的重要参与者，中国在推进绿色贸易发展，促进可持续生产和消费，构建大宗农牧业商品可持续供应链平台方面都积累了一定的经验并取得了一些积极成果。2017 年 5 月，中国政府发布的《关于推进绿色"一带一路"建设的指导意见》中强调，"加强绿色供应链管理，推进绿色生产、绿色采购和绿色消费，加强绿色供应链国际合作与示范，带动产业链上下游采取节能环保措施，以市场手段降低生态环境影响"。在大宗产品生产与流通环节，中国同各利益相关方搭建了大宗产品供应链绿色转型平台，以期促进行业上下游进行集中交流，鼓励参与者做出绿色价值链的承诺。以棕榈油可持续生产和消费为例。与大豆油和菜籽油相比，棕榈油因其诸多积极特性及低廉价格而广受消费者青睐，从包装食品到洗护用品、化妆品再到生物燃料，都有棕榈油的身影。在过去的十多年中，美国和欧洲为了减少本国碳排放而大力推广源自植物油的生物柴油，一度导致对棕榈油这种便宜原料的需求直线上升。新老需求的叠加，直接导致主产国印度尼西亚和和马来西亚的热带森林被加速砍伐，以给油棕种植园让路（图 4-3）。而今，中国已经成为棕榈油第二大进口国和第三大消费国，且其中 98% 以上的棕榈油来自印度尼西亚和马来西亚。② 因此，有必要推进棕榈油等大宗农牧业商品供应链的可持续性，助力原产国实现零毁林和生物多样性保护目标。2018 年，在中国可持续棕榈油供应链论坛暨第二届RSPO 中国论坛上，世界自然基金会（WWF）携手中国食品土畜进出口商会（CFNA）和可持续棕榈油圆桌倡议组织（RSPO）共同启动了"中国可持续棕榈油倡议（CSPOA）"。中国政府支持和倡导在充分促进需求方和产地方相互交流、增进了解的基础上，增强相关行业可持续发展的内生动力。而同时发布的《中国企业可持续棕榈油采购指南》，也为引导企业和公众在生产、采购、

---

① Hinsley A，Milner-Gulland E J，Cooney R，et al. Building sustainability into the Belt and Road Initiative's Traditional Chinese Medicine trade. *Nature Sustainability*，2020，(3)：96 - 100.

② 曹娜：《当前我国棕榈油进口快速增长的原因分析》，载《中国油脂》，2020 年第 45 卷第 11 期。

消费等棕榈油的各个环节提供指导，提升可持续发展意识和能力建设，并协助绿色金融政策调整，全方位推动供应链的绿色转型。①

图4－3 马来西亚婆罗洲热带雨林边缘的油棕种植园（供图：Scnora）

（本节撰稿人：巫金洪 李添明）

第二节 山水林田湖草冰沙与生态治理

一、矿业废弃地生态修复的中国方案——直接植被技术

矿业废弃地是指因采矿活动所破坏的，非经治理而无法使用的土地。矿业废弃地包括排土场、尾矿、废石场、采矿区和塌陷地等。不同类型废弃地成因

---

① "一带一路"绿色发展国际联盟."一带一路"生物多样性保护案例报告，见"一带一路"绿色发展国际联盟网站（http://www. brigc. net/zcyj/bgxz/2021/202110/P020211025594625270491. pdf）。

均不同，主要类型的成因包括，由剥离表土堆积而成的排土场废弃地；由采出的矿石经选出精矿后产生的尾矿堆积形成的尾矿废弃地；由开采的岩石碎块和低品位矿石堆积形成的废石场废弃地；由矿体采完后留下的采空区和塌陷区而形成的采矿坑和塌陷地废弃地；还有包括采矿作业面、机械设施、矿山辅助建筑物和道路交通等先占用后废弃的土地。对于有色金属矿山的各类型废弃地，尾矿是矿业废弃地危害严重的类型和重点生态修复对象。尾矿是指矿山企业在选矿完成后排放的废渣矿渣，多以泥浆形式外排，日积月累形成尾矿库。尾矿库占地面积大，而且极具安全隐患，在和空气和水接触后容易酸化，并引起周边环境土壤和水体的重金属污染。

重金属矿业废弃地的生态修复是我国生态环境保护与生态文明建设的重大战略需求。据原国土资源部《国土资源"十二五"规划中期评估报告》，我国矿山累计损毁土地达 300 万公顷，治理率仅为 26.7%，远低于国际矿山复垦率 70%。全国土壤总点位超标率高达 16.1%，以重金属污染为主的无机污染占超标点位的 82.8%，重金属矿业废弃地是环境重金属污染的主要源头（贡献率超过 50%）。重金属矿业废弃地的污染对区域景观、土地资源、水环境、生态多样性等产生巨大影响并危及人类健康，影响区域可持续发展。因此，国务院于 2016 年 5 月 28 日发布的《土壤污染防治行动计划》中，明确提出要"加强污染源监管，做好土壤污染预防工作""严防矿产资源开发污染土壤"。2018 年《中华人民共和国宪法修正案》首次将生态文明写入宪法，绿色矿山建设被上升为国家战略。2018 年 8 月 31 日，全国人民代表大会通过的《中华人民共和国土壤污染防治法》，将重金属矿业废弃地的生态修复与源头控制重金属污染予以立法保障。由此可见，重金属矿业废弃地的生态修复对我国生态环境保护、生态文明建设、筑牢国家生态安全屏障具有重大的战略意义。

国际上现有的两种重金属矿业废弃地修复方法（表土复原、隔离方法）有着重大的局限性。在欧美发达国家，重金属矿业废弃地的生态恢复工程通常以表土复原为基础，但该方法只适用于未开采或开采中的矿山，对于历史遗留的废弃地完全无效，而历史遗留的重金属矿业废弃地则是中国主要的矿业废弃地类型（占80%以上）；隔离方法不仅费用过高，而且还伴随着从其他区域取土导致的二次生态破坏等问题，原先土壤中的酸性重金属物质过一两年就会向上渗入到覆土中，这也导致了矿山复绿"一年青，二年黄，三年死光光"的难题。因此，探索经济有效、环境友好的重金属矿业废弃地自然生态修复技术是国际相关领域技术发展的必然趋势和要求。

如何更好地吸取国外修复方面的经验来应对中国的矿山修复问题？围绕重金属矿业废弃地直接植被技术这一重大科学和应用问题，华南师范大学束文圣教授领衔的生态学创新团队开展了近20年的重金属矿业废弃地生态修复核心理论与技术的系统研究，建立了在国际上独树一帜、具有完全自主知识产权的"重金属矿业废弃地直接植被技术"体系。束文圣教授是广东凡口矿和大宝山矿等有色金属矿山生态修复的主要技术提供者，其技术主要应用于有色金属矿山产生的酸性重金属土壤、废水的治理及其生态修复，利用微生物和畜禽粪便等来改善土壤，并抑制产酸菌，再种植相应的植物群落组合后，达到根治矿山酸性重金属土壤的目的。通过物理、化学、生物的方法，把土壤的性状彻底改变了，重金属最终成为了固体固定在了原地，无法溶解于水，这样重金属酸性废水就不会再通过降雨危害到矿区以外的地方。中国的矿业废弃地种类多样，分布地区广泛，目前对于矿业废弃地的两种典型场地修复思路是：①对于排土场以植被恢复为主的重金属矿业废弃地，主要通过开展以耐性植物生态配置模式为主体的排土场植被恢复技术，集成土壤生物多样性与植物多样性协同作用的生态恢复技术，以确定重金属矿业废弃地生态恢复阈值与相应的生物评价指标体系为修复方案的关键点；②对于尾矿库以植被稳定为主的重金属矿业废弃地，主要通过开展以尾矿重金属钝化为主体的尾矿库植被稳定技术，建立起稳定、安全、自维持的植被生态系统，解决重建生态系统的安全性和稳定性问题。

重金属矿业废弃地的直接植被技术是一项重大技术挑战，也是国际学术前沿。直接植被技术不依赖于覆土和各种工程措施，而是通过纯自然方法进行调控、原位基质改良与植被重建，从而实现快速演替成近自然的矿业废弃地的生态修复目的。[①] 其重大应用价值在于，直接植被技术经济、环保、自然、有效，对于中国300万公顷矿业废弃地的生态修复具有举足轻重的意义。但重金属矿业废弃地的重金属毒性高、废弃物酸化导致的极端酸性、养分低、土壤物理结构不良都是直接植被技术的重大障碍，也是国际公认的生态修复领域的重大挑战。[②] 束文圣教授建立了这一套重金属矿业废弃地直接植被技术体系既不需要表土复原也不需要覆土隔离，却改变了重金属矿业废弃地生态修复行业格

---

① Yang S, Liao B, Yang Z, et al. Revegetation of extremely acid mine soils based on aided phytostabilization：A case study from southern China. *Science of The Total Environment*，2016，（562）：427 –434.

② Dobson A P, Bradshaw A D, Baker A J M. Hopes for the future：restoration ecology and conservation biology. *Science*，1997，277（5325）：515 –522.

局，可以长期有效地控制废弃物酸化与重金属污染，从根本上改变土壤性状，最终形成植物群落自然循环生长地，有了植物根系牢牢抓住土壤，矿山的水土流失问题也就得到了很好的解决。[①] 而且，该技术成本相比传统方法降低50%以上，且生态环境效益显著，修复效果立竿见影，是一种适合我国国情、可以大面积推广应用的矿业废弃地生态修复技术，对于建设美丽中国，促进我国生态文明建设及经济社会可持续发展具有重要意义。该技术先后在广东大宝山矿业有限公司铜矿、江西铜业股份有限公司德兴铜矿、城门山铜矿、永平铜矿等多个国有大型矿业企业进行技术成果的产业化应用，目前推广应用面积超过1000万 m^2，并获得了2019年度广东省科技进步一等奖。

（一）直接植被技术的主要特色与创新性

直接植被技术针对重金属矿业废弃地生态修复的两大技术难题（重金属毒性、极端酸性），通过原理创新指导技术创新，在技术的工程实践中与重金属矿业废弃地的具体情况相结合实现工程应用创新，该技术整体上达到了国际先进水平，在微生物调控的无覆土直接植被修复技术方面达到了国际领先水平，具有原理、技术与工程应用等诸多方面的创新性（图4-4）。

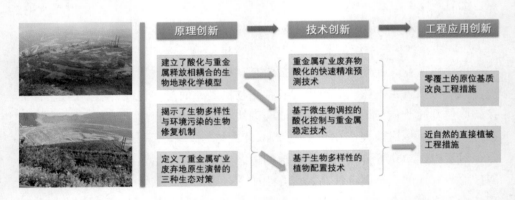

图4-4　重金属矿业废弃地生态修复的直接植被技术体系与创新性

1. 直接植被技术的主要原理及创新性

重金属矿业废弃物酸化与重金属环境行为的生物地球化学模型：含硫（主要是黄铁矿，FeS_2）矿业废弃物的酸化会导致酸性废水产生、重金属淋溶

---

① Jia P, Liang J, Yang S, et al. Plant diversity enhances the reclamation of degraded lands by stimulating plant-soil feedbacks. *Journal of Applied Ecology*, 2020, 57（7）: 1258 - 1270.

以及生态系统退化等一系列环境问题，是全球采矿业所共同面临的重大挑战。国内学者率先发现 *Ferroplasma* 等极端嗜酸古菌是尾矿酸化后期阶段起主导作用的关键催化微生物，这是对矿业废弃物酸化机制的一个全新认识。[①] 深入研究矿区嗜酸微生物多样性的地理分布格局，揭示 pH 是调控矿山酸性环境微生物群落结构的关键因素。[②] 不同矿山酸性环境中这种 pH 对微生物群落的决定作用在很大程度上是可以通过模型方法预测的。[③] 揭示尾矿酸性环境中微生物群落优势种和稀有种的不同生态功能与分工，稀有物种也有可能执行群落重要功能。[④] 在国际上首次提出了矿业废弃物酸化与重金属释放相耦合的生物地球化学模型，指出不同酸化阶段由不同微生物类群所主导，通过有效的方式降低这些特定产酸微生物类群在群落中的比例，可以有效地控制酸化和稳定重金属。[⑤]

生物多样性与环境污染的生物修复机制：污染胁迫下生物多样性与生态系统功能的关系是污染生态学研究的核心问题之一。基于镉污染胁迫的微宇宙实验研究发现，生物多样性能显著提高生态系统修复重金属污染的效率；在镉污染胁迫条件下，生物多样性能使生态系统的生产力提高 45% – 103%，稳定性提高 53% – 112%，重金属去除率提高 65% – 120%。上述发现提示了一种全新的污染生态系统恢复策略，即构建不仅包含耐性种而且包含敏感种的具有高生物多样性的群落，比基于单纯耐性种的策略有着更高的稳定性和修复

① Huang L N, Kuang J L, Shu W S. Microbial ecology and evolution in the acid mine drainage model system. *Trends in microbiology*, 2016, 24（7）：581 – 593.

② Kuang J L, Huang L N, Chen L X, et al. Contemporary environmental variation determines microbial diversity patterns in acid mine drainage. *The ISME journal*, 2013, 7（5）：1038 – 1050.

③ Kuang J, Huang L, He Z, et al. Predicting taxonomic and functional structure of microbial communities in acid mine drainage. *The ISME journal*, 2016, 10（6）：1527 – 1539.

④ Hua Z S, Han Y J, Chen L X, et al. Ecological roles of dominant and rare prokaryotes in acid mine drainage revealed by metagenomics and metatranscriptomics. *The ISME journal*, 2015, 9（6）：1280 – 1294.

⑤ Chen Y, Li J, Chen L, et al. Biogeochemical processes governing natural pyrite oxidation and release of acid metalliferous drainage. *Environmental science & technology*, 2014, 48（10）：5537 – 5545.

效率。[1]

重金属矿业废弃地原生演替的三种生态对策：原生演替理论是恢复生态学的三个核心理论之一。对尾矿的原生演替过程研究表明：重金属毒性、极端贫瘠和持续酸化是影响植物在废弃地定居的主要因素；重金属尾矿废弃地的植被自然定居极为缓慢，自然定居的植物与其种子的传播能力、生活型有关，禾本科植物在自然定居的初期占绝对优势则与该类植物易于形成耐性生态型有关。有基于此，我们首次提出了重金属矿业废弃地自然定居植物的三种生态对策，即微生境（逃避）对策、忍耐对策和根茎对策。实验证明，在强大的重金属毒性胁迫下，部分植物可快速演化出重金属耐性生态型，为构建正向演替、自维持不退化的矿业废弃地人工植被系统奠定了坚实的理论基础。[2]

2. 直接植被技术的主要技术要点及创新性

重金属矿业废弃物酸化的快速精准预测技术：废弃地内矿业废弃物的酸化是植被重建的主要限制因素。矿业废弃物除现有的酸性外（可以用 pH 指标衡量），还因内部含有的大量可氧化的低价硫化物使得其具有潜在产酸能力。此前的常规基质改良方式是只根据 pH 值也就是现有酸性计算改良材料的添加量，忽略了潜在产酸，最终导致改良效果欠佳。基于对近 20 种矿业废弃物酸化潜力的深入研究，确定净产酸量 pH 值（NAG – pH）与净产酸量（NAG）极显著相关，净产酸量 pH 值（NAG – pH）可以直接用于判断样品的产酸潜力。[3] 该技术的优势在于低成本、高效率地全面了解矿业废弃地的产酸潜力分布，精准、有效地指导矿业废弃地基质改良。该技术无需进行耗时的滴定工作，能够让 1 人在 2 天内完成多达 100 个样品的酸化潜力分析，而其他相关技术完成同等数量样品的分析则需 15 天左右。

基于微生物调控的酸化控制与重金属稳定技术：矿业废弃地酸化导致植物种子难以萌发，并进一步加剧重金属的溶出，造成严重的环境污染问题。相比正常的化学氧化产酸过程，矿业废弃地在微生物驱动下速度快了近百万倍，这

① Li J T, Duan H N, Li S P, et al. Cadmium pollution triggers a positive biodiversity-productivity relationship：evidence from a laboratory microcosm experiment. *Journal of Applied Ecology*，2010，47（4）：890 – 898.

② Shu W S, Ye Z H, Zhang Z Q, et al. Natural colonization of plants on five lead/zinc mine tailings in Southern China. *Restoration Ecology*，2005，13（1）：49 – 60.

③ Liao B, Huang L N, Ye Z H, et al. Cut-off Net acid generation pH in predicting acid-forming potential in mine spoils. *Journal of Environmental Quality*，2007，36（3）：887 – 891.

类产酸微生物主要是铁、硫氧化微生物，在矿业废弃地土壤中比例（丰度）一般都非常高（最高可达90%左右）。因此，降低产酸微生物在矿业废弃地中的比例是控制酸化和稳定重金属的根源解决方式。[①] 通过分离多种嗜酸硫酸盐还原菌（抑制氧化产酸过程），建立了对应的功能菌种库，通过调控关键理化参数和添加针对性的菌剂，将微生物群落应用到新的基质改良中，发明了基于微生物调控的酸化控制与重金属稳定技术。该技术不返酸，重金属稳定效果好，无需重复投入，从产酸和重金属溶出的根源性问题出发，通过多种措施调控微生物群落降低具有决定性作用的产酸微生物比例，从而在源头上阻断了氧化产酸过程，工程应用案例外排水重金属稳定效率最高可达99%以上。

基于生物多样性的植物配置技术：过往国内外采用覆土、隔离植被的方法，沿用园林绿化、常规边坡植物配置方法，植物配置单一，采用园林苗木、甚至外来速生植物品种构建的植被系统脆弱且容易退化。植物配置是重金属矿业废弃地生态恢复的核心技术问题之一。基于生物多样性与废弃地原生演替的三种生态对策等原理创新，发明了基于生物多样性的植物配置技术。技术要点包括：①发掘了大量修复植物品种资源。报道了双穗雀稗、狗牙根、苎麻、银合欢、泡桐、湿地松等一批耐酸耐重金属植物，进一步研究与发掘了大叶女贞、小叶女贞、红叶石楠、毛杜鹃、樱花等一批自然植物种群。②种播结合。按2株/m^2的密度配置各类营养袋苗，按50克/平方米的用量撒播各类种子。③遵循原生演替规律，分层分阶段进行植物配置。第一阶段模拟原生裸地开始的原生演替，构建耐性植物群落，包括先锋草种、先锋固氮豆科植物先行，人工引入微生物，形成以先锋物种与苔藓等生物结皮的原生演替群落；乡土物种与耐性植物为主的低等植物与高等植物、慢生与速生植物，循序渐进，分期配置；高中低型植物、乔灌草植物、常绿与落叶植物，深根系与浅根系植物，满足多层次空间的生态位进行混合配置。第二阶段通过生物多样性的补偿效应，从稳定的群落过渡到自然演替，构建不依赖于耐性植物的自然植物种群。该技术的优势在于：①快速形成高覆盖度的地表先锋植被，最短时间内营造出适合长期定居植物生长的微生境，最大程度降低矿山原有恶劣环境的影响。先锋物种能够在2个月内形成近乎100%地表覆盖度的草本植被系统，为灌木和乔木人为营造出适合的生长微生境。②稳定性强，覆盖度高，生物多样性高，生态

---

① Chen Y, Li J, Chen L, et al. Biogeochemical processes governing natural pyrite oxidation and release of acid metalliferous drainage. *Environmental science & technology*，2014，48（10）：5537–5545.

系统改善度远高于传统植物配置方法。③不依赖于耐性植物的自然植物种群的建立，植物从原生演替、低等到高等过渡到自然演替，完成自然修复。经过多年多地示范应用证明，相比传统植物配置方法，本技术植物覆盖度效果提高23%－51%，土壤营养成分提高33%－45%，水土流失降低25%－38%，土壤原生动物和鸟类的多样性提高81%－205%。

（3）直接植被技术在工程应用方面的创新性

零覆土的原位基质改良工程措施：过往国内主要采用隔离方法（覆土或者隔离后再覆土）避开矿业废弃地原有酸性重金属土壤的影响，但该方式成本高，且无法直接解决根源性的产酸问题，容易返酸，特别是需要大量优质土源（一般覆土厚度在50－200厘米）。按照目前300万公顷的矿山损毁土地治理面积，即使以50厘米的最低覆土厚度计算，全部以覆土方式进行处理都需要高达150亿立方米的优质土壤，所造成的二次环境破坏也难以想象。因此，我们摒弃了原有的方式，建立了零覆土的原位基质改良工程措施。该工程措施的实施要点主要包括：①快速精准预测酸化，直接改良。通过矿业废弃物酸化快速精准预测技术，准确判断样地各部分产酸情况，实现不隔离不覆土，保障按照合理用量添加各类有机改良材料改良原有酸性土壤。②调控产酸微生物群落。运用基于微生物调控的酸化控制与重金属稳定技术，降低产酸微生物类群的比例，实现源头控酸和稳定重金属，保障改良效果的长效性。③以废治废，综合利用废弃物。大量采用鸡粪、牛粪、猪粪、污泥、秸秆、木屑、蘑菇渣、酒糟、药渣等工农业废物和酸性废水处理产生的底泥废弃物用作基质改良，节约修复成本。

近自然的直接植被工程措施：传统的矿业废弃地治理工程大量采用构建钢筋混凝土建筑等"硬性"工程手段，同时改变原有地形地貌，不仅增加建造成本，同时产生大量松散土壤影响边坡整体稳定性；酸性边坡治理工程采用土工隔离材料等物理手段，不仅增加了治理成本，而且隔绝了生态系统的物质循环。鉴于此，基于柔性治理和依山就水的原理，束文圣教授团队创建了近自然的直接植被工程措施，摒弃原有的硬质隔离手段，减少大量土方工程。该工程措施的实施要点主要包括：①"依山就势"整地，"合理有序"排水。保持原有地形地貌及边坡的固有稳定性，用最少的扰动确保边坡地形地貌自然状态，依山就势整形，排水沟走向设计坚持因地制宜、根据暴雨期间观察的水流走向设计，不建"面子工程"排水系统，从修复照片看，修复前后地形地貌相似度达90%以上。②"柔性"生态治理。大量采用柔性材料拦截过滤冲刷沟泥沙，保持一定的柔性以适应变形和沉降，设置生态袋植物堤、生态岛停淤区域，充分利用植物根系的作用控制侵蚀，增加边坡的稳定性。③"道法自然"的生态修复理念。依赖基于生物多样性的植物配置技术，先期采用人工手段进行诱导和促进，营造一个适合植被正向演替的环境，最终依靠自然恢复实现生态修复效果。

（二）直接植被技术与同类技术的比较

对比现有的表土复原方法、隔离植被方法，从总体理念、适用范围、二次环境破坏、治理成本、治理效果、后期维护和推广应用等各个方面看，直接植被技术都具有明显的优势（表4-1）。

表4-1 直接植被技术与同类技术的比较

比较	国外	国外—国内	直接植被技术
名称	表土复原方法	隔离方法（国外引进）	直接植被技术
总体理念	在采矿动工前，先把表层（0-20厘米）及亚表层（20-50厘米）土壤取走并加以保存，留待工程结束后放回原处，回填的表土提供土壤贮藏的种子库外，也保证根区土壤的高质量	考虑到矿山原有土壤酸性强、重金属含量高，不适宜植物生长，所以采用外部土壤或者覆膜的方式硬性隔离解除原有土壤的影响，从而建立植被	在准确预测废弃地产酸潜力的基础上，通过添加合适的基质改良剂，调控微生物，控制废弃地的酸化，降低重金属毒性，并改善废弃地的养分状况，再筛选重金属耐性植物并优化它们的配置，实现零覆土的近自然植被系统重建
适用范围	适用范围窄，仅适用于新开采的重金属矿山废弃地	适用范围限制于有土源的重金属矿山废弃地	适用全部重金属矿山废弃地
二次环境破坏	无	会对取土点造成严重破坏	无

续上表

比较	国外	国外－国内	直接植被技术
名称	表土复原方法	隔离方法（国外引进）	直接植被技术
治理成本	需要取走和长时间保存表土，成本最高，综合费用 300－500 元/平方米	需要从外部购买和运输好土，大量运输费用，成本高达 200－300 元/平方米	无需覆土，直接植被，避免了取土和运输费用，成本约 100 元/平方米
治理效果	覆盖度高，多样性高，不易退化，恢复原生态	覆盖度低，容易单一品种，植物根系生长受限，仅能在隔离层生长，大部分一到两年返酸退化	覆盖度高，多样性高，不易退化，恢复原生态
后期维护	短期维护，成本低	需要长期维护，成本高	短期维护，成本低
推广应用	国外广泛应用，国内新开采矿山，少数案例	大部分项目案例返酸退化，成功案例较少	适应于重金属矿业废弃地（包括采空区、废石场、尾矿库）的生态修复，已推广应用于重金属行业标杆矿山，示范工程面积达 8218358 平方米

（三）直接植被技术所产生的经济和社会效益

近 20 年来，在华南师范大学束文圣教授与团队成员的共同努力下，先后在凡口铅锌矿、广东省大宝山矿、安徽铜陵有色矿山、江西铜业德兴铜矿、江西铜业永平铜矿、江西铜业城门山铜矿、湖南花垣浩宇化工有限公司、湖南三立集团有限公司等国内主要的重金属矿山分布省份和极具代表性的重金属矿山进行研究实验与工程化应用，研究成果推广应用于广东、江西、湖南、安徽等长江以南，并且涵盖主要的黑色与有色金属典型矿山（铁矿、铜矿、铅锌矿、钨矿），以及全部类型的涉及到含硫且产酸的重金属矿业废弃地（包括尾矿库、排土场、废石堆、采空区），技术拓展至重金属矿山酸性废水处理产生的底泥等矿山固体废弃物的资源化利用。经过长期系统的理论研究、沉淀与积累，大量的工程实践的深化与发展，"重金属矿业废弃地生态修复的直接植被技术"推广应用面积合计8218358平方米，其中废石堆场、排土场面积4455972平方米，尾矿库面积3682386平方米，湿地面积80000平方米。推广应用区域的植被恢复良好，覆盖度达95%以上，生物多样性高，生态系统稳定性强，主要重金属有效态含量下降50%以上，土壤pH值及场地地表水pH值从2.5左右提升到7.0左右，大幅降低地表水中的重金属含量（重金属稳定效率最高可达99%以上），有效地控制了矿业废弃地潜在的环境污染风险，有效地改善了矿山及周边农田的生态环境质量，大幅减少了酸性矿山废水中重金属对生态环境及周边水源的影响，获得了良好的经济、社会、生态环境效益。

（1）经济效益

直接植被技术可从几个方面为应用单位带来间接或潜在的经济效益。主要包括：①节约生态恢复成本；②减少水土流失、减少排洪、沟渠人工清淤维护费用；③减少重金属排放，节约酸性废水处理费用；④综合利用矿山酸性废水处理底泥，节省改良成本；⑤控制污染扩散，避免环保罚款、农赔费用，避免关停生产；⑥土地置换。

重金属矿山每采1吨矿石产生1.25吨废石，产生0.92吨尾矿，年产废石量达1.06亿吨，年产尾矿达1.1亿吨，全国50年间累计废石25亿吨，尾矿21亿吨，矿山累计占用损毁土地300万公顷（300亿平方米），其中三分之二矿山开采进入中后期资源枯竭期，产生的矿山废弃物日益增多，占用损毁土地不断新增。按照目前300万公顷的矿山损毁土地治理面积平均单价100元/平方米计算，治理资金就达3万亿元；按50厘米的最低覆土厚度计算，全部以覆土方式进行处理需要高达150亿平方米的优质土壤，覆土成本以最低20元/平方米计算，采用直接植被修复技术进行生态修复，仅节省覆土成本产生的间接经济效益就达3000亿元。按照年平均降雨量1500毫米，300万公顷重金属矿山年产生酸性水等废水450亿吨左右，根据矿山处理酸性水需要成本2.6元/吨，合计每年节省酸性废水处理费用带来的潜在经济效益达1170亿元。

（2）社会和生态环境效益

构建了技术成果的完整创新链，为国家重要决策与需求提供技术储备与支撑：习近平主席提出的生态文明建设的重要思想："绿水青山就是金山银山""山水林田湖草冰沙"是一个生命共同体、"像保护眼睛一样保护生态环境"，将生态文明建设上升到国家战略。环境污染特别是重金属污染已经成为我国生态文明建设面临的重大挑战。本技术体系以解决矿业废弃地环境问题为核心，

首次成功实现了重金属矿业废弃地直接植被技术成果的研发与产业化应用，构建了原理创新—技术创新—工程应用创新的完整创新链，符合我国生态文明建设的方向与重点。

克服了国外引入技术缺陷，打造了符合我国国情的矿业废弃地修复技术，引领行业技术革新： 长期以来，我国矿业废弃地主要参考澳大利亚、英国等国家的方法，主要以覆土或者隔离覆土植被的方式进行治理。然而，我国矿业废弃地面积大、历史遗留矿山多、优质土源稀缺、治理资金缺口大，覆土或者隔离覆土植被技术存在成本高、二次环境破坏、易退化等诸多缺陷，导致国内重金属矿业废弃地治理长期处于无有效技术的空档期。重金属矿业废弃地的直接植被技术不仅无需覆土、可以长期有效地控制重金属污染，而且修复成本相比覆土植被技术降低一半以上，为我国重金属矿业废弃地治理提供符合我国国情的核心技术，并带来了行业技术的革新与跨越。

以废治废，实现行业的绿色与可持续发展： 本技术大量使用农业废弃物、工业废弃物作为修复基质改良的材料，不仅降低了修复成本，同时解决了这些废弃物的处置难题，节约了大量的废弃物处理成本和能源消耗，建立了废弃物再利用与矿业废弃地治理的综合模式。全国有色金属矿山约 3400 家，以大宝山矿酸性废水处理底泥量年产 12 万吨类比，仅有色金属行业矿山酸性废水处理产生的底泥年产量就高达 5 亿吨，环境效益巨大。

重金属污染防控和地质灾害治理效果突出，为农作物安全和群众健康生活保驾护航： 通过江西、广东、安徽三省十余个矿山的实施验证，采用直接植被技术可显著控制矿山土壤重金属溶出，外排水的铅、锌、铜、镉、砷等主要重金属降幅最高可达 99%，实现矿山重金属污染源头治理意义巨大。同时，直接植被技术也能显著降低矿业废弃地的水土流失、泥石流等地质灾害风险，保障了生态安全。该技术在大宝山地区的应用，实现了源头控制重金属污染，确保了流域饮用水安全和可持续发展，对促进粤港澳大湾区区域协调与可持续发展、筑牢粤北南岭山区国家生态安全屏障作出了积极的贡献，社会、生态环境效益巨大。

打造了一批优质示范工程。 打造了大宝山新山片区、德兴铜矿水龙山及杨桃坞等一系列标志性的示范工程，显著地推动了行业科技发展：示范工程得到学术界、政府和企业的高度肯定，并引起自然资源部、生态环境部等政府部门的高度关注，被人民网、《中国自然资源报》、《中国环境报》、广东卫视、江西卫视、南方日报等社会媒体的广泛宣传，社会效益非常显著。

（本节撰稿人：贾璞）

二、污水综合治理

（一）污水基本情况

1. 污水来源

污水是指来自生活和生产，受到污染失去了原有功能的水。外界条件的改变和新物质的掺入都会导致水体被污染，水质变坏，无法保持原有的使用功能。[①]

污水按照其来源可分为生活污水、工业废水、农业废水及降水。[②]

生活污水是指居民生活活动中产生的废水，主要包括烹调污水、洗涤污水、冲厕污水等，其中含有粪便的生活污水称为黑水，不含的则称为灰水。[③]生活污水中通常含有有机污染物和大量病原微生物。病原微生物能以污水中的有机物为营养繁殖滋生，致使水体恶臭、地下水硬度升高。

生活污水可分为农村生活污水和城市生活污水。农村生活污水基本呈粗放型排放[④]，随着雨水的冲刷，污水会沿着道路边沟或路面就近排入沟渠、池塘、河流、水库等附近水体，造成地表水或地下水污染，影响周边居民的饮用水安全。[⑤] 城市生活污水经由居住建筑和公共建筑，比如住宅、学校、医院等，从建筑物内的下水道集中排放至城市地下的大型污水管道网络系统，输送至污水处理厂进行处理后排放，城市生活污水包含有大量未经高效利用的洁净水。[⑥] 城市生活污水是城市快速发展的产物，随着城市化和工业化进程的加快，其产生量不断增大，污染日益严重。

[①] 《环境科学大辞典》编委会：载《环境科学大辞典（修订版）》，中国环境科学出版社，2008 年。

[②] 仝军生：《我国水污染现状及防治策略》，载《统计与管理》，2015 年第 12 期。

[③] 雷芳：《粪便污水处理技术的研究现状》，载《广东化工》，2011 年第 38 卷第 4 期。

[④] 陈利娟，朱哲，杨萍等：《浅析新时代农村污水排放现状及治理对策研究》，载《清洗世界》，2020 年第 35 卷第 12 期。

[⑤] 谢林花，吴德礼，张亚雷等：《中国农村生活污水处理技术现状分析及评价》，载《生态与农村环境学报》，2018 年第 34 卷第 10 期。

[⑥] 肖烨，黄志刚，李友凤等：《城市生活污水处理技术优化与应用》，载《广东化工》，2021 年第 48 卷第 18 期。

图 4 - 5　淮安市部分区县生活污水直排①

工业废水指的是工业企业开展工业生产活动中产生的废水、废液。工业废水是发生水体污染的最主要污染源。不同企业、不同车间产生的工业废水都各不相同，部分含有多种有毒有害物质，其化学成分以及污染水平与排放源头的厂家生产制造的技术有关。经过排放汇聚后的工业废水的成分更加复杂，种类多样，且排污量大，处理难度较高。②

农业废水是农作物种植、畜禽养殖、农产品加工等农业生产过程中排放的废水。农药、化肥以及兽药的不正确使用也会造成农业废水。农业废水产生量大，除残余的农药、化肥、兽药，废水中还含有许多不溶解固体和盐分等，会随着雨水的冲刷通过地表径流进入水体。

降水总体污染程度较轻，径流量大。

2. 生活污水量及处理情况

伴随着我国经济快速发展和城市化以及人口持续增长，居民用水量不断增加，城市污水的数量也急剧增加，随之而来的是对污水处理需求的增加。1984年，天津纪庄子污水处理厂正式运营，处理能力为 26 万立方米/日，这是中国首个实施活性污泥工艺的大型污水处理厂。1993 年，北京高碑店污水处理厂一期开始运营，是中国首个 50 万立方米日规模的污水处理厂，到 2016 年，北

---

① 赵雪松：《江苏淮安部分区县污水收集处理不到位》，见央视网（https://eco.cctv.com/2022/05/12/ARTI1FbJxvQr2HOxfui1pOZr220512.shtml）。

② 韩昆：《浅谈工业废水处理方法及回收利用》，载《皮革制作与环保科技》，2022年第 3 卷第 8 期。

京高碑店污水处理厂升级为再生水厂，处理能力达到 100 万立方米/日，宣布了中国从简单处理到再生处理的过渡。① 经过中国污水行业 40 年来的高速发展，中国现在拥有全球最大的市政废水基础设施。

目前，我国城镇污水处理建设仍然在不断推进，处理设施不断完善，污水处理能力和水平显著提升，水环境质量取得明显改善。根据住房与城乡建设部发布的《2020 年城乡建设统计年鉴》，截至 2020 年年底，全国城市污水处理厂 2618 座，5 年累计新增 674 座。污水年排放量 571.36 亿立方米，较"十二五"末增长 22.44%；污水厂处理能力 1.92 亿立方米/日，较"十二五"末增长 37.2%；污水年处理量 557.28 亿立方米，较"十二五"增长 30%。城市污水处理率 97.53%，污水处理厂集中处理率 95.78%。城市排水管道长度 80.27 万公里，建成区排水管道密度 11.11 公里/平方公里。市政再生水生产能力 6095.16 万立方米/日，年利用量 135.38 亿立方米，管道长度 14630.02 公里。

2020 年，全国城市排水设施建设固定资产投资 2114.78 亿元。其中，污水处理设施 1013.07 亿元，污泥处置设施 36.86 亿元，再生水利用设施 30.33 亿元。在全国范围内，广东、山东和江苏 3 省投建的污水处理厂分别有 320 座、218 座和 206 座，分别位列前三甲。这与我国现有的污水处理相关企业数量分布相吻合，山东以 2.35 万家企业排名第一，广东、江苏分列二三位。同时这 3 个省市的污水处理能力也相对较好。

据国家发展改革委员会网站消息，国家发展改革委员会印发的《"十四五"重点流域水环境综合治理规划》提出，到 2025 年，我国将基本形成较为完善的城镇水污染防治体系，城市生活污水集中收集率力争达到 70% 以上，基本消除城市黑臭水体。

---

① Qu J, Wang H, Wang K, et al. Municipal wastewater treatment in China: Development history and future perspectives. *Frontiers of Environmental Science & Engineering*, 2019, 13 (6): 1 - 7.

图4－6　建设中的南京江心洲污水处理厂提标改造工程①

（二）污水处理工艺及流程

从污染源排放出的污水中，往往含有各类的污染物，包括我们所熟知的固体悬浮物、重金属、农药以及病原性微生物等，由于污染物总量或浓度较高，难以达到规定的排放标准，若将其直接排放会导致水环境污染，影响人们的日常生活，因此，必须经过人工强化处理的场所，这一场所称为污水处理厂（wastewater treatment plant，WWWP）。20 世纪 20 年代，上海便建成了我国最早的污水处理厂，上海北区污水处理厂采用当时先进的活性污泥工艺，日处理能力为 3500 立方米，拉开了我国污水处理的序幕。

污水处理厂的处理工艺是由各种基本的水处理方法，辅以特殊的水处理方法优化组合而成。从处理机制上分类，包括物理处理法、化学处理法和生物处理法；从处理深度上分类，包括一级处理、二级处理、三级处理或深度处理。

---

① 张楷欣：《三部门：3 年内城市建成区基本无生活污水直排口》，见中国新闻网（https://www.chinanews.com.cn/gn/2019/05－10/8832826.shtml）。

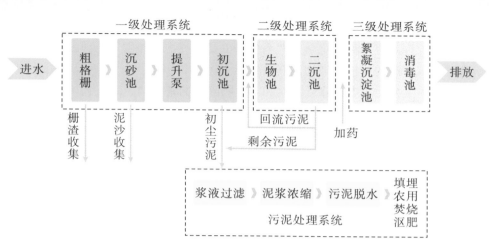

图4-7　传统污水处理工艺流程图

（1）一级处理系统

一级处理系统又称为物理处理系统，主要通过格栅、沉淀或气浮池去除污水中的悬浮态固体污染物，如石块、砂石和油脂等。

第一步，污水原水通过输水管网到达粗格栅，目的是去除粒径较大的悬浮物，防止堵塞管道，影响后期处理设备的运行；第二步，沉砂池通过重力分离原理，去除污水中粒径和质量较大的颗粒物。沉砂池的种类有平流式、曝气式、旋流式和竖流式等，由于曝气沉砂池占地小、能耗低和基建费用低的特点，目前多采用曝气沉砂池。当沉砂池建成后，通常会进行加盖封闭处理，以收集处理产生的臭气，避免二次污染；第三步，污水通过提升泵被抽送至初沉池，对于生活污水和悬浮物较高的工业污水均易采用初沉池进行预处理，其往往可去除污水中50%的可沉物、油脂和漂浮物。因此初沉池是经济上最为节省的污水净化操作。

图4-8　格栅机
（供图：贾妍艳）

图4-9　沉砂池
（供图：贾妍艳）

2．二级处理系统

二级处理系统又称为化学处理系统，主要通过物化和生化处理去除污水中呈胶体和溶解态的有机污染物，其去除率可达90%以上。

首先，生物池主要去除悬浮物和可生物降解的有机物，其工艺构成多种多样，可分成 AB（吸附——生物降解工艺法）、AO（厌氧——好氧工艺法）、AAO（厌氧——缺氧——好氧工艺法）和 SBR（序批间歇工艺法）等活性污泥法、氧化沟法和稳定塘法等多种处理方法。目前大多数城市污水处理厂采用的是活性污泥法。

其次，二沉池是活性污泥系统的重要组成部分，其作用主要是使污泥分离，使混合液澄清、浓缩和回流活性污泥。在二沉池运行过程中，工作人员可以通过观察出水的感官指标，如污泥界面的高低变化、是否有污泥上浮等现象，若出现异常则采用相应措施解决。

图 4 – 10　生物池
（供图：贾妍艳）

图 4 – 11　二沉池
（供图：贾妍艳）

3．三级处理系统

三级处理主要通过加氯消毒、紫外辐射和臭氧技术等对污水进行深度处理，去除含有氮、磷和难生物降解有机物、可溶性无机物和病原体等。一般来说，紫外线消毒在这些处理方式中处理成本较低，在经济上较可行。同时紫外消毒仅在几秒内即可将致病微生物杀灭，消毒效率较高，是许多污水处理厂必不可少的净水环节。

图 4 - 12　紫外消毒池　　　　　　　图 4 - 13　臭氧消毒区
（供图：贾妍艳）　　　　　　　　（供图：贾妍艳）

　　随着城市的快速发展，污水处理厂的数量和污水处理量同步增加[1]，传统的污水处理工艺往往忽略了节能管理，在电力、药剂和水资源方面存在较大的能耗问题。因此，目前有许多的污水处理厂从预处理技术、设备选型、生化技术等方面，进行了工艺的优化改进，推动了水环境处理的绿色低碳发展。

　　在国内，现已有多座新型污水处理厂完成建设。2022 年 9 月，武汉市北湖污水处理厂分布式光伏发电项目完成建设，总容量为 23.7 兆瓦（峰值），总覆盖面积约 11.5 万平方米，是国内最大的污水处理厂分布式光伏发电项目。由于原厂电能消耗占生产成本的 30% 以上，因此通过光伏发电，有助于污水处理厂摆脱对传统电力的长期依赖，这不仅给污水处理厂的基础设施送去绿色电力，降低了电耗成本，同时也实现了大气环境和水环境污染减排的"双赢"，可谓一举多得。

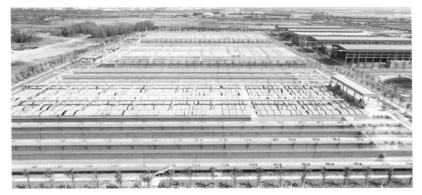

图 4 - 14　北湖污水处理厂全貌图（供图：贾妍艳）

---

　　① 房阔，王凯军：《我国地下式污水处理厂的发展与生态文明建设》，载《给水排水》，2021 年第 57 卷第 8 期。

与此同时，为了科学合理地规划城市的生态空间，近十年来，国内地下式污水处理厂发展迅速，地下式污水处理厂的建设模式以其友好的规避邻避效应、高土地利用率、再生水可就地回用的优势正逐步在全国兴起。① 这种新型的污水处理厂，就像是"台式电脑"，显示屏等配件在地上，主机埋在地下。由于主要设备建于地下，解决了往常污水处理过程中产生的污浊气、噪音等问题，对居民和环境影响较小。

地下污水处理厂按照竖向布置方式可分为：全地下式、半地下式和隧道式，从能耗方面考虑，修建半地下式的污水处理厂，可部分利用自然通风以降低能耗。根据国内地下污水处理厂的调研②，在诸多新型处理工艺中，AAO（厌氧—缺氧—好氧法）＋MBR（膜生物反应器法）工艺以较强的抗冲击负荷能力和较高的污泥浓度，在地下式污水处理厂建设中作为优先考虑工艺类型。如全地下式广州京溪污水处理厂③、合肥滨湖北涝圩再生水厂④和钱江地下式污水处理厂⑤，均对此改良工艺有所应用。

2020 年 7 月，由中建安装参建的天津东郊污水处理厂及再生水厂迁建项目中的污水处理厂正式投入商业运营，这是目前亚洲最大半地下式污水处理厂。地上为生态公园，地下则是污水处理工厂，这座占地 42 万平方米的"超级工程"污水日处理规模将达 60 万吨，再生水日处理规模将达 10 万吨，惠及4 个行政区、195 万多居民，将承担起天津市 1/5 的污水净化任务，助力提升京津冀区域整体水环境质量。

① 夏云峰，周艳，王涛等：《地下式污水处理厂 AAO＋MBR 工艺的应用》，载《净水技术》，2022 年第 41 卷第 8 期。

② 侯锋，王凯军，曹效鑫等：《地下式城镇污水处理厂工程技术指南解读》，载《中国环保产业》，2020 年第 1 期。

③ 陈贻龙：《地下式 MBR 工艺在广州京溪污水处理厂的应用》，载《给水排水》，2010 年第 46 卷第 7 期。

④ 邱明，杨书平：《地下式污水处理厂工程设计探讨与实例》，载《中国给水排水》，2015 年第 31 卷第 12 期。

⑤ 王雅楠：《钱江地下式集约化污水处理厂设计方案》，载《净水技术》，2020 年第39 卷第 6 期。

图4-15　天津东郊半地下式污水处理厂（地上区域）（供图：贾妍艳）

天津东郊污水处理厂采用优化改进的多级AO（厌氧—好氧）工艺、高效沉淀池、深床滤池、臭氧氧化以及紫外线消毒工艺，经检测，该污水厂处理水质可达当地排放A级标准，部分出水可直接排放至附近公园作为景观和生态湿地用水。同时，其再生水处理采用"超滤＋反渗透"的处理工艺，可供电热厂、化工厂、卫生间再利用，实现真正意义上的水资源循环。

图4-16　天津东郊半地下式污水处理厂（地下区域）（供图：贾妍艳）

（三）污水处理的未来趋势

污水处理能力体现着该地区的可持续发展水平，污水处理能力的提高有助于当地居民幸福感和归属感的提升。当下水资源日益短缺，污水处理未来将如何发展已成为热门话题。

1. 水生态安全

水生态安全是指人们通过安全用水的设施在满足生活和生产用水的同时还

能使自然水体环境得到妥善保护的一种社会状态。随着我国社会经济的快速发展，水生态安全面临着来自水环境污染、人口增长、城市化和气候变化等各方面的艰巨挑战，这些都对我国污水处理行业的技术要求进一步提高。中共"十九大"报告对生态环境保护和生态文明建设提出了新的目标和新的方向，这也对我国水生态安全建设提出了更高要求。[①] "十四五"时期我国将继续坚持目标导向、问题导向，努力实现由污染治理为主，向水资源、水生态、水环境等流域要素进行系统治理转变、统筹推进生态绿色发展、着力解决突出环境问题、加大生态系统保护力度、改革生态环境监管体制，以期达到 2035 年基本实现美丽中国建设目标。

2. 污水回用

污水再生利用是改善城市水环境，实现水资源循环利用，提高城市水安全和供水能力等多重目标的有效手段。目前，我国在提高城镇再生水的利用量和拓宽城镇再生水的利用途径等方面仍有很大上升空间。大多数生活污水处理厂并不能实现深度污水处理，污水回收率低的现象普遍存在。如今我国新型城镇化进程加速，城镇发展规模日益扩大，城镇生活和工业用水量也逐渐加大，供需矛盾日渐突出。深度处理污水是解决城市水源紧张问题，强化污水回用能力的最主要途径。

目前，常用的污水回用处理方法有物理化学法、生物技术法。两者均有局限性，物理化学技术前期设施投入大，占地面积大，较难符合城市污水厂需求；生物处理是目前常用的污水回用技术，但由于其限制较大，无法大面积推广。[②] 除此之外，反渗透法作为一种新型技术越来越受得到了业界的关注。反渗透法是指利用膜分离技术进行污水回用，使回用的污水达到可供利用的现代化新型技术。其结合了多学科优势，并且具有占地少、处理费用低等优点，应用前景广阔。[③]

① 方兰，李军：《论我国水生态安全及治理》，载《环境保护》，2018 年第 3 期。

② 顾兆洋：《市政污水处理工艺与污水回用利用技术》，载《资源节约与环保》，2022 年第 5 期。

③ 史金卓：《膜法水处理技术在工业污水回用中的应用》，载《天津化工》，2022 年第 36 卷第 3 期。

图 4-17　某污水处理中试基地反渗透膜设备（供图：贾妍艳）

3. 景观用水

随着我国经济社会发展和城乡居民生活水平的逐步提高，景观水体开始成为人们生活环境不可或缺的组成部分。景观水体指用于视觉观赏的水体，它通常分为两类：一类是自然水景，如天然湖泊、河流等；另一类是人工水景，如喷泉、人工湖和城市小型河道等。景观水体与其他绿化植被的功能类似，除了观赏性，还可以在一定程度上优化生活环境，例如绿化定时灌溉、人工瀑布等。但景观用水大多数用于人口密度较大的区域，受人类活动及水体封闭性影响，景观水体污染严重。

景观水体的使用日渐受到社会各界重视，必须节约和治理两手抓。其治理可以采用中水回用方法，即将水处理到中水水质，再利用其浇花灌木。① 在治理方面，可分为生物处理和物理化学处理两种方法。生物处理采用生物制剂技术，向水体中投放微生物制剂、杀藻剂以实现净化水体的功能，同时可以采用生态修复技术，通过种植水生植物去除水体污染物。物理化学处理则通过对污染水体进行紫外杀菌，以减少菌体从而降低对人体的伤害。此外，吸附分离也是一种常用的物化处理手段，其可以在短时间内去除污染物。②

（本节撰稿人：贾妍艳）

---

① 王鹤立，陈雷，程丽等：《再生水回用于景观水体的水质标准探讨》，载《中国给水排水》，2001 年第 12 期。

② 李瑾：《城市景观水污染现状及处理技术》，载《黑龙江科学》，2021 年第 12 卷第 18 期。

三、空气污染治理

（一）空气污染

我们为什么需要洁净的空气？据《世界卫生组织》的研究报告称，仅在2015年全球死亡的人群中，就有640万人是因为空气污染，而在同样时间范围内，烟草、艾滋病、结核病以及疟疾导致的死亡人数分别为700万、120万、110万以及70万。[1] 近年来，越来越多的研究显示非传染性疾病与空气污染具有相关性。[2] 早在2013年10月，世界卫生组织下属的国际癌症研究机构就正式对外宣布室外空气污染为新的一类致癌物。[3]

图4-18　加拿大落基山脉一角（供图：黄丹丹）

①　Philip J L．Air pollution and health．*Lancet*，2017，2（1）：4-5．

②　GBD 2015 Risk Factors Collaborators．Global，regional，and national comparative risk assessment of 79 behavioural，environmental and occupational，and metabolic risks or clusters of risks，1990—2015：a systematic analysis for the Global Burden of Disease Study 2015．*Lancet*，2016（388）：1659-1724．

③　Prüss-Üstun A，Wolf J，Corvalán C，et al．Preventing disease through healthy environments．A global assessment of the burden of disease from environmental risks．*World Health Organization*，*Geneva*，2016，176．

空气支撑着人类的生命活动，而洁净的空气却因为人类无节制的行为变得越来越稀缺，甚至在某些地方已经成为了奢侈品。2015 年，就有加拿大一公司专门做起了向空气污染地区售卖来自落基山脉的罐装新鲜空气的生意，虽然每罐定价高达 100 多元，首批上市的 500 罐却在短时间内销售一空。随后在新西兰、澳大利亚等地均出现了空气售卖的相关新闻报道。原本免费的洁净空气竟然需要花高价才能获取，这无疑具有强烈的讽刺意味并给人类又一次敲响了警钟：捍卫洁净空气迫在眉睫，地球上的每个人都逃不开干系。

在人类历史的大部分时间里，我们所制造的空气污染只能算是些许尘埃。人类活动真正导致的大气污染是在 18 世纪中叶的工业革命之后，蒸汽机的发明与广泛使用使社会生产力得到了飞速发展，煤和石油逐渐上升为主要能源，大气污染也随之日益加剧。20 世纪初，空气污染多由工厂及家用烟囱煤炭燃烧所造成，20 世纪 60 年代以来，汽车尾气也加入到空气污染的"凶手"行列。到 20 世纪末，道路交通已成为全球最大的单一空气污染来源。① 在此期间，严重的大气污染事件在世界各地接连上演，包括比利时马斯河谷烟雾事件、美国多诺拉镇烟雾事件、伦敦烟雾事件、洛杉矶光化学烟雾事件及日本四日市哮喘事件，这些都使人们深刻认识到空气污染已成为威胁人类生存的环境问题之一。

大气污染物按其存在状态可分为气溶胶状态污染物（主要有粉尘、烟、雾、降尘、飘尘和悬浮物等）和气体状态污染物（主要有硫氧化物、氮氧化物、碳氧化物以及碳氢化合物）。② 在德国波恩召开的世界卫生组织工作组会议并制定的《空气质量准则》，为世界各地制定适合当地的目标和政策提供了信息和选择。③ 目前，我们对于空气污染物的种类及其危害已经有了具体的认知，尤其是被公认为主要空气污染物的下列物质。

一氧化碳：极易与人体血红蛋白结合形成碳氧血红蛋白（高于氧气200—

---

① 中国人民共和国自然资源部：《大气污染的历史》，见中国人民共和国自然资源部网站（https://www.mnr.gov.cn/zt/hd/dqr/39/dzyhj/200804/t20080419_2052672.html）。

② World Health Organization. WHO global air quality guidelines. Particulate matter (PM2.5 and PM10), ozone, nitrogen dioxide, sulfur dioxide and carbon monoxide (https://www.who.int/publications/i/item/9789240034228).

③ 施惠平，单宝荣：《急性一氧化碳中毒对人体危害的研究近况（综述）》，载《中国城乡企业卫生》，2005 年第 6 期；聂书伟，许昌泰：《芳香烃受体及其对人体的危害研究现状》，载《医学综述》，2011 年第 17 期；李红，曾凡刚，邵龙义等：《可吸入颗粒物对人体健康危害的研究进展》，载《环境与健康》，2002 年第 17 期。

300 倍的亲和力），进而使血红蛋白丧失携氧的能力和作用，而且碳氧血红蛋白还抑制氧合血红蛋白的解离，进而阻抑氧的释放和传递，造成组织窒息，严重时致人死亡。一氧化碳对全身的组织细胞均有毒性作用，尤其对大脑皮质的影响最为严重，因缺氧造成的脑神经损伤具有不可逆性。

氮氧化物：氮氧化物是遇到水或水蒸气生成的一种酸性物质，能腐蚀破坏绝大多数金属和有机物，灼伤人和其他活体组织，使人的呼吸机能下降，呼吸器官发病率升高，它与碳氢化合物经太阳紫外线照射，可生成光化学烟雾，使人眼痛、头痛、胸痛、视力减弱、呼吸紧张、全身麻痹、肺水肿甚至死亡。此外，二氧化氮被植物叶片的气孔吸收溶解后，会造成叶脉坏死，影响植物的生长和发育。

碳氢化合物：碳氢化合物的成分十分复杂，包括烷烃、烯烃、炔烃、环烃及芳香烃。与饱和烃相比，不饱和烃的危害性更为显著，需要引起我们的注意。比如我们都熟知的甲醛，当超过 1 ppm 浓度时就会对眼、呼吸道和皮肤产生强烈的刺激作用，超过 25 ppm 时就会引起头晕、恶心、红血球减少和贫血，更高浓度甚至引起急性中毒。芳香烃是含有苯环结构的碳氢化合物，其中的多环芳香烃是强烈的致癌物质，如苯并芘可在人体乳腺和脂肪组织蓄积导致多种肿瘤，包括皮肤癌、肺癌、胃癌和消化道癌、上呼吸道癌和白血病等的产生，还可导致胎儿畸形。烃类化合物还是引起光化学烟雾的重要物质。

硫氧化物：硫氧化合物主要有二氧化硫和三氧化硫酸性气体，大部分来自煤和石油的燃烧。硫氧化物被吸入后会刺激人的呼吸系统，引起支气管反射性收缩和痉挛，导致咳嗽和呼吸道阻力增加，诱发慢性呼吸道疾病，甚至引起肺水肿和肺心性疾病。如果大气中同时有颗粒物存在，被颗粒物吸附的硫氧化合物可深入肺的内部，其危害程度可增加 3－4 倍。

颗粒物：颗粒物的危害与其空气动力学直径大小直接相关。粒径超过 10 微米的颗粒物，会被鼻腔"挡在门外"；粒径为 2.5—10 微米的颗粒物，可进入人体咽喉，约 90% 沉积于呼吸道的各个部分，剩下的 10% 可到达肺部深处沉积；而粒径在 2.5 微米以下的细颗粒（相当于人类头发的 1/10 大小），会深入人的支气管和肺泡中并沉积下来，引起或加重哮喘、支气管炎等呼吸系统疾病。同时，颗粒物还可吸附携带多种有机化合物、金属化合物以及硝酸盐等有毒有害物质，对人体健康危害更大，也可成为病毒和细菌的载体。除对人体健康产生不利影响，颗粒物还对大气的能见度、辐射平衡、酸沉降、云和降水等造成重要影响。

臭氧：臭氧能刺激人的呼吸道，引起咽喉肿痛、胸闷咳嗽、哮喘发作甚至肺功能减弱、肺组织损伤等；引起神经中毒，造成人的视力下降、记忆力衰退等；破坏人体免疫功能、降低抗病能力等。此外，臭氧还会对许多植物产生不同的伤害，如出现损伤、破坏植物二氧化碳吸收能力、降低植物生产力等。

2012年，我国生态环境部颁布的《环境空气质量标准》（GB3095—2012），规定了6项环境空气质量监测指标，包括一氧化碳、二氧化氮、二氧化硫、可吸入颗粒物（PM10）、细颗粒物（PM2.5）和臭氧。除此之外，在我国易受沙尘影响的北方城市，增加了对总悬浮颗粒物的监测；在易出现臭氧污染的大型城市（如北京、天津、上海、杭州、重庆等），则增加了挥发性有机物（臭氧前驱体）监测；在一些经济发达的省份还建设了大气超级站，全方位分析空气质量情况。

基于划定的这些主要污染物及其对健康的影响，我们就能对大气污染状况进行实时的评估，但那些昂贵的监测仪以及复杂的数据让普通人望而却步。这时候，有一种免费且非常便捷的了解环境空气质量的渠道，那就是看政府官方网站发布的空气质量指数。它是一种综合表示空气污染程度或空气质量等级的无量纲的相对数值，根据《环境空气质量指数（AQI）技术规定（试行）》（HJ 633—2012），空气污染指数划分为0—50、51—100、101—150、151—200、201—300和大于300六档，其分别对应于空气质量的六个级别（优、良、轻度污染、中度污染、重度污染和严重污染），指数越大，表示污染越严重，对人体健康的影响也越明显。比如当空气污染指数大于300时，儿童、老人和病人应当留在室内，一般人群应避免户外活动。了解了空气污染指数的含义，或许我们以后每次出门之前，都会提前看一看所在城市或地区的空气质量级别，进而决定是宅在家还是出门呼吸新鲜空气吧！

（二）气味也是一种空气污染

除了上述这些常规的空气污染物，你知道气味也是一种污染吗？我们通常更多会关注空气中直接或间接对身体有害的物质，而气味本身的影响却并未被我们充分认知。事实上，当环境中的异味（无论是"香"还是"臭"）达到一定程度，就会变成一种恶臭污染并会使人产生不愉快感觉，甚至危害到人的心理和生理健康。恶臭虽然属于大气污染的范畴，但由于它的特殊性，许多国家将它单独列为公害的一种。

恶臭/异味可作用于人的呼吸系统、消化系统、神经中枢及内分泌系统等，使人烦躁抑郁甚至影响机体的代谢活动。恶臭是除噪声之外当前公众投诉最强

烈的环境问题。生态环境部统计数据显示，2018—2020 年 3 年间，全国恶臭/异味投诉举报件数占全部环境问题的 21.5%、20.8% 和 22.1%，居前十位的行业依次是垃圾处理、畜牧业、化工、橡胶和塑料制品业、餐饮业、非金属矿物制品业、金属制品业、农副食品加工业、汽修业和医药制造业。① 其中高居投诉榜首的垃圾处理业和畜牧业的恶臭污染特性有些相似，因为它们的恶臭都源自有机物的降解、恶臭组分均十分复杂（包括 NH_3、H_2S 及上百种挥发性有机物）、恶臭的产生和排放呈现季节性变化规律等。

1. 垃圾处理行业

垃圾处理行业的恶臭污染可产生于垃圾处理的各个环节，包括垃圾的收集与堆放、垃圾转运站、填埋场及垃圾焚烧处理等。填埋场是垃圾的终端收纳场所。2020 年我国生活垃圾清运总量为 2.35 亿吨，其中 33% 进行了填埋处理。由于填埋场的作业面广、产气量大、产气时间长，可造成较为严重的恶臭污染和影响。② 填埋气中含有高浓度的甲烷，由于甲烷是一种清洁能源，在收集利用甲烷的过程中对填埋气中的恶臭气体进行集中处理可缓解填埋场的恶臭污染问题。但受我国的生活垃圾降解速率快等影响，填埋气的收集效率一般低下，我国大多数老旧填埋场也都未配备填埋气收集装置。③ 因此，将填埋气集中收集再处理的恶臭控制技术不适用于我国大多数填埋场。与之相比，利用填埋场覆土层本身的存在（图 4 - 19），构建一种对恶臭气体具有高效去除性能的生物覆盖层，是国内外公认的经济易行且有效的方法。该法不需要额外的气体收集，是一种原位减排技术。早有报道揭示了有覆土层区域相较于无覆土层区域明显被削弱的恶臭影响，其削弱机理包括对于恶臭气体的物理吸附、化学吸收及微生物主导的生物氧化作用。但原始覆土材料大多就地取材，对于恶臭气体的去除性能不够理想。④ 因此，学者们针对覆土层的除臭性能提升开展了大量的相关研究，包括使用各种覆土改良材料或可替代材料，比如堆肥、垃圾生物

① 中华人民共和国生态环境部：《2018—2020 年全国恶臭/异味污染投诉情况分析》，见中华人民共和国生态环境部网站（https://www.mee.gov.cn/xxgk2018/xxgk/sthjbsh/202108/W020210802362849846055.pdf）。

② 中华人民共和国统计局：《中国统计年鉴》，中国统计出版社 2022 年版，第 18 页。

③ Bian R, Xin D, Chai X. A simulation model for estimating methane oxidation and emission from landfill cover soils. *Waste Management*, 2018（77）：426 - 434.

④ Plaza C, Xu Q, Townsend T, et al. Evaluation of alternative landfill cover soils for attenuating hydrogen sulfide from construction and demolition（C&D）debris landfills. *Journal of Environmental Management*, 2007（84）：314 - 322.

土、建筑垃圾、蚯蚓粪、木屑、生物炭等，又或者结合一些工程或生物手段，比如渗滤液回灌、曝气或微生物接种等，实现比传统覆土层更为优异的恶臭控制，进而有效降低填埋场的恶臭污染影响。①

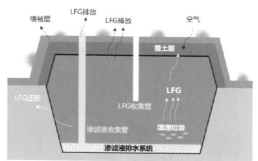

图4-19 生活垃圾的分类收集和填埋处理

（左为分类垃圾桶；右为现代填埋场简图，LFG为填埋气）（供图：黄丹丹）

2. 畜牧业

与垃圾处理相似，畜牧业的恶臭排放来自于畜禽养殖生产的各个环节，包括畜禽舍、畜禽粪污的管理和处理及粪肥的农田施用等。畜禽粪污主要管理和处理方法包括氧化塘处理、固体粪便的堆肥处理及液态粪污的厌氧发酵产沼气。畜禽舍内的恶臭主要来自于畜禽的粪尿，但也有部分来自于垫料、饲料残渣、畜禽皮肤分泌物等。恶臭气体不仅对人体有害，且对畜禽健康也存在危害。对畜禽影响较大的恶臭气体包括氨气、硫化氢和挥发性脂肪酸，它们能让畜禽慢性中毒、体质变弱、抗病力及生产性能下降。

畜禽舍恶臭物质的种类和浓度水平受各种因素影响，包括畜禽种类、畜禽舍类型、管理方式、温湿度、通风量及气候条件等。例如，清粪频率显著影响畜禽养殖舍内的恶臭浓度水平；畜禽舍内温湿度热环境直接影响微生物活动进而对有机质生化降解过程有着直接作用。通风是为了维持畜禽舍环境处于适宜畜禽生长的状态，其主要有两种模式：一种为基于舍内温湿度或污染气体浓度自动调节的机械通风模式，涉及排风扇、进气口以及调节排风扇运转的智能控

① Solan PJ, Dodd VA, Curran TP. Evaluation of the odour reduction potential of alternative cover materials at a commercial landfill. *Bioresource Technology*, 2010 (101): 1115 – 1119. Reddy KR, Yargicoglu EN, Yue D, et al. Enhanced microbial methane oxidation in landfill cover soil amended with biochar. *Journal of Geotechnical and Geoenvironmental Engineering*, 2014 (140): 04014047.

制系统的使用；另一种为自然通风，仅简单利用舍内外热环境差异以及自然的空气流动来实现换气效果，其不涉及复杂的排风扇的安装和控制系统的使用（见图4－20）。① 通风量直接影响着恶臭的排放通量，对于舍外恶臭影响有着决定性的效果，一般夏季通风量较大恶臭的排放通量也较大，因此也是恶臭污染和恶臭投诉多发的季节。

图4－20　机械通风蛋鸡舍（左）和自然通风奶牛舍（右）（供图：黄丹丹）

近年来，由于养殖用地的紧缺，让动物住进楼房的理念在全国各地开始火热了起来，尤其是在生猪行业，关于楼房养猪的新闻报道吸引了很多人的眼球。② 虽然楼房养猪提高了单位面积的生产效率，有利于废弃物的集中处理，还可搭载物联网等信息技术实现智能化养殖，但它也带来了新的恶臭污染问题，即将传统养殖场平层猪舍的低位多点分散排放转为楼房养殖模式下的高位大通量集成排放，进而导致恶臭的传播距离更远，这已成为楼房养殖发展中一个非常棘手的问题。③

对于填埋场和养殖场恶臭治理的挑战很大一部分源自于恶臭组分的复杂性，这也给填埋场和养殖场恶臭控制带来了挑战。比如，恶臭的气味不仅由有气味气体提供，某些非恶臭气体经合成作用后也会产生恶臭；恶臭浓度不是简单的单个恶臭物质的浓度累加，而是恶臭组分间复杂的协同、抑制、合成或分

① Huang, D. Odour and gas emissions, odour impact criteria, and dispersion modelling for dairy and poultry barns. Ph. D. Thesis. Biological Engineering, University of Saskatchewan. 2018.

② 乔娟：《畜牧业规模养殖用地难：问题与原因》，载《中国畜牧》，2014年第50期。

③ 杨彩春，陈琼，陈顺友等：《我国楼房养猪发展现状的浅析及改进措施探讨》，载《猪业科学》，2020年第37期。

解等作用后的结果。[1] 我们在开展恶臭治理时，一方面需要鉴别关键恶臭组分，进而为有的放矢的恶臭减排技术的选择使用提供重要参考信息。另一方面，由于恶臭组分物质浓度的降低不等同于恶臭感官刺激程度的降低，我们需要同步获取恶臭感官刺激程度的量化值，进而为评估恶臭减排技术的有效性及后续的恶臭污染影响奠定基础。

或许你听说过红酒评鉴师、香水设计师这些以鼻子为生的职业，但你知道还有一种职业是专门来做闻臭味的工作吗？

恶臭组分可通过各种高精度的仪器设备（如电化学传感器、气相色谱仪等）来进行分析监测。与此不同，恶臭的感官刺激评定的标准方法是通过直接利用人的鼻子来开展，也就是通过由若干经过筛选训练后获得资质的嗅辨员组成的嗅辨小组，通过科学规范的流程，将恶臭的感官刺激程度转化为量化的数值。恶臭的感官刺激特性被关注最多的为恶臭的浓度和强度。针对恶臭浓度的获取，我国目前采用的标准方法是日本发明的三点比较式臭袋法（《空气质量恶臭的测定：三点比较式臭袋法》（GB/T 14675 - 1993），其原理为手动将充满干净空气的 3 只无臭袋中的 1 只按一定稀释比例充入被测恶臭气体样品，当嗅辨员正确识别 3 只中的有臭气袋后，再逐级进行稀释、嗅辨，直至恶臭样品的臭气浓度低于嗅辨员的嗅觉阈值时停止实验，最后根据嗅辨员的个人阈值和嗅辨小组的平均阈值，求得臭气浓度（无量纲单位）。[2] 西方国家采用较多的是一种动态嗅觉仪法，即通过电脑控制系统将恶臭样品与干净空气按照一定稀释倍数自动进行混合，并同时将稀释恶臭样品和干净空气输送到出气端口让嗅辨员进行嗅辨（见图 4 - 21），嗅辨员通过面板按钮切换不同通道嗅闻气体样品（共 3 通道，其中 1 通道为恶臭样品），按照恶臭样品稀释倍数由高到低（恶臭浓度由低到高）的顺序进行，直至嗅辨员连续两次正确识别恶臭样品时结束实验，得到其个人嗅觉阈值并进行计算。[3] 恶臭强度的获取通过使用不同浓度等级参照物（对应不同气味强度等级）对嗅辨员的鼻子进行逐级校准，

---

[1]　张晶：《典型生活垃圾填埋场恶臭污染特征研究》（硕士学位论文），清华大学环境学院，2012 年。

[2]　国家环境保护局：《GB/T 14675 - 1993 空气质量恶臭的测定：三点比较式臭袋法》，见国家环境保护局网站（http：//c. gb688. cn/bzgk/gb/showGb？type = online&hcno =7E1F416F61AE99FA2585269F5430AA79）。

[3]　CEN 13725：Air quality determination of odour concentration by dynamic olfactometry. *European Committee for Standardization*, *Brussels*. 2003.

直接让其嗅闻恶臭样品进行气味浓烈程度的定级（图 4 - 21 右），如 0 - 5 定级法中的 0 代表无气味，1 代表气味非常微弱，而 5 代表极其强烈。

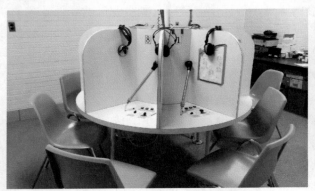

图 4 - 21　恶臭气味的嗅辨分析（欧洲 CEN 标准，2003）
（左：用于恶臭浓度分析的动态嗅觉仪输出端口；右：恶臭强度分析）（供图：黄丹丹）

（三）植物竟然是释放挥发性气体（VOCs）主角

挥发性气体是光化学反应的前驱体。在阳光照射下，VOCs 与空气中的氮氧化物产生化学反应形成臭氧和光化学烟雾。另外，VOCs 也是二次气溶胶的重要前体物，在大气中经过一系列的氧化吸附、凝结等过程生成悬浮于大气中的细粒子，进而导致雾霾。毋庸置疑，人类是大气污染物排放的主要推手，但我们大部分人不知道的是，自然界也是释放 VOCs 的高手，甚至在全球范围内贡献了 VOCs 排放总量的 90%，远高于人为源的 VOCs 排放。[①] 植物释放的 VOCs 简称为 BVOCs（Biogenic volatile organic compounds）。尽管 BVOCs 与工业生产中排放的 VOCs 成分不同，但仍然可以生成大量的臭氧和其他光化学污染物。对 BVOCs 的来源、分布及排放规律进行研究，不仅可为局部光化学烟雾污染控制和酸雨防治对策制定提供科学依据，而且对研究大气中的化学过程、在全球尺度上评价和预测大气环境的变化有深远的意义。

植物的 BVOC 也是其气味的物质载体。自然界中所有植物体都会产生和释放 BVOCs，许多植物还拥有着独一无二的气味，有的花朵芬芳，有的树木馨香。我们已经习惯了植物气味的存在，但为什么植物会散发气味呢？早在公元前 4 世纪，古希腊思想家、科学家亚里士多德在其《动物学》中就记载："蜜

---

① 杨伟伟，李振基，安珏等：《植物挥发性气体（VOCs）研究进展》，载《生态学》，2008 年第 27 期。

蜂每一次采蜜不是从一种植物的花飞到另一种植物的花上，而是只从一朵紫罗兰花飞向另一朵紫罗兰花，在它飞回蜂巢之前，绝不飞向其他种类的花"。以往人类多将花的色彩、形状及花冠上的纹饰视为吸引昆虫的主要因素。随着生物化学和生态学的发展，人们已越来越多地认识到，气味在有花植物异花传粉等生命活动中具有重要作用。对于不能借助声波传送信息的植物来说，这些释放出的化学物质（BVOCs），就是植物的独特"喊话"方式，在植物—植食性昆虫—天敌三级营养关系、植物间信息传递及适应性改变上都发挥着重要作用。

图 4-22　野外植物（左）和室内植物（右）都会释放 VOCs（供图：黄丹丹）

　　根据挥发性强弱，BVOCs 又可大致划分为萜类化合物（半萜、单萜和倍半萜）和其他（碳氢化合物：烷烃、烯烃、芳香烃等及其氧化产物：醇、醛、有机酸）。萜类等少数化合物挥发性很强，合成后很快就会释放到大气中。因此，萜类物质很多都有芳香气味，是树脂、松节油、很多植物精油的主要成分。① 萜类中异戊二烯和单萜烯是主要成分，占据了植物释放 BVOCs 的 50%以上，它们的化学活性高，且由于排放量大，积极参与大气光化学氧化过程，对近地面臭氧、酸雨、光化学烟雾等的形成以及全球碳循环都起着非常重要的作用。

　　植物释放 BVOCs 具特异性、系统性和节律性等特点：①特异性。不同种类植物在受到同一种昆虫取食时，亲缘关系较远的植物所释放的 BVOCs 组成差别较大，而亲缘关系较近的植物差别比较小；植物还能根据昆虫的龄期释放明显不同的 BVOCs；BVOCs 的诱导量和植物被破坏的程度有关，破坏力大的

---

　　① 路洋，郭阳，杜再江等：《植物释放 VOOs 的研究》，载《化工科技》，2013 年第 21 期。

取食方式诱导更多的 BVOCs 产生。②系统性。一般地,植物体在遭受虫害后不仅是受损伤部位,而是整株植物都有 BVOCs 的释放。③节律性。被昆虫取食后,释放诱导型化合物的植物在同一部位不同时间所释放的 BVOCs 组成不同,且体现出昼夜节律性。

生态系统的物种组成是影响 BVOCs 贡献率的重要原因。基本上,森林的 BVOCs 排放量要高于灌木丛、草地等其他植被类型。就全球范围而言,热带和亚热带地区的植被量较大,拥有大片的热带雨林和森林,而且这些区域长年的温度和辐射量均较高,所以这些区域的植物排放的 BVOCs 量较大。不同种类植物排放的 BVOCs 种类不一样。桉树、杨树等阔叶树主要排放异戊二烯,而松树、杉木等针叶树主要排放单萜烯。另外,由于墙体阻隔,家居环境中的氮氧化物浓度不高,家养绿植排放的 BVOCs 与氮氧化物反应产生的臭氧量很少,不会对人体健康构成危害。

BVOCs 对碳循环也存在贡献,其贡献值用植物释放 BVOCs 的碳量与光合作用固定碳量的相对比值来表示。① BVOCs 对碳循环的贡献率受温度、干扰、胁迫或伤害影响。如温度增加,植物的 BVOCs 释放速率和植物的光合速率均增加,但植物的 BVOCs 释放速率增加更明显,因此,BVOCs 对碳平衡的贡献随温度的增加而增加。温度和水分胁迫将显著提升 BVOCs 的贡献率(如刺叶栎可从 1.95% 提升到 20%)。土地利用和气候变化也将增加 BVOCs 的释放量,因此植物对碳循环的贡献率还可能增强。鉴于 BVOCs 对大气中多种元素的生物地球化学循环的影响,以及它对全球变化的高度敏感性,创建包含植物源 BVOCs 的新的碳循环模型,可以更全面地描述碳循环的未来变化。

(四)空气污染治理

20 世纪 70 年代之后,各国政府开始重视环境保护,着手治理环境污染,制定空气质量标准、大气污染控制法。通过加强环境管理及采取综合防治措施,使得大气污染基本得到控制。随着社会经济和生态环境保护事业发展,我国大气污染治理主要经历了四个阶段:消烟除尘构建大气环境容量理论(1972—1990 年)、分区管控防治酸雨和二氧化硫污染(1991—2000 年)、总量控制二氧化硫排放量见顶下降(2001—2010 年)及攻坚克难打赢"蓝天保卫

---

① 何念鹏,韩兴国,潘庆民:《植物源 VOCs 及其对陆地生态系统碳循环的贡献》,载《生态学报》,2005 年第 25 期。

战"（2011—2020 年）。① 我国环境空气质量标准的形成、制定、实施及发展与大气污染状况的变化形势、控制目标和国情相适应，并且是与我国环境立法与环境事业同步发展的（图 4-23）。

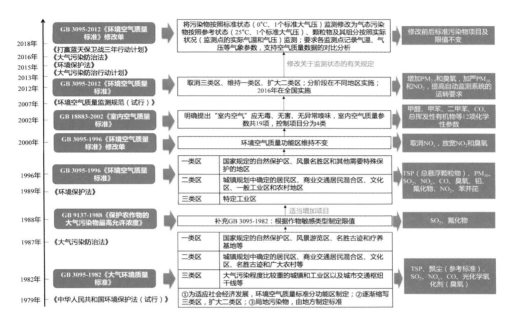

图 4-23 我国空气质量标准和相关法律法规发展历程（改编自王文兴等，2019）

以 1972 年参加联合国第一次人类环境会议为标志，经过几十年的发展和完善，我国已形成了"两级五类"环境保护标准体系。近半个世纪的科学探索和持续的治理实践也使得我国成功构建了系统科学的大气污染综合防治体系，空气治理改善效果明显。2021 年，全国 74 个重点城市空气质量优良天数达到 85.2%，比 2013 年上升 19.5%。尽管如此，我国的生态环境保护结构性、根源性、趋势性压力尚未根本缓解，生态环境保护任务依然任重而道远。

大气环境的污染状况受到能源构成、工业结构和布局、交通状况、人口密度及区域自然条件等的影响，对其防治需从区域环境综合防治的角度出发，即把一个区域的大气环境看作一个整体，统一规划工业发展、能源消耗、城市建设和交通运输等，综合运用多种手段从源头到末端对大气污染进行防治，以消

① 王文兴，柴发合，任阵海等：《新中国成立 70 年来我国大气污染防治历程、成就与经验》，载《环境科学研究》，2019 年第 32 期。

除或减轻大气污染。比如，一方面，通过改革能源结构、对燃料进行预处理、改进燃烧技术等减少源头污染物的产生。同时，使用液体吸收技术、除尘消烟技术、冷凝技术及回收处理技术等减少排入大气的污染物数量；另一方面，根据大气扩散稀释污染物的强弱程度，对不同地区、不同时段进行排放量的有效控制，充分利用大气自净能力。

大气环境是全人类共同的资源，大气保护是人类共同的义务和责任，穹顶之下，无人能置之事外。大气污染治理是一个庞大的系统工程，需要个人、集体、国家乃至全球各国的共同努力。对于个人，我们需要通过各种渠道和工具进行宣传教育，加强个体的危机感、责任感和紧迫感；对于国家，必须加强国际合作，联合起来共同行动，一起保护我们的唯一家园。

（本节撰稿人：黄丹丹）

四、全球化漩涡中人类与外来生物的过去、现在和未来

你们知道吗？我们在朋友圈里经常见到的成片成片清新亮丽的小黄菊和小白菊很可能是原产于中南美洲的外来入侵植物三裂叶蟛蜞菊和白花鬼针草。人们常养的宠物巴西龟其实原产于美国密西西比流域，学名为密西西比红耳龟。中国人的餐桌美食小龙虾（学名：克氏原螯虾）其实原产于北美和墨西哥，目前至少在全球40多个国家有所分布，覆盖了除南极洲和澳洲以外的所有大洲。①

图4-24　白花鬼针草（左）和三裂叶蟛蜞菊（右）（供图：刘金刚）

---

　　① Oficialdegui, F. J. Conquering the world: the invasion of the red swamp crayfish. *Frontiers for Young Minds*, 2020, (8): 26.

这四个看似风马牛不相及的常见物种，在人类活动的干预下，走向了相似的命运，并最终聚首于生物学上的同一个"分类"——入侵生物。

这听上去并不像一个美好的称呼，事实也确实如此。以小龙虾为例，凭借其极强的胁迫耐受力和好斗的性格，它们在我国自然淡水生态系统中成为了一种常见的外来入侵动物，而在其他的很多国家，由于无人食用，这些外来螯虾大量取食本地淡水动植物并向本地生态系统传播自身携带的外来病原体，极大地影响了入侵地生态系统的健康。

图 4 - 25　餐桌上的小龙虾（图片提供：甘倩）

然而，随着科学和文明的发展，入侵生物与本地生物战争中人类的角色随着时间在逐渐发生转变。在本书中，我们将分为"帮凶"—"觉醒"—"守护"—"未来"四个篇章来展开人类角色转变的故事。

（一）"帮凶"

距今约 300 万年前，地球现有的板块格局基本形成，生物界的面貌也已经很接近现代。在能够直立行走的人类诞生前的数百万年中，地球上绝大多数的物种都在各自生活的区域内进行着演化，物种间的交流主要发生在邻近的地理区域，有时会受到洋流、气候变化或季风等影响而导致物种发生较远的迁移。

随着人类的出现，一些物种开始在人类有意或无意的活动中被迁移，并渐渐无视了山岭、海洋和荒漠的阻隔，传播距离越来越远。但由于生存环境的不同，只有少部分迁移物种在新的生态系统中能成功定居。

人类引入外来生物的历史悠久，以第一次工业革命和第三次科技革命为时间节点，可以把这段历史大致分为早期、中期和当代，并由于每个时代交通方式和社会面貌的不同，体现出明显的时代特征。

第一次工业革命之前，人类主要通过马车、人力车、帆船等效率较低的交通方式出行，无法快速或频繁地进行长距离的移动，在人类迁移活动中可能会将少量的昆虫或者植物种子引入新的环境，但规模很小。因而，那个时期的物种交流主要在邻近的地区进行。

到了15世纪，随着资本主义的萌芽，欧洲的船队开始出现在世界各处的海洋上，为了寻找新的贸易路线和贸易伙伴，同时也为了弘扬和传播基督教的"福音"，商人们、传教士们和探险家们开始了对新航路的大探索。新大陆美洲的人口结构和分布逐渐被白人的殖民活动改变，印第安人、欧洲白人、非洲黑人和其他混合血统的人共同在此生活，人口的迁移也在新航路开辟的背景下越发频繁，这直接促进了许多动植物在欧亚大陆和美洲之间的广泛交流。

在商人和航海家的运作下，美洲大陆向外部输出的主要农作物有玉米、甘薯、马铃薯、四季豆、番茄、辣椒、南瓜、草莓、向日葵、木瓜、花生、菠萝和可可等；输出的动物主要有火鸡和羊驼。欧亚大陆向美洲输出的农作物主要有小麦、燕麦、大麦、甘蔗、葡萄、苹果、香蕉、梨、甜菜、黄瓜、茄子、大蒜、大豆、亚麻等；输出的动物主要有猪、牛、羊、马、骆驼、鸡、蜜蜂、家兔、蚕等。这些外来物种迅速在新的"家园"定居，如马铃薯在传入爱尔兰的短短百年间成为爱尔兰人的主食；玉米和红薯传入中国后也快速增加了中国的粮食产量，影响了明清两代的人口增长；多种家畜被引入美洲后，为当地带来了肉食和奶制品，增强了当地人的身体素质和生产力。

图4-26　市场上超市销售的各种水果中不乏外来水果
（拍摄地：广州太古汇 Ole 超市，供图：廖慧璇）

但除了这些人为的有目的的物种引进，还有一些外来生物，偷偷跟着人类的脚步漂洋过海，比如传播各种病毒的老鼠以及跟随人口和动物一起迁徙的病毒和病原菌。下面列出的 30 种疾病，被现代科学家认为是西班牙探险家带到新大陆或加剧传播的，它们包括天花、麻疹、流感、黑死病、白喉、斑疹伤寒、霍乱、水痘、猩红热、黄热病、疟疾、莱姆病、Q 热（由贝氏柯克斯体所致的急性传染病，症状类似流感）、百日咳、利什曼原虫、非洲睡眠病、登革热、丝虫病、败血性鼠疫、血吸虫病、肉毒中毒、炭疽、破伤风、弓形虫、葡萄球菌、绦虫、真菌疾病、军团菌病和链球菌，尤其是天花、麻疹和流感。在它们猛烈的攻势下，几乎全无免疫力的美洲土著，在头几年里就丧失了几乎 90% 的人口。与此同时，新大陆的结核病和梅毒也传入了欧洲，一度夺去了美洲和欧洲七分之一的人口。

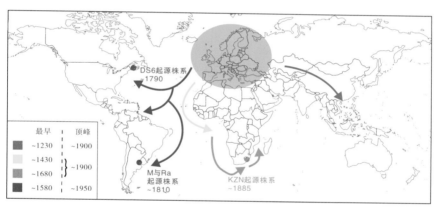

图 4-27　L4 型肺结核杆菌从欧洲传遍世界

（**图片来源：**Brynildsrud et al.，2018[①]；制图：成都地图出版社有限公司）

第一次工业革命以后，由于火车和汽船的出现，人类的出行变得便利，欧洲各国的殖民扩张和贸易往来大幅增加。跨地区的货物交流和人员流动增加，无意中引进外来物种的可能性也大幅增加，很多农林病虫就是在这时候传播至世界各地的。

此外人为引种的外来植物也大大增加。因为特定的地理位置和气候条件，欧洲的原生植物种类极其贫乏，尤其是英国。在贫瘠的原生条件下，英国却拥

----

① Brynildsrud O B, Pepperell C S, Suffys P, et al. Global expansion of Mycobacterium tuberculosis lineage 4 shaped by colonial migration and local adaptation，*Science Advances*，2018，4：eaat5869.

有了全球首屈一指的皇家园林，植物学也极其发达。这主要归功于那些植物猎人和探险家，他们不畏艰险地环游世界，搜寻新的物种，并将植物的种子、标本甚至是活体带回欧洲大陆。

在《探险家的传奇植物标本簿》① 中记录了一大批植物猎人和他们的成果：丹尼尔·索兰德（1733—1782，瑞典）曾一周采集 700 种植物标本，返回英国时，他带回了 30000 件植物标本和 1000 件动物标本，其中有 1400 多种没有历史记录；安德烈·米肖（1746—1802，法国）11 年间，从美洲带回 1700 种美洲植物，包括 90 箱种子和 60000 株植株；尼古拉·博丹（1754—1803，法国）与马修·费林德斯（1774—1809，英国）从澳洲带回 4000 种植物，其中 1700 种是欧洲大陆的新种；德·坎多（1778—1840，日内瓦）带回 5000 种活体和标本，并在其著作《自然界植物系统概论》一书里描述了 58975 种植物；冯·西德尔德（1796—1866）从日本就带回标本 12000 种；查尔斯·达尔文仅在科隆群岛的 4 个小岛就带回 193 株植株，其中 100 种花卉为当地仅见。

植物猎人这一群体逐渐活跃，并在 19 世纪达到高峰。他们为跨国公司或私人收藏家四处探险，采集植物标本和种子，以供种植或培养园艺品种。英国对茶叶的需求量极大，在当时只有中国有成熟的茶叶种植和烘焙技术，因此英国市场上茶叶的主要来源是中国，而中国也在和英国的茶叶贸易之中获得了巨大的利润。在《南京条约》为英国打开深入中国腹地的大门之后，罗伯特·福琼——一位来自英国的植物猎人，潜入中国盛产茶叶的福建、湖北和浙江等地，6 年间向外运输了数万株茶树植株，从此中国的茶在海外——印度和英国被大面积定植。

近代著名的植物猎人欧内斯特·亨利·威尔逊于 1899 年进入中国并于次年到达长江边上的宜昌。他发现了猕猴桃，并在接下来的两年里收集了 305 种植物，包括大白花杜鹃、尖叶山茶、虎耳草、盘叶忍冬、巴山冷杉、红桦和血皮槭等。他再次进入中国时，又成功地在 3 年后带着 510 种树种和 2400 种标本回国。

1869 年，法国传教士阿尔芒·戴维，在四川第一次看见了熊猫——这对于当时的西方来说是一个全新的物种。消息很快传了出去，探险家和狩猎者们纷至沓来，捕杀大熊猫并把"战利品"运送回国。1936 年，美国探险家露丝·汉克内斯来到汶川，捕获了一只大熊猫幼崽并带到了美国，这也是第一只活体走出中国的大熊猫。随着人们在自然科学领域的认知发展和对地球的深入

① ［法］弗洛朗斯·蒂娜尔（著）；［法］雅尼克·富里耶（绘）：《探险家的传奇植物标本簿》，北京联合出版社，2017 年版，64－108 页。

探索，无数这样的场景也发生在同时期的世界各地。这些动植物猎人也许从某个角度来说为丰富全球物种起到了一定积极作用，但他们不择手段的行为不仅大量破坏和掠夺了他国的自然资源，同时也引起了外来入侵物种扩散。

科技革命之后，人类进入当代社会，交通方式和生活面貌再次发生巨大变化。人类对飞机运输和集装箱远程运输的技术越发熟练，使得时间距离和运输过程中的存活率不再是人们引入外来生物的限制，物种交流逐渐显现出全球性。据不完全统计，仅2000—2010年间，加拿大和西欧国家人均引入的外来植物价值就高达100美元，美国人均引入价值高达80美元。即使是人口基数近14亿的我国，每年人均引入外来植物的价值也可达40美元，且呈现逐年增长态势。

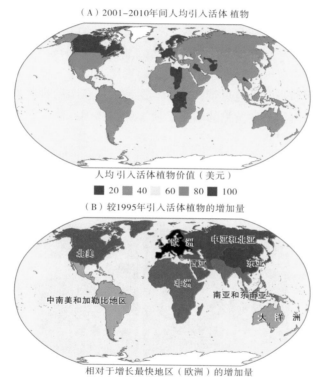

图 4-28 2001—2010 年间全球范围内引入活体外来植物的数量统计
（图片来源：van Kleunen et al.，2018①；制图：成都地图出版社有限公司）

① Van Kleunen M，Essl F，Pergl J，et al. The changing role of ornamental horticulture in alien plant invasions. *Biological Reviews*，2018，93：1421－1437.

很多外来生物因为没有天敌而大肆繁衍，破坏当地生物多样性，成为我们今天所熟知的外来入侵生物。至 20 世纪末，外来生物入侵现象跃升为仅次于环境变化的造成全球生物多样性下降的第二大因素。这期间有不少无意被引入中国的外来生物，如通过木制包装箱进入我国的松材线虫，至今仍在危害松林，更多的则是因其药用、食用或观赏价值而有意引入的外来生物。例如原产于美国的食蚊鱼，由于喜爱食用蚊子幼体并具一定观赏价值，最初被引入我国用于控制蚊子。然而，这种鱼类与小龙虾类似，具有很强的环境适应能力，会抢占其他鱼类的栖息地和食物并掠食其他水生生物的卵和幼体，从而对自然淡水生态系统造成严重破坏。2016 年，食蚊鱼被列入了我国第四批外来入侵物种名单，从备受尊崇的"座上宾"变成了人人趋避的"不速之客"。

又如我国南方的恶性杂草微甘菊（原名：薇甘菊），最初被香港植物园作为观赏花卉引入，在逸生至野外后，蛰伏了约 40 年时间开始呈现入侵态势。自 20 世纪 80 年代末进入深圳以来，微甘菊现已在珠江三角洲的大部分地区广泛分布，在广西和云南也能见到其身影。这种入侵藤本所到之处往往能连接成片，遮挡本地果树和草本植物的阳光，使本地植物因无法光合作用而死，其作为入侵者的凶悍不言而喻。

图 4 - 29　我国华南地区恶性入侵杂草薇甘菊的花序全貌（左）、小花特写（右上）、攀援覆盖本地植物的景象（右下）（供图：刘金刚）

再比如，水生入侵植物凤眼莲最初被作为动物饲料在我国推广种植，结果却成为了让人望而生畏的"水上绿魔"。凭借着惊人的繁殖能力和对污水的适应能力，凤眼莲能够迅速覆盖所到之处的水面，通过降低水体透光度和溶解氧含量"消灭"其他淡水生物，并堵塞河道、破坏水电站和水坝等设施。

图 4 - 30 全球入侵物种项目与世界自然保护联盟、物种生存委员会和 BIONET 联合出版的《全球最恶劣的 100 种外来入侵物种名录》（左）；书中列举的典型外来入侵生物（包括狂蚁、玫瑰橡子螺、凤眼莲、印度蒙哥狐猴、草莓番石榴、棕树蛇、食蚊鱼等）（右）

很多普通人也在无心之中成为了入侵生物的"帮凶"。

中山大学黄建荣教授团队对澳门湿地资源的调查显示，许多公园的水池和自然半自然溪流中均发现了入侵生物的身影。巴西龟、米奇鱼等水生宠物，由于"好心"的放养行为，进入到自然生态系统中，抢占了许多本地生物需要的食物和空间资源，对本地淡水生态系统造成了严重破坏。

图 4 - 31 贵州省贵阳市某花鸟市场正在售卖的一些入侵物种：1 是米奇鱼，2—3 为巴西红耳龟，4 为凤眼莲（供图：唐语然）

　　还有许多外来入侵花卉，由于受到人们特别的喜爱而被大面积种植，比如原产美洲的一枝黄花属植物，由于其类似油菜花的密集花序十分艳丽而被欧洲的一些农场主大面积种植，即使是科学家的忠告也无法动摇这些农场主种植一枝黄花的坚持。我国武汉、郑州、西安等地，近期也观察到加拿大一枝黄花从植物园中逃逸到自然生境并发生入侵的现象。虽然在引入这种俗称"黄莺花"的观赏花卉时专门选择了花而不实的二倍体品种，但它们逸生到野外后产生了多倍化，成功提升了耐热性，实现了从温带向亚热带入侵的转变。

图 4-32　一枝黄花属植物在欧洲入侵的景象（图片来源：Robert Pal）

　　外来入侵生物通过降低生物多样性、降低生态系统功能、破坏景观和设施、影响人类生产生活等，给入侵地造成了极大的经济损失。据不完全统计，外来生物入侵每年给全球带来的经济损失高达 1 万亿元，[①] 仅我国每年的经济损失就达数百亿人民币。

（二）"觉醒"

　　事实上，早在 18 世纪，已有植物学家开始留意到一些外来引入植物会对本地生态系统造成负面影响，甚至难以控制。一些外来农业害虫也引起了美国

---

　　① 　Pimentel D，Zuniga R，Morrison D．Update on the environmental and economic costs associated with alien - invasive species in the United States．*Ecological Economics*，2005，52：273 - 288．

科学家利兰·霍华德的重视。他指出，有很多外来昆虫和其他生物可能以商品的形式被人类等媒介引入到全球各地，在距离原产地上千里的地方繁衍生息，并获得新的生命力。[①]

　　著名生物学家查尔斯·达尔文在《物种起源（1859）》一书中已经开始使用"外来生物"这个名词，以描述与本地生物共存但具有不同进化历史的生物。他发现有些外来植物能够在短短 10 年间在整个海岛上广泛分布。他向读者提出警示："我们要牢牢记住，仅仅是一种外来动物或植物的引入能够对海岛产生多么巨大的影响。"

　　19 世纪末至 20 世纪初，越来越多学者开始将外来入侵生物作为研究对象，探讨生态系统变化和物种分布与适应问题，形成了许多至今仍有借鉴意义的理论，包括"气候预适应""优先占领""干扰""生物抵抗"等假说的雏形。然而，真正对外来入侵生物展开研究的学者直到 20 世纪 30 年代才开始出现。[②] 他们的系统性探索，催生了入侵生物学（Invasion Biology）这一学科。

　　1958 年，英国著名的生态学家查尔斯·埃尔顿出版了《动植物入侵生态学》。时至今日，该书仍是入侵生物学研究和外来入侵防控工作者的"圣经"宝典。在这本经典著作中，作者首次将三方面的内容予以融合：①在过去的成千上万年间已经形成的不同大洲截然不同的动植物区系；②全球化贸易和旅游对动植物区系间差异的消除作用；③差异消除的过程对生物多样性保育造成的影响。通过大量生动的比喻和典型案例，埃尔顿深刻阐述了生物入侵和生态系统因此而改变的现实与后果，并提出了许多大胆的前瞻性假设。比如他挑战了达尔文关于"与本地物种更相似的物种更容易入侵"的观点，指出与本地物种更不同的物种，可能能够占据从未被占据的空余生态位，因此能"掀起更大的风浪"。这一点在后来入侵美国的欧洲斑马贻贝上得到了很好的证实。

　　所谓"知己知彼，百战不殆"，入侵机制一直是入侵生物学研究的核心内容。关于生物入侵，我们目前比较明确的一个定论是入侵是分阶段的，主要包括引入期、潜伏期、逃逸期和爆发期。据不完全统计，目前针对不同入侵阶段

---

　　①　Howard，L. O. The spread of land species by the agency of Man；with especial reference to insects. *Proceedings of the American Association for the Advancement of Science*，1897，46：3 – 26.

　　②　Cardotte，M. W. Darwin to Elton：early ecology and the problem of invasive species. In：M. W. Cardotte，et al.（eds）. *Conceptual Ecology and Invasion Biology*. Springer：Netherlands，2006.

已经提出了林林总总不少于 50 种促进外来入侵的机制。

入侵生物学家经常受到的灵魂拷问之一就是：为什么入侵生物在原产地默默无闻，而到了入侵地却开始兴风作浪？是入侵生物变强了？还是它们的竞争者变弱了？抑或是竞争环境和规则改变了？很多人应该已经猜到了，入侵生物千千万，以上说的这些都存在可能。

在入侵生物学中研究得比较充分的一个假说是关于入侵地生物环境改变说，即"天敌逃逸"假说。该假说认为，在新生境中，由于入侵生物逃离了原产地的限制性天敌（包括捕食者和病原菌等），从而获得比仍在受天敌限制的本地竞争者们更大的竞争优势。不仅如此，有学者进一步指出，由于入侵生物不需要继续防御那么多天敌了，原本用于防御天敌的能量可以用来干更多的"坏事"了，比如进一步增强自身的竞争力以"干掉"更多的本地竞争者。这就是 20 世纪末开始受到大量关注的"增强竞争力的进化"假说。

有人此时可能会提出疑问，入侵生物逃离了天敌，但是人生地不熟，它们也应该没有什么朋友吧？事实上，尽管入侵生物在刚进入新生境时没什么朋友（这里的朋友指能与入侵生物形成互利关系的本地生物，如菌根真菌、土壤动物、其他动植物），但是它们能够破坏本地生物之间的友谊、抢夺本地竞争者的朋友，甚至是通过这些"朋友"从本地竞争者身上抢夺资源，以形成自身的竞争优势。实际上，这种小说和电视剧中的桥段不时在外来生物入侵过程中被观察到。

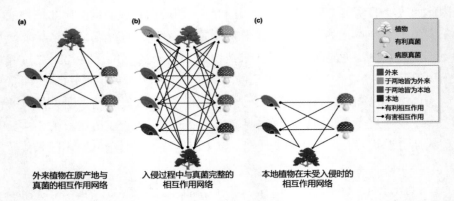

图 4-33　入侵植物与本地植物通过真菌的相互博弈（图片来源：Dickie et al.，2017①）

① Dickie I A, Bufford J L, Cobb R C, et al. The emerging science of linked plant – fungal invasions. *New Phytologist*, 2017, 215: 1314–1332.

　　当然，还有一派学者认为入侵生物本身就很强大。根据对全球范围的外来植物数据进行统计分析，有学者指出，由于绝大多数外来植物存在刻意的人为引入，因此存在非常明显的人为筛选过程。其中，生长迅速、易于培育等都是选种的重要标准，这些特性往往使得外来物种本身就具有较强的竞争和适应能力。

　　按理说，每种生物都有自己感到最为舒适的生存环境，比如北极熊和南极企鹅适宜寒冷的环境，如果把它们放到炎热的热带雨林，显然是无法自行存活的。因而外来入侵生物实现广泛分布的"武功秘籍"就让人非常好奇了。

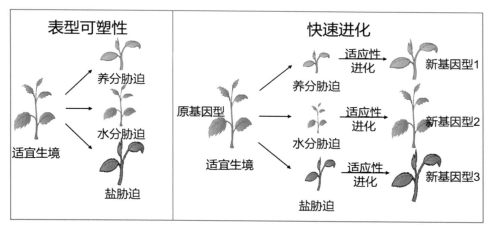

图4-34　外来入侵植物实现大范围扩张的表型可塑性与快速进化机制（供图：廖慧璇）

　　科学家们针对这个问题提出了两大类假说。一类是"表型可塑性假说"。该假说认为，入侵生物在不改变基因型的情况下往往能够进行表型性状（如叶片的厚度和大小、根的粗细和长短、卵的数量和大小等）的有效调控，从而对不同环境作出适应性响应。

　　不要小看简单的表型性状调整，比如叶片变厚。事实上，叶片变厚关联着一系列的生理和结构改变，包括光合作用场所增多、光合速率提升、叶片机械抗性增强、叶片水分增加等，这些都能够帮助植物应对特定的胁迫环境。许多入侵植物，尤其是能够克隆繁殖的植物，比如前面提到的微甘菊和三裂叶蟛蜞菊，都被发现具有很高的表型可塑性。但表型可塑性存在着一定的限制，那就是由于对很多种不同的生境都能适应，高表型可塑性的入侵生物无法在特定生境中形成特别有优势的种群。

　　而促进入侵生物范围扩张的第二大假说"快速进化"则能弥补表型可塑

性在这方面的不足。该假说认为入侵生物具备快速进化的能力，能够针对不同的环境快速进化出最适宜的基因型。有没有小时候看数码宝贝的感觉？种子兽进化！巴鲁兽！巴鲁兽进化！仙人掌兽！仙人掌兽进化！花仙兽！听着确实很厉害。

事实上，科学家通过大范围采集入侵植物种群，发现不少入侵植物在入侵地的不同生境中形成了新的适应性基因型。如入侵北美的黑底叶金丝桃，在入侵的 200 年间就形成了不少于 100 种不同的基因型。[①]

然而"快速进化"也不是无懈可击的策略，因为快速进化的实现需要引入的种群具有足够大的遗传多样性，以形成杂交优势，从而具备发生适应性进化的潜力。此外，快速进化可能会限制新的基因型对其他环境的适应能力，从而阻碍新基因型的进一步扩散，也就是落入了所谓的"进化陷阱"中。而第一种假说的"表型可塑"又恰恰能防止落入"进化陷阱"，因此能够弥补快速进化的不足。

近年来，入侵生物学这门学科也出现了一些质疑和反思。其中，2010 年发表于 *Nature* 的文章[②]以其"物种不问出身"的观点作为导火索，在学术圈中引起了持续近 3 年之久的学术争论。文章指出，尽管大家都默认只有外来生物会成为"坏蛋"，但在全球变化背景下，本地生物变"坏"的例子也很多，我们不能只盯着外来的"坏蛋"而忽视身边暗藏的危机。于是乎，有科学家开始倡议："是时候终结'入侵生态学'这门学科了。"但是，亦有不少坚守阵地的科学家高喊着："请终结关于终结'入侵生态学'的倡议"。这两派究竟在争什么呢？

"终结"派认为，就能够造成负面影响而言，"本地"和"外来"的划分本身从理论和实践上说都不合适，因为不少"本地"植物在环境发生改变后也能发生种群快速增长并产生负面影响，这种划分会阻碍对有害生物防控的理论实践技术的发展。因此，不妨将入侵生物学纳入到更广的学科体系，如群落动态学中。

但是，"坚守阵地"派认为，一个学科是否终结不取决于个别人的口号，而应该取决于这个学科是否仍然充满活力并蓬勃发展。在历史上，学科的终结

① Maron J L, Vilà M, Bommarco R, et al. Rapid evolution of an invasive plant. *Ecological Monographs*，2004，74（2）：261 – 280.

② Davis M A, Chew M K, Hobbs R J, et al. Don't judge species on their origins. *Nature*，2011，474：153 – 154.

图 3 - 35 "物种不问出身"的观点作为导火索引起的学术争论

主要是由于其失去了吸引力，从而没有更多的年轻学者愿意传承下去。在未来，入侵生物学的终结也应该由在新理论框架，如前面提到的群落动态学框架下取得更快更大进展的科研人员提出来，而不是在尚未验证新的框架是否真的能够推进外来生物入侵研究的时候就贸然喊出"口号"。

此外，"坚守阵地"派指出，入侵生物学会关注一些具有学科特色的研究内容。比如关注入侵生物对本地生态系统产生的危害及其形成机制，这是传统学科较少关注的内容。又比如研究"协同入侵"等独特的群落动态变化现象与机制，这些在传统的群落动态学里是不会被研究的。

更重要的是，虽然许多本地生物的种群都存在周期性的突然增长，但其实现机制与外来入侵生物截然不同。如果与外来入侵生物同等对待，则会闹出笑话。比如，苔原的旅鼠会周期性地爆发式增长，我们不能说它们有时是入侵生物，有时又不是。

通过这几波争论，入侵生物学似乎更明确了自身的特色和未来发展的方向，也算是"因祸得福"吧。

（三）"守护"

在了解了外来入侵生物的特点和成功机制后，我们该如何去守护我们的本地"战友"和我们共同的家园呢？这可能是我们普罗大众更应该了解的内容。总的说来，外来入侵生物防控无外乎预防、清除和防复发三方面内容，可供选择的策略无外乎四大类。

1. 简单粗暴的"蛮力"策略

在与本地群落并肩作战的早期，人类主要采取的是人工清除的手段，比如割弋、砍伐、捕猎等。哪里有入侵草本割哪里，哪里有入侵木本砍哪里，哪里有入侵动物去哪里打猎。实在清除不完则用火烧上一烧，牺牲一些本地战友以换取眼前的清净。由于成本低廉且技术含量较低，欠发达国家更多采用"蛮力"策略。据统计，欠发达国家使用人工清除法占所有入侵植物防除方法的相对频率高达80%以上，而在发达国家中该频率不到60%。[①]

事实上，别看人工清除的方式简单粗暴，在清除技术和时机选取方面也有一些可以取巧的地方。只要使用得当，可以达到事半功倍的效果。通过割断入侵植物薇甘菊的基茎，可以轻巧地阻断攀缘在果树上的枝叶获取养分的途径。这种方式在薇甘菊开花期前后使用最为有效。这是因为在这个阶段，薇甘菊已经开始将大量能量投入到开花结果。当地上茎叶被割断后，再难以有额外的能量重新从基茎萌出新芽。这样，果树上的枝叶将失去基茎提供的水分和无机养分，而基茎则将失去茎叶提供的糖类等光合作用产物。从而使双方均陷入"兵粮寸断"的境地，颇有兵法中的"攻其必救，断其粮草"的意味。因此，人工清除仍然是我国南方防控藤本入侵植物的主要手段之一。此外，对于入侵乔木，也不必费力将其砍伐，可通过环割树皮的方式阻断其养分输送。入侵动物也可以通过陷阱、性激素、灯光等方式进行诱捕，不必刻意耗费人力去捕捉。

人工清除除了费时费力的缺点外，还有难以斩草除根的问题，经常需要年复一年地反复清除。要是没钱也没技术，有的就是"蛮力"，那也只能跟入侵生物死磕到底了。

2. 以毒攻毒的"药物"策略

在漫长的农耕历史中，人类早已形成了用"药物"保证作物产量的智慧。因此，将杀虫剂、除草剂等农药投入到与入侵生物"作战"的战场中似乎是顺理成章的事情。事实上，草甘膦等高效农药确实被证实对于入侵植物有奇效。化学药物有省时省力、施用范围广等优点，但是成本相对于人工清除要高不少。因此，是发达国家主要采用的外来入侵生物防治手段。

①　Weidlich E W A, Flórido F G, Sorrini T B, et al. Controlling invasive plant species in ecological restoration: A global review. Journal of Applied Ecology, 57: 1806 – 1817.

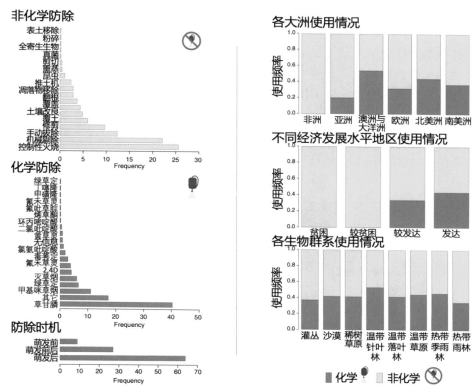

图 4 - 36 全球外来入侵生物化学与非化学防除主要技术方法的使用频率

(图片来源：Weidlich et al.，2019①)

与医生用药类似，在化学药物使用过程中，单一药物往往没有混合药物成效显著。将针对不同目标杂草、适用于不同环境的除草剂混合搭配，能够使除草剂杀灭更多种不同的外来植物，并能在更多不同的环境中使用。此外，混合除草剂能够在更小剂量的情况下发挥同等的效果，因此对环境更友好。但是，考虑到经济成本和对主要防控目标的有效性，用哪几种药，按照什么样的比例来搭配使用，则是必须解决的问题。

药物清除除了成本高的缺点外，还存在着环境污染和提升入侵生物抗药性的问题，因此不提倡大范围长期使用。发达国家现在也开始了对环境友好化学药物的研发，以期更多地采用精准用药、局部用药的方式，尽可能降低化学药

① Weidlich E W A，Flórido F G，Sorrini T B，et al. Controlling invasive plant species in ecological restoration：A global review. *Journal of Applied Ecology*，2019，57：1806 - 1817.

物对本地生物和环境的连带危害。

3. 以夷制夷的"外援"策略

既然入侵生物逃逸了原产地的天敌，人们自然而然地想到重新引入这些原产地的天敌，通过以夷制夷的方法来防控外来入侵生物。事实上，最早的入侵生物防控的成功案例主要采用这种方法。

比如19世纪中期，正当美国的柑橘产业兴起的时候，突然遭遇了原产于澳洲的柑橘吹绵蚧的侵害，使柑橘大量减产。科学家从澳洲发现了柑橘吹绵蚧的天敌——澳洲瓢虫，并将其带到美国并成功繁育，从而成功缓解了柑橘吹绵蚧危机。

图4-37 实验室中用南瓜—柑橘粉蚧支撑的人工饲养下的我国常用生物防控瓢虫——孟氏隐唇瓢虫（供图：李浩森）

又如，原产于欧洲的黑底叶金丝桃，从20世纪早期开始在美国快速入侵，其不仅能够竞争性替代入侵地的本地植物，还能使食用它的牲畜在阳光照射下发生皮肤过敏的问题。至20世纪40年代，黑底叶金丝桃入侵的问题已经非常严重，不得不考虑外来天敌引入这一途径。通过引入原产于欧洲的双金叶甲，黑底叶金丝桃在美国入侵的问题被成功解决，由此开启了美国生物防治的大发展时代。

然而，依赖于"外援"的生物防治却并不容易获得成功，在澳洲入侵的欧洲野兔的生物防治就充分证实了这一点。欧洲野兔在欧洲受到包括病毒、捕食者和本地竞争者的限制，一直都表现得人畜无害。然而，在澳洲则大肆毁坏庄稼，影响其他本地动物生存。科学家自然而然地想到从欧洲引入天敌来进行生物防控这一方法。然而，最早引入的多发粘液瘤病毒由于其接种媒介兔蚤无法很好地在澳洲存活，难以实现生物防治的效果；为了捕猎野兔而引入的欧洲狐却在澳洲大量捕食野兔以外的其他本土动物，成为新的入侵物种。

可见，生物防治要获得成功，前提是引入地和原产地的气候条件必须相似，这是外来天敌能正常生长繁殖的基础。同时，这些在人工条件下繁殖的天敌要能在引入地的自然生境中生长繁殖并扩散，这是生物防治能长效发挥作用的根本。此外，由于天敌容易发生防控对象转移，造成潜在的入侵，因此在使用天敌进行田间测试之前，需要进行严格的食性和寄生对象检测。只有那些防控对象专一的品种才可被广泛推广应用。

"外援"策略除了技术难度高的问题外，还存在一个重要的问题，那就是无法完全清除防控对象。这是因为天敌和防控对象之间存在着数量的依存关系，如果防控对象被完全清除，这些天敌也将因为失去食物和寄主而无法存活。所以，采用"外援"策略时，人们需要格外注意平衡天敌与外来入侵生物之间的关系，使其向有利于人类的、可自我维持的方向发展。

4. 抱团取暖的"自强"策略

网上盛传的一个哲学故事说道："欲无杂草，必种庄稼"。有道是，"走别人的路，让别人无路可走"。这恰恰是我们防控外来入侵生物的"自强"策略所遵循的重要思想。

在介绍查尔斯·埃尔顿的时候，我们提到了他的一个不同于达尔文的观点。他认为与本地生物差异巨大的外来生物具有更大的潜力去造成破坏，因为他们能够占据未被本地生物所占据的"空余生态位"。因此，理论上说，如果将所有的生态位都让本地生物占满，那外来生物就没有任何可施展的空间了。

理论很丰满，现实很骨感。为什么这么说呢？因为我们首先必须了解所有本地植物和外来入侵植物的生态位，然而生态位却又是很难量化的。

科学家们通过物种表现出的功能性状，比如植物的叶片养分含量、叶片大小、根系长短等可以推断植物的资源和空间需求。通过这种间接的方式，科学家们确实能通过大量实验筛选出一些与外来入侵植物具有相似生态位的本地物种。但是，仅仅是生态位相似还不一定能够发挥抵抗入侵的效用，还必须在发生入侵的时间点上就已经将入侵植物的生态位占据住。有的入侵植物就是借助了"时间差"漏洞，避免了与本地植物的正面对抗。比如入侵北美的一年生

杂草旱雀麦就是趁冬季来临前结出种子，早春融雪后趁本地植物还没缓过劲儿的时候就抢先萌发、抢占生态位。因此，有人指出，我们能不能不去筛选本地物种，而是尽可能多地团结一切可以团结的力量。只要纳入的物种足够丰富多样，总有在不同时间段能够占据外来入侵生物生态位的物种。实在不行，三个臭皮匠也能与诸葛亮斗智斗勇。这就是生物入侵的"多样性阻抗"假说。

图4-38　通过构建高多样性本地植物群落进行入侵植物防控实验
（供图：廖慧璇）

除了通过多样性来阻抗以外，近期的研究还发现，善用本地生物之间的互利共生关系也能起到共同抵抗入侵的效果。比如在越南，人们发现通过保护珊瑚表面的有益真菌，能够有效对抗由于匈牙利蜗牛入侵造成的珊瑚礁退化问题。

与前面的"蛮力""药物"和"外援"策略不同，"自强"策略不存在负面危害，一旦构建稳定的体系，则可在几乎没有人工干预的情况下自我维持。但是，无论是多样性阻抗还是本地互利共生关系的利用都需要进行大量科学研究和尝试。此外，这种依赖于生态的方法往往在构建的初期需要投入大量资金和人力进行维护，达到稳定状态所需的时间也较长。

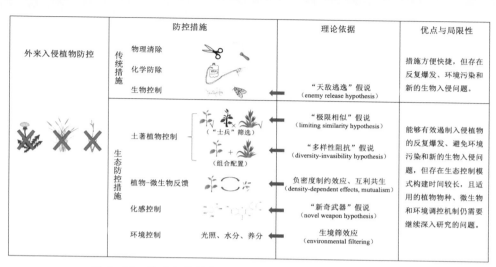

外来入侵植物防控	防控措施		理论依据	优点与局限性
	传统措施	物理清除		措施方便快捷，但存在反复爆发、环境污染和新的生物入侵问题。
		化学防除		
		生物控制	"天敌逃逸"假说（enemy release hypothesis）	
	生态防控措施	土著植物控制 ("士兵"筛选)	"极限相似"假说（limiting similarity hypothesis）	能够有效遏制入侵植物的反复爆发、避免环境污染和新的生物入侵问题，但存在生态控制模式构建时间较长，且适用的植物物种、微生物和环境调控机制仍需要继续深入研究的问题。
		(组合配置)	"多样性阻抗"假说（diversity-invasibility hypothesis）	
		植物-微生物反馈	负密度制约效应、互利共生（density-dependent effects, mutualism）	
		化感控制	"新奇武器"假说（novel weapon hypothesis）	
		环境控制　光照、水分、养分	生境筛效应（environmental filtering）	

图 4 - 39　外来入侵植物防控技术总结（供图：廖慧璇等[①]）

（四）"未来"

入侵生态学上有一条经验性的"十数定律"，即引入的外来物种当中，有10%会逃逸成为野生种，其中有10%会建立种群，建群的物种中又有10%会成为入侵物种。这些入侵物种适应新的环境，具有快速繁殖传播能力和强大的竞争力，影响到本地物种并对当地的生态环境或地理结构造成明显损害，但是99.9%的外来物种是对人类的生产生活有利的，我们不能够因噎废食，完全禁止外来生物的引入。未来，我们可以通过多种手段减少外来生物引入带来的风险和危害。

第一，对于已然造成问题的外来生物，我们应该想方设法将其驯化为本地生态系统的一部分。比如探究将外来入侵生物资源化利用的可能性，开发其食用、药用、作为生产生活材料的价值。在新西兰，政府就鼓励当地人将入侵的黄鼠狼捕猎，获取其毛皮来制成旅游纪念品卖给游客，以此在控制入侵生物的同时创造旅游收益。又比如创造条件使本地生物与这些外来生物发生适应性共进化。在很多被长期入侵的本地植物群落中，均能发现一些本地植物逐渐对入侵植物产生的特殊化学物质产生耐受性，从而实现共存。也有不少本地的昆虫和食草动物逐渐开始取食外来入侵植物的案例。因此，不妨多创造些条件，让

---

① 廖慧璇，周婷，陈宝明：《外来入侵植物的生态控制》，载《中山大学学报（自然科学版）》，2021 年第 60 卷 04 期。

本地生态系统自发地产生对外来生物入侵的适应性，从而"自强"起来。

第二，对于外来生物的无意识引进，我们要做到防患于未然。在各口岸、机场等地建立并完善国门生物安全监测体系，是做好外来生物防控预警的重要准备工作。

我们可以利用大数据分析，结合潜在入侵生物的生物学特性及口岸气候环境条件，科学确定监测地点及监测时间，定期检查和维护诱捕器，确保诱捕器正常工作，同时积极在口岸设置实验室，实现对外来物种的快速精准鉴定，捋顺外来生物监测工作链条，进一步摸清其分布和危害情况，为制定防治措施提供参考。①

现在，一些生物保护做得非常出色的地方会在游客入境的时候进行详尽的活体生物检查和消杀，包括植物种子、小动物、病原菌等。夏威夷群岛和新西兰无居民小岛的入侵生物防疫工作给笔者留下了深刻的印象。在抵达夏威夷机场海关前，游客们需要完成是否携带生物活体的问卷填报，问卷答案将作为海关是否允许游客入境的重要依据。在游客登陆新西兰的一些无居民小岛游览之前，需要对衣物尤其是鞋子进行仔细的检查和清理，防止游客无意识地协助入侵植物繁殖体、老鼠等有害生物进入到小岛上。

我国的重要港口也都担负着防疫外来入侵生物的生态安全屏障的作用。比如深圳盐田港是我国首个国际生态安全示范港，其专门针对进出口货物可能携带的外来生物制定了系统的检测、识别和消杀行动方案。除了常规的货物检测外，由于远洋运输船舶往往需要通过压载水在行船和装卸货物过程中保持船体稳定性，而这些压载水又是外来疫源疫病的重要载体。为此，盐田港还专门设置了压载水处理装置对其中的微生物和病菌进行净化处理。

第三，解决好外来生物入侵这一威胁人类环境和生态安全的难题，需要全球各国力量共同参与，相关高校、研究机构、企业等国际同行及时交流共享最新研究成果，并在入侵生物基础研究、相关法律法规制度完善、国家级外来入侵物种监管体系建立、重大新发现入侵物种的早期治理灭除等方面持续发力。②

---

① 王书平，汤奇婷：《严防外来物种入侵　用科技织牢国家生物安全防护网》，载《科技日报》，2022 年 03 月 04 日第 3 版。

② 张毅波：《加强国际合作　共同解决外来生物入侵问题》，见中国农业科学院植物保护研究所网站（https://www.caas.cn/xwzx/xzhd/284926.html）。

图 4 - 40　中山大学彭少麟和黄建荣团队针对外来生物开展的野外调查与室内控制实验
（供图：黄建荣、樊哲翾、万金龙、廖慧璇）

　　高校与研究机构对入侵生物的治理往往更具有科学性和严谨性。精密的仪器和更强的科研能力使他们能充分认识入侵物种，制定对生态环境影响最小、效率更高的防治措施，比如测量入侵生物的基因组，通过基因编辑制造具有特异性的感染入侵生物的病毒，从原产地引入天敌，或寻找好的替代种与其竞争以形成制衡局面。

　　入侵生物种类多样、形态各异，既有肉眼可见的大型甲虫、杂草，也有高倍显微镜下才能观察到的真菌、细菌和线虫。因此，检测鉴定显得尤为重要，需要高校和专业机构及科研单位的知识和技术辅助。例如"外来病虫害高效检测关键技术与装备研发"这个项目，由全国 5 个海关技术保障中心、浙江大学、上海交通大学、中国检验检疫科学研究院、中国农业科学院植物保护研究所和中国农业科学院农业基因组研究所等科研院所共同参与，综合运用人工智能、机器学习、基因组学、5G、物联网和大数据应用等交叉学科优势，研发有害生物和外来入侵物种的智能筛查装备，开发应用口岸实验室高效精准快速检测和监测预警技术，建立重大检疫性病虫害存活状态鉴别、溯源平台等。效率高、专业性强、成本低、批量化处理的高精尖设备有助于物种的快速精准鉴

别，是预防生物入侵的一大助力。①

在入侵生物的管理治理上面，研究所和高校也往往有高效低耗的方案。在水葫芦凤眼莲的治理上，相比"野火烧不尽，春风吹又生"的捕捞与填埋方式，中国科学院武汉水生物研究所、湖北省农业科学院等单位在多年的研究中相继发现了水葫芦的利用价值，提出了可以利用其营养，制作化肥饲料等解决方案。对于食性杂，繁殖能力强的强势入侵生物草地贪夜蛾，中国农业科学院吴孔明院士团队筛选出一批对草地贪夜蛾高效、低毒的化学农药用于应急防治，并积极探索灯诱、性诱、食诱等监测工具，提高了监测水平和效率。此外，国内多个单位合作组装完成的草地贪夜蛾首个染色体级别的基因组，有助于进一步了解其杂食性和耐药性，推动科学防治。截至 2019 年，对草地贪夜蛾的数量控制已经初见成效。

图 4–41　欧洲的公民科学家手机软件 Invasive Alien Species Europe（左）
（图片来源：苹果应用商城）和使用界面（右）（图片来源：Giovos *et al.*，2021）

第四，充分利用互联网工具。在互联网和新媒体高度发展的时代背景下，政府机构对入侵生物的宣传和对人民的生物安全知识的普及得到了很大的便利。可以智能识别入侵生物的软件相继被开发，人们可以轻松辨别入侵生物并及时上报相关部门和研究所，以联动防控管理生物入侵现象。通过大数据和云平台，各地机关可以共享入侵植物数据库，也有更精细的数据模型用于构建模

---

①　王书平，汤奇婷：《严防外来物种入侵　用科技织牢国家生物安全防护网》，载《科技日报》，2022 年 3 月 4 日第 3 版。

拟生物入侵的现象和规模。在新媒体日新月异的浪潮下，人们可以通过更多渠道来了解入侵生物，比如在短视频平台或者微博等地看图文并茂的科普，减少因为无知而盲目放生造成入侵的情况。科普类视频博文的浏览量越来越大，越来越多的人已不再抱着"吃到濒危"的玩笑态度去对待入侵生物。

在欧洲，有一些被高度关注的入侵物种，对欧洲本土生物多样性有着负面影响，需要欧盟成员国时刻关注它们动向。当地人手机上有应用程序，包含受关注的所有 66 种外来入侵物种的图片和信息，其中包括 30 种动物和 36 种植物，人们还可以使用程序上传发现入侵物种的时间和位置信息，使得政府和科学家们更方便侦测这些物种的动向，及时采取必要措施。[1] 在中国，自官方发布一枝黄花有关"通缉令"视频之后，人们对此的关注度明显上升，并积极上报生活中看见的一枝黄花入侵现象。

第五，世界各地的公民可以像科学家一样行事，提供关于生物多样性的重要信息以帮助科学家研究，这同样适用于监测防控入侵物种。如今，有很多涉及监测外来物种和生物多样性的公民科学家在为这场生物安全保卫战默默奉献。

公民科学家参与和辅助科学研究是一种可以增加科学知识的社会实践。通过公民科学，人们可以根据自己的能力和兴趣以不同的方式参与科学，收集生活中的数据与科学家共享，比如上文提到的欧洲外来生物观测软件以及微信上就能用的观鸟软件——可以记录在任何时间任何地点看到的鸟类，数据会共享给所有人，尤其是需要做研究的科学家们。这大大提高了人们对科研活动的热情和参与度，也减轻了许多科学家和研究人员的压力，提高了研究效率。再比如，潜水员可以拍摄水下生物的照片并将其上传到科学家创建的在线平台，科学家们从中可以识别物种，记录它们的活动范围，从而监测水下生物多样性或特定栖息地或生态系统中的生物多样性。

相比研究人员，公民科学家们往往数量更多，分布更广，也更了解本地生物分布，能给科学家们的研究提供很多思路。同时，在学科学习上收到的反馈又能丰富他们的知识，给予他们成就感和参与感，从而形成良性循环。

公民科学家的观察有助于科学家和环境管理者寻找保护当地生态系统的解决方案。从长远来看，参与公民科学活动还可以改善人们与自然的关系，使他

---

[1]　Giovos I, Charitou A, Gervasini E, et al. On Darwin's steps: Citizen science can help keep an eye on alien species, *Frontiers for Young Minds*, 2021, 9: 520201.

们更自觉地保护自然。

亲爱的读者朋友，您也可以成为公民科学家的一分子。让我们共同守护我们的本地"战友"、保护我们的共同家园。

（本节撰稿人：廖慧璇　唐语然）

第五章
生物多样性与
人类未来

在中国共产党第二十次全国代表大会上，习近平同志代表第十九届中央委员会所做的报告中关于自然资源要点第十条"推动绿色发展，促进人与自然和谐共生"，与本书的主旨不谋而合。

"生物多样性是生命，生物多样性是我们的生命"。我们必须牢固树立和践行"绿水青山就是金山银山"理念，坚持山水林田湖草沙一体化保护和系统治理，谋求人与自然和谐共生。这也是保护生物多样性的初心和使命。通过二十余位科研工作者对国内生物多样性前沿研究的介绍，我们欣喜地发现我国在建设美丽中国上付出的努力，其成果体现在包括建立自然保护地（自然保护区、国家公园、国家植物园、风水林等）、推进生态系统与绿色发展（海洋、湿地、生态城市、生态农业、社会生态等）、构建人类命运共同体、统筹污染治理（矿山污染、污水污染、空气污染、入侵种等）等多个方面。可见，国人正在用无私的心保护生物多样性，拥抱自然，我们的祖国天更蓝了、水更清了、山更绿了。

生物多样性是人类生存和发展的关键，是关乎人类子孙后代未来福祉的基础。我们看到的大自然中的动物、植物并非独立存在，它们彼此之间是环环相扣每一环都十分重要的。一个物种的灭绝，可能导致食物链的断裂，波及 20个其他物种，从而造成生态系统服务功能下降。我们可以想象一下，假如"四害"之一的老鼠忽然从地球上消失，会产生怎样的后果？首当其冲的肯定是以老鼠为食的蛇、鹰、猫、狐狸、黄鼬等动物的灭绝，继而影响到整个生物圈。[1] 老鼠啃食庄稼等植物时，可以协助传播种子，因此，消失的老鼠会改变植物的分布范围。让人意想不到的是，老鼠的消失还会阻碍科学研究的进展。[2] 由于老鼠的基因与人类相似，且繁殖能力强、培养周期短，因此是科学实验短期内不可替代的动物。此外，世界上大部分植物的功能基因（如抗病基因、抗癌基因）尚未被研究清楚。这些物种灭绝后，我们的后代将永远丧失使用该功能的可能性。由此可见，生物圈中的每一种生物都有其存在的价值，因此我们要保护所有的物种。2018 年感动中国人物、复旦大学教授钟扬深信"一个基因可以为一个国家带来希望，一粒种子可以造福万千苍生"。因

---

[1]　蛋壳科普社：《假如老鼠消失，会给地球带来什么变化呢?》，见蛋壳科普社公众号（https://baijiahao.baidu.com/s?id=1746558633516741457&wfr=spider&for=pc）。

[2]　人民资讯：《如果地球上的老鼠全部消失，对人类有什么影响吗?》，见人民科技官方账号公众号（https://baijiahao.baidu.com/s?id=1681660939395710118&wfr=spider&for=pc）。

此，15 年间，他栉风沐雨在青藏高原跋涉 50 多万公里，为国家和上海的种子库收集了上千个物种 4000 万粒种子，为后代储存下了丰富的基因宝藏。

事实上，生物多样性降低的危害远不止于此，比如种植业和养殖业品种单一便会造成病虫害的大规模肆虐。例如，19 世纪中期，爱尔兰大饥荒饿死人口众多，究其原因，就是爱尔兰人偏爱一种土豆品种，而在其遭遇病害后便损失了主要粮食来源并因此而造成的灾难性后果。

为了人类自身，也为了子孙后代，我们都应该以无私的心拥抱自然，保护好生物多样性。事实上，人类生物多样性保护，是一个与人类相始终的漫漫征程，让我们携起手来，共同保护生物多样性，无私拥抱这个世界吧！

（本节撰稿人：梁敏霞）

参考文献

［1］王弼. 老子道德经注［M］. 北京：中华书局，1985.

［2］本报讯. 联合国《生物多样性公约》秘书处官网向全球发布 COP15 主题［N］. 中国环境报，2019－09－17（1）.

［3］蒋志刚. 保护生物学［M］. 浙江科学技术出版社，1997（12）.

［4］蒋志刚等主编. 保护生物学［M］. 浙江科学技术出版社，1997.

［5］任海，金效华，王瑞江，文香英. 中国植物多样性与保护［M］. 河南科学技术出版社. 2022.

［6］马克平等. 物种 2000 中国节点. 中国生物物种名录［J］/［OL］. http://sp2000.org.cn/

［7］联合国粮食及农业组织. 生态系统服务及生物多样性［J］/［OL］. https://www.fao.org/ecosystem-services-biodiversity/zh/.

［8］Almond, R.E.A., Grooten, M., Juffe Bignoli et al. Living Planet Report 2022-Building a naturepositive society［J］/［OL］. WWF, Gland, Switzerland. https：//livingplanet.panda.org/en-US/.

［9］Almond, R.E.A., Grooten M., Petersen, T. et al. Living Planet Report 2020-Bending the curve of biodiversity loss［J］/［OL］. 2020, WWF, Gland, Switzerland. https://livingplanet.panda.org/en-US/

［10］IUCN. The IUCN Red List of Threatened Species［J］/［OL］. Version 2020－2. https://www.iucnredlist.Org.

［11］Brondízio, E.S., Settele, J., Díaz, S., Ngo et al. Global assessment report of the Intergovernmental Science-Policy Platform on Biodiversity and Ecosystem Services, IPBES secretariat, Bonn, Germany, 1144 pages［J］/［OL］. 2019, ISBN：978－3－947851－20－1. https://ipbes.net/global-assessment.

［12］李飞. 生态环境部部长. 中国是生物多样性受威胁最严重国家之一［J］/［OL］.（2019－05－23）https://www.sohu.com/a/315802242_161795.

［13］王震华，蓝婧. IUCN 更新濒危物种红色名录：中国"淡水鱼之王"长江白鲟灭绝［J］/［OL］.（2022－07－21）. http://news.chengdu.cn/2022/0721/2276663.shtml.

［14］Montreal, Global Biodiversity Outlook 5［J］/［OL］. Secretariat of the Convention on Biological Diversity, 2020. https://www.cbd.int/gbo5.

［15］IUCN, The IUCN Red List of Threatened Species［J］/［OL］. Version 2022－1. https://www.iucnredlist.org.

［16］Maxwell S L, Fuller R A, Brooks T M, et al. "The ravages of guns, nets and bulldozers."［J］. Nature, 2016, 536（7615）：143－145.

［17］Nasi, R., Taber, A., & Vliet, N. V. Empty forests, empty stomachs? Bushmeat and livelihoods in the Congo and Amazon Basins. ［J］International Forestry Review, 2011, 13 (3), 355 – 368.

［18］Hulme, P. E. Trade, transport and trouble: managing invasive species pathways in an era of globalization ［J］. Journal of Applied Ecology, 2009, 46 (1), 10 – 18. https://doi. org/10. 1111/j. 1365 – 2664. 2008. 01600. x.

［19］Seebens, H., Schwartz, N., Schupp, P. J. et al. Predicting the spread of marine species introduced by global shipping ［J］. Proceedings of the National Academy of Sciences, 2016, 113 (20), 5646 – 5651.

［20］United Nations Educational, S. and C. Organization . The United Nations World Water Development Report 2021, United Nations［J］/［OL］. 2021 https://www. unesco. org/reports/wwdr/2021/en.

［21］Connor R, Renata A, Ortigara C, et al. The united nations world water development report 2017 ［C］. Wastewater: the untapped resource.

［22］Masson-Delmotte V, Zhai P, Pirani A, et al. Climate change 2021: the physical science basis ［C］. Contribution of working group I to the sixth assessment report of the intergovernmental panel on climate change, 2021, 2.

［23］John Evelyn. Sylva, Vol. 1 (of 2) Or A Discourse of Forest Trees ［M］. Reprinted London: Doubleday & Co., 1908, 12 – 30.

［24］Stebbing E P. The forests of India ［M］. J. Lane, 1926, 72 – 81. https://archive. org/details/in. ernet. dli. 2015. 82331/page/n413/mode/2up

［25］Barton, Greg. Empire Forestry and the Origins of Environmentalism ［M］. Cambridge University Press. p. 48. ISBN 9781139434607.

［26］Carson, R. (2009). Silent spring ［M］. Houghton Mifflin Company, 1962

［27］牛占龙. 古代先贤的环保智慧 ［J］. 决策探索（上）, 2020 (02)：75 – 77.

［28］王明夫. 野生动物保护的古代智慧 ［N］. 人民法院报, 2020 – 4 – 17 (7).

［29］新华社. 环境保护开始起步 ［N］. 光明日报 2019 – 10 – 05 (2).

［30］寇瞾：这里从"千里黄沙蔽日"到"百万亩林海涌绿"! ［J］/［OL］. (2020/05/11). http://m. hebnews. cn/travel/2020 – 05/11/content_ 7834687. htm.

［31］河北省塞罕坝机械林场：塞罕坝：创造荒原变林海的人间奇迹 d［J］/［OL］. (2021 – 04 – 12). https://www. forestry. gov. cn/main/102/20210412/094523368656604. html.

［32］杜潇诣. 中国生态修复典型案例 (1) ｜塞罕坝机械林场治沙止漠 筑牢绿色生态屏障 d［J］/［OL］. (2021 – 10 – 16). https://mp. weixin. qq. com/s?_ _ biz = MzA4MDU2MjQzMg = = &mid = 2654075446&idx = 1&sn = 5eda8cf2da7fc0fe21fd1f56531ea6d9&chksm = 84670a59b310834f872163abf4cbdbd 4242f396c410d723a806f9d2dd8d46419c09864c8f208&scene = 21#wechat_ redirect.

［33］赵志坤. 中国生态修复典型案例 (5) ｜长汀县水土流失综合治理与生态修复［J］/［OL］. (2021 – 10 – 16). https://mp. weixin. qq. com/s?_ _ biz = MzA4MDU2MjQzMg = = &mid = 2654075520&idx = 2&sn = 52b802c0a7b223f99562cb9913e1a2dd&chksm = 84670aefb31083f99bfd1c2de330f49306c196f 8c916c8d8a7a883ba254cf51586e08cd6&scene = 21#wechat_ redirect.

［34］姜雪颖. 推动绿色发展 (27) ｜火焰荒山披绿衣 福建省长汀县焕发"新颜值"［J］/［OL］.

(2021－10－16). https：//www. mee. cn/xxgk2018/xxgk/xxgk15/201910/t20191022_ 738596.html.

［35］赵志坤. 中国生态修复典型案例（5）｜长汀县水土流失综合治理与生态修复［J］/［OL］. (2021－10－16). https：//mp. weixin. qq. com/s?_ _ biz＝MzA4MDU2MjQzMg＝＝&mid＝2654075520&idx＝2&sn＝52b802c0a7b223f99562cb9913e1a2dd&chksm＝84670aefb31083f99bfd1c2d871de330f49306c196f8c916c8d8a7a883ba254cf51586e08cd6&scene＝21#wechat_ redirect.

［36］王小萍, 王雪红. 还绿记：小秦岭国家级自然保护区矿山环境整治和生态修复报告［J］/［OL］. (2021－10－16). https：//www. thepaper. cn/newsDetail_ forward_ 2971145.

［37］王小萍. 小秦岭国家级自然保护区 从金山到青山［J］. 河南日报2021－6－23（18）.

［38］王小萍, 王雪红. 还绿记：小秦岭国家级自然保护区矿山环境整治和生态修复报告［J］/［OL］. (2021－10－16). https：//www. thepaper. cn/newsDetail_ forward_ 2971145.

［39］刘锡涛. 中国古代的生态环境保护活动［J］. 内蒙古林业, 2020（01）：40－41.

［40］朱沁, 刘田原. 也谈《大札撒》：一部蒙古民族的古老法典［J］. 内蒙古农业大学学报（社会科学版）, 2020, 22（06）：76－81.

［41］黄承梁. 中国共产党领导新中国70年生态文明建设历程［J］. 党的文献, 2019（05）：49－56.

［42］孙佑海. 我国70年环境立法：回顾、反思与展望［J］. 中国环境管理, 2019, 11（06）：5－10.

［43］徐慧, 朱非. 法治论苑［N］. 上海法治报2021－11－24（B6）.

［44］刘同舫. "绿水青山就是金山银山"理念的科学内涵与深远意义［M］. 光明日报, 2020－08－14（11）.

［45］高敬. 推动生态环境质量持续好转——生态环境部部长黄润秋介绍美丽中国建设情况［J］/［OL］. (2021－08－18). http：//www. xinhuanet. com/2021－08/18/c_ 1127773902. htm.

［46］中华人民共和国国务院新闻办公室. 《中国的生物多样性保护》白皮书［J］/［OL］. (2021－10－08). http：//www. scio. gov. cn/ztk/zx/Document/1714318/1714318. htm-OK-2021－10－08 16：53：22.

［47］于文轩. 生物多样性保护的政策与法制路径［M］. 检察日报, 2019－08－10（3）.

［48］秦天宝. 中国生物多样性立法现状与未来［J］, 中国环境监察, 2021（10）.

［49］秦天宝, 田春雨. 生物多样性保护专门立法探析［J］. 环境与可持续发展, 2021, 46（06）：34－40.

［50］中华人民共和国国务院新闻办公室. 《中国的生物多样性保护》白皮书［J］/［OL］. (2021－10－08). http：//www. scio. gov. cn/ztk/zx/Document/1714318/1714318. htm.

［51］石飞. 以法之名守护生物多样性［J］, 法治日报, 2022－10－12（3）.

［52］卢康宁, 段经华, 纪平, 等. 国内陆地生态系统观测研究网络发展概况［J］, 温带林业研究, 2019（2）.

［53］习近平. 习近平在《生物多样性公约》第十五次缔约方大会领导人峰会上的主旨讲话［J］/［OL］. (2021－10－12). http：//www. qstheory. cn/yaowen/2021－10/12/c_ 1127949118. htm.

［54］李钢. COP15：让全世界达成共识 逆转生物多样性丧失［M］. 环境, 2021（10）.

［55］Almond, R. E. A. , Grooten, M. , Juffe Bignoli, D. & Petersen. Building a nature positive society. ［C］Living Planet Report, 2022.

［56］马俊杰. 统筹山水林田湖草沙系统治理（思想纵横）［N］. 人民日报，2022 - 06 - 01（9）.

［57］毕耕. 以习近平生态文明思想引领美丽乡村建设［N］. 光明日报，2018 - 10 - 24（6）.

［58］于子青，王潇潇. 农业强 农村美 农民富 习近平这样关心三农问题—写在第二个"中国农民丰收节"到来之际［J］/［OL］.（2019 - 09 - 22）. http://politics. people. com. cn/n1/2019/0922/c1001 - 31365976. html?from = groupmessage.

［59］李正祥. 乡村生态文明与美丽乡村建设概论［M］. 云南大学出版社，2021.

［60］余勤，袁家军. 全面实施大花园建设行动计划.［J］/［OL］.（2018 - 06 - 15）. https://zj. zjol. com. cn/news. html?id =964703.

［61］黄晓曼，徐驰，邢玥等. 科技小院：青年学子新时代逐梦随笔［M］. 化学工业出版社2021.

［62］王浩. 农业科学家，为实现农业现代化贡献力量［J］. 人民日报，2022 - 8 - 30（6）.

［63］王辛元，李曾骙，王艺钊. 在戈壁荒滩上"种"出"金山银山"［N］. 光明日报，2021 - 6 - 6（7）.

［64］孙鹏. 国家公园｜三江源国家公园：生态与民生并蒂花开［N］. 中国绿色时报，2020 - 8 - 7.

［65］姜峰，王梅. 三江源国家公园：美丽家园 精心呵护（谱写新篇章）［N］. 人民日报，2022 - 3 - 1（7）.

［66］盛云，何莉，曹文钰，等. 我国生态文明建设和生态环境保护取得历史性成就.［J］/［OL］.（2022 - 09 - 15）. https://news. cctv. com/2022/09/15/ARTINatB8pngPcdGGFxLaQcH220915. shtml.

［67］杜栋. 让美丽乡村成为现代化强国的标志、美丽中国的底色"——学习习近平关于乡村生态振兴的论述［J］. 党的文献，2022（2）.

［68］中华人民共和国国务院. 中华人民共和国自然保护区条例［Z］，2017.

［69］中华人民共和国环境保护部. 自然保护区类型与级别划分原则（GB/T 14529 - 93）［Z］. 1994.

［70］中华人民共和国生态环境部. 全国自然保护区名录（2017 版）［Z］. 2019.

［71］UNESCO. Biosphere reserves：The Seville Strategy and the Statutory Framework of the World Network［R］. Paris：UNESCO，1996.

［72］UNESCO. Man and the Biosphere programme，2019—2020［R］. Paris：UNESCO，2019.

［73］王丁，刘宁，陈向军，等：推动人与自然和谐共处和可持续发展：人与生物圈计划在中国［J］. 中国科学院院刊，2021（4）.

［74］IUCN. IUCN Red List categories and Criteria，Version 3. 1［R］. Gland，Switzerland：IUCN，2000.

［75］IUCN and World Commission on Protected Areas（WCPA）. IUCN Green List of Protected and Conserved Areas：Standard，Version 1. 1［R］. Gland，Switzerland：IUCN，2017.

［76］雷光春，曾晴. 世界自然保护的发展趋势对我国国家公园体制建设的启示［J］. 生物多样性，2014（4）：423 - 425.

［77］刘源隆. 东北虎豹国家公园体制试点：跨省合作难题待解［J］. 小康，2016（20）：47 - 49.

［78］赵小刚. 探究自然保护区社区发展与自然资源保护的关系［J］. 农场使用技术，2022（2）：101 - 102.

［79］崔晓伟，孙鸿雁，李云，蔡芳，王丹彤，唐芳琳. 国家公园科研体系构建探讨［J］. 林业建设，2019（5）：1－5.

［80］张茂莎，周亚琦，盛茂银. 建立以国家公园为主体的自然保护地体系的思考与建议综述［J］. 生态科学，2022（41）：237－247.

［81］李晟，冯杰，李彬彬，吕植. 大熊猫国家公园体制试点的经验与挑战［J］. 生物多样性，2021（29）：307－311.

［82］孙继琼，王建英，封宇琴. 大熊猫国家公园体制试点：成效、困境及对策建议［J］. 四川行政学院学报，2021（2）：88－95.

［83］田佳，朱淑仪，张晓峰，何礼文，古晓东，官天培，李晟. 大熊猫国家公园的地栖大中型鸟兽多样性现状：基于红外相机数据的分析［J］. 生物多样性，2021（29）：1490－1504.

［84］蒋亚芳，田静，赵晶博，唐小平. 国家公园生态系统完整性的内涵及评价框架：以东北虎豹国家公园为例［J］. 生物多样性，2021（29）：1279－1287.

［85］李惠梅，王诗涵，李荣杰，任明迅. 国家公园建设的社区参与现状——以三江源国家公园为例［J］. 热带生物学报，2022（2）：185－194.

［86］黄宏文，廖景平. 论我国国家植物园体系建设：以任务带学科构建国家植物园迁地保护综合体系［J］. 生物多样性，2022（30）：197－213.

［87］唐肖彬，韩枫. 国家植物园体系建设初探［J］. 湖南林业科技，2022（49）：93－100.

［88］何建勇. 国家植物园正式揭牌［J］. 绿化与生活，2022（05）：4－5.

［89］黎明. 华南生物多样性保护迎来新机遇——华南国家植物园在广州正式揭牌［J］. 国土绿化，2022（07）：6－7.

［90］陈远，王征，向左甫. 灵长类动物对植物种子的传播作用［J］. 生物多样性，2017（25）：325－331.

［91］李乙江，肖文娴，赵玲，谢丽分，胡正飞，陈佳琦，魏俊玥，张晓迪，吕龙宝. 灵长类动物在人类神经系统疾病动物模型中的应用［J］. 生物化学与生物物理进展，2022（49）：849－857.

［92］Arbib M., Liebal K., Pika S. Primate vocalization, gesture, and the evolution of human language［J］. Current Anthropology, 2008（49）：1053－1063.

［93］Li B., Li M., Li J., Fan P., Ni Q., Lu J., Zhou X., Long Y., Jiang Z., Huang Z., Huang C., Jiang X., Pan R., Gouveia S., Dobrovolski R., Grueter C., Oxnard C., Groves C., Estrada A., Garber A. The primate extinction crisis in China：immediate challenges and a way forward［J］. Biodiversity and Conservation, 2018（27）：3301－3327.

［94］范朋飞. 中国长臂猿科动物的分类和保护现状［J］. 兽类学报，2012（32）：248－258.

［95］Fan P. The past, present, and future of gibbons in China［J］. Biological Conservation, 2017（210）：29－39.

［96］邓怀庆，周江. 海南长臂猿研究现状［J］. 四川动物，2015（34）：635－640.

［97］柴勇，余有勇. 海南热带雨林国家公园体制创新路径研究［J］. 西部林业科学，2022（51）：155－160.

［98］Ma C., Trinh-Dinh H., Nguyen V., Le T., Le V., Le H., Yang J., Zhang Z., Fan P. Transboundary conservation of the last remaining population of the cao vit gibbon Nomascus nasutus［J］. Oryx,

2020（54）：1－8．

［99］Fan P., He K., Chen X., Ortiz A., Zhang B., Zhao C., Li Y., Zhang H., Kimock C., Wang W., Groves C., Turvey S., Roos C., Helgen K., Jiang X. Description of a new species of Hoolock gibbon（Primates：Hylobatidae）based on integrative taxonomy ［J］. American Journal of Primatology, 2017（79）：e22631.

［100］Zhanga L., Guan Z., Fei H., Yan L., Turvey S., Fan P. Influence of traditional ecological knowledge on conservation of the skywalker hoolock gibbon（Hoolock tianxing）outside nature reserves ［J］. Biological Conservation, 2020（241）：108267.

［101］Fan P., Zhang L., Yang L., Huang X, Shi K, Liu G., Wang C. Population recovery of the critically endangered western black crested gibbon（Nomascus concolor）in Mt. Wuliang, Yunnan, China ［J］. Zoological Research, 2022（43）：180－183.

［102］Fan P., Ma C. Extant primates and development of primatology in China：publications, student training, and funding ［J］. Zoological Research, 2018（39）：249－254.

［103］陈红跃，黎建力，刘颂宋，庄雪影，方桌林，叶永昌. 珠江三角洲风水林群落与生态公益林造林树种 ［M］. 乌鲁木齐：新疆科技出版社，2008：8－82

［104］杜惠生，黄春华，查九星. 希言自然风水林 ［M］. 广州：广东人民出版社，2011：1－170.

［105］关传友. 中国古代风水林探析 ［J］. 农业考古，2002，（3）：239－243.

［106］关传友. 风水景观——风水林的文化解读 ［M］. 南京：东南大学出版社，2012：4－67.

［107］刘颂颂，吕浩荣，叶永昌，朱剑云，莫罗坚. 2007. 绿色文化遗产—东莞主要风水林群落简介 ［J］. 广东园林，2007，增刊（29）：77－78.

［108］叶国樑，魏远娥，叶彦，廖家业，黎存志（渔农自然保护署植物工作小组）. 风水林 ［M］. 香港：郊野公园之友会，渔农自然护理署及天地图书有限公司，2004：1－113.

［109］叶华谷，徐正春，吴敏，曹洪麟主编. 广州风水林 ［M］. 武汉：华中科技大学出版社，2013，1－83.

［110］张永夏，陈红峰，秦新生，张荣京，邢福武. 深圳大鹏半岛"风水林"香蒲桃群落特征及物种多样性研究 ［J］. 广西植物，2007，27（4）：596－603.

［111］庄雪影，彭逸生，黄久香，莫罗坚，唐光大，郑明轩. 珠海市山地森林及其植物多样性研究 ［J］. 广东林业科技，2010，26（1）：56－65

［112］Chen B, Coggins C, Minor J, Zhang Y. Fengshui forests and village landscapes in China：Geographic extent, socioecological significance, and conservation prospects ［J］. Urban Forestry & Urban Greening, 2018, 31：79－92.

［113］Cheung LTO, Hui DLH. In fluence of residents' place attachment on heritage forest conservation awareness in a peri-urban area of Guangzhou, China ［J］. Urban Forestry & Urban Greening, 2018, 33：3745.

［114］Yuan J, Liu J. Fengshui forest management by the Buyi ethnic minority in China. Forest Ecology and Management ［J］, 2009, 257：2002－2009.

［115］Hu L, Li Z, Liao W, Fan Q. Values of village fengshui forest patches in biodiversity conservation in the Pearl River Delta, China [J]. Biological Conservation, 2011, 144, 1553－1559.

[116] Jim C. Y. Conservation of soils in culturally protected woodlands in rural Hong Kong [J]. Forest Ecology and Management, 2003, 175：339－353.

[117] Zhuang X, Corlett R. Forest and forest succession in Hong Kong, China [J]. Journal of Tropical Ecology, 1997, 14：857－866.

[118] Coggins C, Chevrier J, Dwyer M, Longway L, Xu M, Tiso P, Li Z. Village Fengshui Forests of Southern China：Culture, History, and Conservation Status [R]. ASIANetwork Exchange, 2012, 19 (2)：52－67.

[119] 冯士筰, 李凤歧, 李少菁. 海洋科学导论 [M]. 高等教育出版社, 1996.

[120] Levinton J. Marine biology：function, biodiversity, ecology [M]. Oxford University Press, 1995.

[121] 黄宗国. 中国海洋生物分类和分布 [M]. 海洋出版社, 2008.

[122] 柳林青, 刘之威, 何泉等. 粤港澳大湾区潮间带大型海藻多样性与生物量分布格局 [J/OL]. 生态学杂志：1－10 (2022－10－02). http://kns.cnki.net/kcms/detail/21.1148.Q.20220617.1205.002.html.

[123] 吕欣欣, 邹立, 刘素美等. 胶州湾潮间带沉积物有机碳和叶绿素的埋藏特征 [J]. 海洋科学, 2008 (05)：40－45.

[124] 彭欣, 谢起浪, 陈少波等. 乐清湾潮间带大型底栖动物群落分布格局及其对人类活动的响应 [J]. 生态学报, 2011, 31 (04)：954－963.

[125] 彭欣, 谢起浪, 陈少波等. 南麂列岛潮间带底栖生物时空分布及其对人类活动的响应 [J]. 海洋与湖沼, 2009, 40 (005)：584－589.

[126] 国家海洋局. 中国海洋灾害公报 (年报) [EB/OL](2000－2010). http://www.soa.gov.cn.

[127] Huo Y Z, Wu H L, Chai Z Y, et al. Bioremediation efficiency of Gracilaria verrucosa for an integrated multi-trophic aquaculture system with Pseudosciaena crocea in Xiangshan harbor, China [J]. Aquaculture, 2012, (326)：99－105.

[128] 杨宇峰, 宋金明, 林小涛等. 大型海藻栽培及其在近海环境的生态作用 [J]. 海洋环境科学, 2005, 24 (3)：77－80.

[129] 陈惠彬. 渤海典型海岸带滩涂生境、生物资源修复技术研究与示范 [J]. 海洋信息, 2005 (3)：20－23.

[130] 沈辉, 万夕和, 何培民. 富营养化滩涂生物修复研究进展 [J]. 海洋科学, 2016, 40 (10)：160－169.

[131] 黄小平, 江志坚, 张景平等. 全球海草的中文命名 [J]. 海洋学报, 2018, 40 (04)：127－133.

[132] Edgeloe J M, SevernEllis A A, Bayer P E, et al. Extensive polyploid clonality was a successful strategy for seagrass to expand into a newly submerged environment [J]. Proceedings of the Royal Society B, 2022, 289 (1976).

[133] Jackson E L, Rowden A A, Attrill M J, et al. The importance of seagrass beds as a habitat for fishery species [J]. Oceanogr. Mar. Biol. Annu. Rev, 2001 (39)：269－304.

［134］张景平，黄小平，江志坚. 广西合浦不同类型海草床中大型底栖动物的差异性研究 ［C］// Proceedings of 2011 International Conference on Ecological Protection of Lakes-Wetlands-Watershed and Application of 3S Technology（EPLWW3S 2011 V3），2010.

［135］Gell F R, Whittington M W, Gell F R, et al. Diversity of fishes in seagrass beds in the Quirimba Archipelago, northern Mozambique ［J］. Marine and Freshwater Research, 2002, 53（2）：115 - 121.

［136］Duarte C M. The future of seagrass meadows ［J］. Environmental Conservation, 2002, 29（2）：192 - 206.

［137］韩秋影，施平. 海草生态学研究进展 ［J］. 生态学报，2008（11）：5561 - 5570.

［138］Joleah B L, Jeroen A J, David G B, et al. Seagrass ecosystems reduce exposure to bacterial pathogens of humans, fishes, and invertebrates ［J］. Science, 2017, 355（6326）.

［139］James W F, Carlos M D, Hilary K, et al. Seagrass ecosystems as a globally significant carbon stock ［J］. Nature Geoscience, 2012, 1（7）：297 - 315.

［140］Robert C, Ralph D, Rudolf G, et al. The value of the world's ecosystem services and natural capital ［J］. Ecological Economics, 1998, 25（1）.

［141］Waycott M, Duarte C M, Carruthers J B, et al. Accelerating loss of seagrasses across the globe threatens coastal ecosystems ［J］. Proceedings of the National Academy of Sciences of the United States of America, 2009, 106（30）.

［142］国家项目协调办公室. 中国南部沿海生物多样性管理项目自评估报告 ［R］. 北京：国家海洋局，2011.

［143］潘金华. 大叶藻（Zostera marina L.）场修复技术与应用研究 ［D］. 中国海洋大学，2015.

［144］毛伟，赵杨赫，何博浩等. 海草生态系统退化机制及修复对策综述 ［J］. 中国沙漠，2022，42（01）：87 - 95.

［145］Huang D H, Benzoni F, Fukami H, et al. Taxonomic classification of the reef coral families Merulinidae, Montastraeidae, and Diploastraeidae（Cnidaria：Anthozoa：Scleractinia）［J］. Zoological Journal of the Linnean Society, 2014（2）：277 - 355.

［146］Zhang, Q. Coral Reef Conservation and Management in China ［M］. Economic valuation and policy priorities for sustainable management of coral reefs, 2001.

［147］Chen C A and Shashank K. Taiwan as a connective stepping-stone in the Kuroshio traiangle and the conservation of coral ecosystems under the impacts of climate change ［J］. Kuroshio Science, 2009, 3（1）：15 - 22.

［148］Hughes T P, Huang H, Matthew A L. The wicked problem of China's disappearing coral reefs ［J］. Conservation Biology, 2013, 27（2）：261 - 269.

［149］Dai C F, Fan T Y, Wu C S. Coral fauna of Tungsha Tao（Pratas Islands）［J］. Acta Oceanographica Taiwanica, 1995（34）：1 - 16.

［150］Census of Coral Reef Ecosystems（CReefs）［J/OL］（2022 - 9 - 7）. http://www. coml. org/census-coral-reef-ecosystems-creefs.

［151］方宏达，吕向立主编. 南沙群岛珊瑚礁鱼类图鉴 ［M］. 青岛：中国海洋大学出版社，2019.

［152］邱书婷，刘昕明，陈彬等. 西沙群岛珊瑚礁鱼类多样性及分布格局［J］. 海洋环境科学，2022，41（3）：395－401.

［153］许红，史国宁，廖宝林等. 中国海洋的珊瑚－珊瑚礁：南海中央区珊瑚－珊瑚礁生物多样性特征［J］. 古地理学报，2021，23（04）：771－788.

［154］杨欣冉，孟沛柔，张慧. 珊瑚礁白化与生态平衡［J］. 地球，2022（1）：50－55.

［155］Wilkinson C. Status of Coral Reefs of the World［M］. GCRMN，Townsville，Australia，2008.

［156］Deloitte Access Economics. Economic contribution of the Great Barrier Reef［M］. Great Barrier Reef Marine Park Authority，Townsville，2013.

［157］黄晖，张浴阳著. 珊瑚礁生态修复技术［M］. 海洋出版社，2019.

［158］Williams I D，Baum J K，Heenan A，et al. Human，oceanographic and habitat drivers of central and western Pacific coral reef fish assemblages［J］. PloS one，2015，10（4）.

［159］Eddy T D，Lam V W，Reygondeau G，et al. Global decline in capacity of coral reefs to provide ecosystem services［J］. One Earth，2021，4（9）：1278－1285.

［160］Jeffrey M，Ruben V H，Drew C H，et al. Improving marine disease surveillance through sea temperature monitoring，outlooks and projections［J］. Philosophical transactions of the Royal Society of London. Series B，Biological sciences，2016，371（1689）.

［161］王丽荣，于红兵，李翠田等. 海洋生态系统修复研究进展［J］. 应用海洋学学报，2018，37（03）：435－446.

［162］吴钟解，王道儒，涂志刚等. 西沙生态监控区造礁石珊瑚退化原因分析［J］. 海洋学报（中文版），2011，33（04）：140－146.

［163］涂志刚，陈晓慧，张剑利等. 海南岛海岸带滨海湿地资源现状与保护对策［J］. 湿地科学与管理，2014，10（03）：49－52.

［164］朱小山，黄静颖，吕小慧等. 防晒剂的海洋环境行为与生物毒性［J］. 环境科学，2018，39（6）：12.

［165］陆昊，刘红岩，黄秀铭等. 洗涤剂主成分 LAS 和 AEO 对软珊瑚氧化应激水平的影响［J］. 海洋环境科学，2021，40（01）：133－138.

［166］龙丽娟，杨芳芳，韦章良. 珊瑚礁生态系统修复研究进展［J］. 热带海洋学报，2019，38（06）：1－8.

［167］陈刚，熊仕林，谢菊娘等. 三亚水域造礁石珊瑚移植试验研究［J］. 热带海洋，1995（03）：51－57.

［168］Thomas C D. Translocation of species，climate change，and the end of trying to recreate past ecological communities［J］. Trends in Ecology & Evolution，2011，26（5）.

［169］Honeyborne J，Brownlow M. Blue planet II［M］. Random House，2017.

［170］Talley，Emery L D，Pickard W J，George. Descriptive physical oceanography：an introduction［M］. Academic Press，2012.

［171］Sigman D M，Haug G H. The biological pump in the past［M］//Treatise on Geochemistry. Pergamon Press，2006：491－528.

［172］Carol R，Deborah K S，Thomas R A. Mesopelagic zone ecology and biogeochemistry-a synthesis

［J］. Deep Sea Research Part Ⅱ: Topical Studies in Oceanography, 2010, 57 (16): 1504 – 1518.

［173］Watermeyer K E, Gregr E J, Rykaczewski R R, et al. M2. 2 Mesopelagic ocean water ［M］// Keith D A, Ferrer-Paris J R, Nicholson E, Kingsford R T. The IUCN Global Ecosystem Typology 2. 0: Descriptive profiles for biomes and ecosystem functional groups. Gland, Switzerland: IUCN, 2020.

［174］Linardich C, Keith D A. M2. 4 Abyssopelagic ocean waters ［M］//Keith D A, Ferrer-Paris J R, Nicholson E, Kingsford R T. The IUCN Global Ecosystem Typology 2. 0: Descriptive profiles for biomes and ecosystem functional groups. Gland, Switzerland: IUCN, 2020.

［175］Linardich C, Sutton T T, Priede I G, et al. M2. 3 Bathypelagic ocean waters ［M］//Keith D A, Ferrer-Paris J R, Nicholson E, et al. The IUCN Global Ecosystem Typology 2. 0: Descriptive profiles for biomes and ecosystem functional groups. Gland, Switzerland: IUCN, 2020.

［176］Watts T. Science, Seamounts and Society ［J］. Geoscientist, 2019, 29 (7): 10 – 16.

［177］王琳, 张均龙, 徐奎栋. 海山生物多样性研究近 10 年国际发展态势与热点 ［J］. 海洋科学, 2022 (046 – 005).

［178］"Seamount". Encyclopedia of Earth. December 9, 2008. Retrieved 24 July 2010.

［179］谢伟, 殷克东. 深海海洋生态系统与海洋生态保护区发展趋势 ［J］. 中国工程科学, 2019, 21 (6): 8.

［180］Dover V, Lee C, Arnaud-Haond S, et al. Scientific rationale and international obligations for protection of active hydrothermal vent ecosystems from deep-sea mining ［J］. Marine Policy, 2018 (90): 20 – 28.

［181］Bernardino A F, Levin L A, Thurber A R, et al. Comparative Composition, Diversity and Trophic Ecology of Sediment Macrofauna at Vents, Seeps and Organic Falls ［J］. PLOS ONE, 2012, 7 (4).

［182］Xie W, Wang F, Guo L, et al. Comparative metagenomics of microbial communities inhabiting deep-sea hydrothermal vent chimneys with contrasting chemistries ［J］. ISME Journal, 2011, 5 (3): 414 – 426.

［183］Hinrichs K, Boetius A. The anaerobic oxidation of methane: new insights in microbial ecology and biogeochemistry ［M］//Wefer G, Billett D, Hebbeln D, er al. Ocean Margin Systems. Berlin, Heidelberg: Springer-Verlag, 2002: 457 – 477.

［184］Dekas A E, Poretsky R S, Orphan V J. Methane-consuming microbial consortia deep-sea archaea fix and share nitrogen in methane-consuming microbial consortia ［J］. Science, 2009, 326: 422 – 426.

［185］Boetius A, Wenzhoefer F. Seafloor oxygen consumption fuelled by methane from cold seeps ［J］. Nature Geoscience, 2013, 6 (9): 725 – 734.

［186］Levin L A. Ecology of cold seep sediments: interactions of fauna with flow, chemistry, and microbes ［M］//Oceanography and Marine Biology An Annual Review, 2005: 1 – 46.

［187］Cordes E E, Cunha M R, Galéron J, et al. The influence of geological, geochemical, and biogenic habitat heterogeneity on seep biodiversity ［J］. Marine Ecology, 2010, 31: 51 – 65.

［188］Ramirez-Llodra E, Tyler P A, Baker M C, et al. Man and the last great wilderness: human impact on the deep sea ［J］. PLOS ONE, 2011, 6 (8): e22588.

［189］Clark M R, Rowden A A, Schlacher T A, et al. Identifying Ecologically or Biologically Significant

Areas（EBSA）：A systematic method and its application to seamounts in the South Pacific Ocean ［J］. Ocean and Coastal Management，2014，91：65 – 79.

［190］Boschen R E，Rowden A A，Clark M R，et al. Mining of deep-sea seafloor massive sulfides：A review of the deposits，their benthic communities，impacts from mining，regulatory frameworks and management strategies ［J］. Ocean and Coastal Management，2013，84：54 – 67.

［191］何斌源，范航清，王瑁，赖廷和，王文卿. 中国红树林湿地物种多样性及其形成 ［J］. 生态学报，2007，11，4859 – 4870.

［192］彭逸生，周炎武，陈桂珠. 红树林湿地恢复研究进展 ［J］. 生态学报，2008，28（2）：786 – 797.

［193］王文卿，陈琼. 南方滨海耐盐植物资源 ［M］. 厦门大学出版社，2003.

［194］王文卿，石建斌，陈鹭真，等. 中国红树林湿地保护与恢复战略研究 ［M］. 中国环境出版社，2021.

［195］徐华林，刘赟锋，包强，曾立强，江世宏. 八点广翅蜡蝉对深圳福田红树林的危害及防治 ［J］. 林业与环境科学，2013，29（5）：26 – 30.

［196］周放，房慧玲，张红星等，2002. 广西沿海红树林区的水鸟 ［J］。广西农业生物科学，21（3）：145 – 150

［197］Chen J，Zhou H C，Wang C，et al. Short-term enhancement effect of nitrogen addition on microbial degradation and plant uptake of polybrominated diphenyl ethers （PBDEs） in contaminated mangrove soil ［J］. Journal of Hazardous Materials 2015，300：84 – 92.

［198］Chen J，Wang C，Shen Z J，et al. Insight into the long-term effect of mangrove species on removal of polybrominated diphenyl ethers （PBDEs） from BDE – 47 contaminated sediments ［J］. Science of the Total Environment 2017，575：390 – 399

［199］Giri C，Ochieng E，Tieszen L，et al. Status and distribution of mangrove forests of the world using earth observation satellite data ［J］. Global Ecology and Biogeography，2011，20（1）：154 – 159.

［200］Hamilton S，Casey D. Creation of high spatiotemporal resolution global database of continuous mangrove forest cover for the 21st century：a big-data fusion approach ［J］. Global Ecology and Biogeography，2016，25：729 – 738.

［201］Pan Y，Chen J，Zhou H，et al. Vertical distribution of dehalogenating bacteria in mangrove sediment and their potential to remove polybrominated diphenyl ether contamination ［J］. Marine Pollution Bulletin 2017，124：1055 – 1062.

［202］Por F D & Dor I. Hydrobiology of the Mangal ［M］. The Hague：Dr W Junk Publishers，1984.

［203］Zhu H W，Wang Y，Wang X W，et al. Intrinsic debromination potential of polybrominated diphenyl ethers in different sediment slurries ［J］. Environmental Science and Technology 2014，48：4724 – 4731.

［204］郇庆治. 中国应对全球气候变化政策 ［J］. 绿色中国 B 版，2019，4：38 – 41.

［205］吕达仁 & 丁仲礼. 应对气候变化的碳收支认证及相关问题 ［J］. 中国科学院院刊，2012，27：395 – 402.

［206］贺金生. 中国森林生态系统的碳循环：从储量、动态到模式 ［J］. 中国科学：生命科学，

2012, 42: 252 –254.

[207] Piao S, He Y, Wang X & Chen F. Estimation of China's terrestrial ecosystem carbon sink: Methods, progress and prospects [J]. Science China Earth Sciences, 2022, 65: 641 –651.

[208] 付玉杰, 田地, 侯正阳, 等. 全球森林碳汇功能评估研究进展 [J]. 北京林业大学学报 2022, 44: 1 –10.

[209] Gatti L V, Basso L S, Miller J B, et al. Amazonia as a carbon source linked to deforestation and climate change [J]. Nature, 2021, 595: 388 –393.

[210] Hubau W, Lewis S L, Phillips O L, et al. Asynchronous carbon sink saturation in African and Amazonian tropical forests [J]. Nature, 2020, 579: 80 –87.

[211] Yu G, Chen Z, Piao S, et al. High carbon dioxide uptake by subtropical forest ecosystems in the East Asian monsoon region [J]. Proceedings of the National Academy of Sciencesof the United States of America, 2014, 111: 4910 –4915.

[212] Zhou G, Liu S, Li Z, et al. Old-growth forests can accumulate carbon in soils [J]. Science, 2006, 314: 1417.

[213] Lucht W, Prentice C, Myneni R B, et al. Climatic Control of the High-Latitude Vegetation Greening Trend and Pinatubo Effect [J]. Science, 2002, 296: 1687 –1689.

[214] Schulte-Uebbing L & de Vries W. Global-scale impacts of nitrogen deposition on tree carbon sequestration in tropical, temperate, and boreal forests: A meta-analysis [J]. Global Change Biology, 2018, 24: e416 –e431.

[215] Lu X, Vitousek P M, Mao Q, et al. Nitrogen deposition accelerates soil carbon sequestration in tropical forests [J]. Proceedings of the National Academy of Sciencesof the United States of America, 2021, 118: e2020790118.

[216] Riutta T, Kho L K, Teh Y A, et al. Major and persistent shifts in below-ground carbon dynamics and soil respiration following logging in tropical forests [J]. Global Change Biology, 2021, 27: 2225 –2240.

[217] Tyukavina A, Hansen M C, Potapov P, et al. Congo Basin forest loss dominated by increasing smallholder clearing [J]. Science Advances, 2018, 4: eaat2993.

[218] Tang X, Zhao X, Bai Y, Tang Z, et al. Carbon pools in China's terrestrial ecosystems: New estimates based on an intensive field survey [J]. Proceedings of the National Academy of Sciencesof the United States of America, 2018, 115: 4021 –4026.

[219] Lu F, Hu H, Sun W, et al. Effects of national ecological restoration projects on carbon sequestration in China from 2001 to 2010 [J]. Proceedings of the National Academy of Sciencesof the United States of America, 2018, 115: 4039 –4044.

[220] 于贵瑞, 朱剑兴, 徐丽等. 中国生态系统碳汇功能提升的技术途径_ 基于自然解决方案 [J]. 中国科学院院刊, 2022, 37: 490 –501.

[221] Huang Y, Chen Y, Castro-Izaguirre N, et al. Impacts of species richness on productivity in a large-scale subtropical forest experiment [J]. Science, 2018, 362: 80 –83.

[222] Bongers F J, Schmid B, Bruelheide H, et al. Functional diversity effects on productivity increase with age in a forest biodiversity experiment [J]. Nature Ecology & Evolution, 2021, 5: 1594 –1603.

[223] Adams, B. T. , Root, K. V. Multi-scale responses of bird species to tree cover and development in an urbanizing landscape [J]. Urban Forestry & Urban Greening, 2022, 73: 127601.

[224] Bradley, C. A. , Altizer, S. Urbanization and the ecology of wildlife diseases [J]. Trends in Ecology and Evolution, 2006, 22 (2): 95 – 102.

[225] Bryant, G. L. , Kobryn, H. T. , Hardy, G. E. , et al. Habitat islands in a sea of urbanization [J]. Urban Forestry & Urban Greening, 2017, 28: 131 – 137.

[226] Buchholz, S. , Gathof, A. K. , Grsosmann, A. J. , et al. Wild bees in urban grasslands: Urbanization, functional diversity and species traits [J]. Landscape and Urban Planning, 2020, 196: 103731.

[227] Dorning, M. A. , Koch, J. , Shoemaker, D. A. , et al. Simulating urbanization scenarios reveals tradeoffs between conservation planning strategies [J]. Landscape and Urban Planning, 2015, 136: 28 – 39.

[228] Droz, B. , Arnoux, R. , Bohnenstengel, T. , et al. Moderately urbanized areas as a conservation opportunity for an endangered songbird [J]. Landscape and Urban Planning, 2019, 181: 1 – 9.

[229] Fattorini, S. Insect extinction by urbanization: A long term study in Rome [J]. Biological Conservation, 2011, 144: 370 – 375.

[230] Filippi-Codaccioni, O. , Devictor, V. , Clobert, J. , et al. Effects of age and intensity of urbanization on farmland bird communities [J]. Biological Conservation, 2008, 141: 2698 – 2707.

[231] Garaffa, P. I. , Filloy, J. , Bellocq, M. I. Bird community responses along urban-rural gradients: Does the size of the urbanized area matter [J]? Landscape and Urban Planning, 2009, 90: 33 – 41.

[232] Goddard, M. A. , Dougill, A. J. , Benton, T. G. Scaling up from gardens: biodiversity conservation in urban environments [J]. Trends in Ecology and Evolution, 2009, 25 (2): 90 – 98.

[233] Harveson, P. M. , Lopez, R. R. , Collier, B. A. , et al. Impacts of urbanization on Florida Key deer behavior and population dynamics [J]. Biological Conservation, 2007, 134: 321 – 331.

[234] Kowarik, I. Novel urban ecosystems, biodiversity, and conservation [J]. Environmental Pollution, 2011, 159: 1974 – 1983.

[235] Kristancic, A. , Kuehs, J. , Richardson, B. , et al. Biodiversity conservation in urban gardens- Pets and garden design influence activity of a vulnerable digging mammal [J]. Landscape and Urban Planning, 2022, 225: 104464.

[236] Kurucz, K. , Purger, J. , Batary, P. Urbanization shapes bird communities and nest survival, but not their food quantity [J]. Global Ecology and Conservation, 2021, 26: e01475.

[237] Li, X. , Jia, B. , Zhang, W. , et al. Woody plant diversity spatial patterns and the effects of urbanization in Beijing, China [J]. Urban Forestry & Urban Greening, 2020, 56: 126873.

[238] Mcdonald, R. I. , Kareiva, P. , Forman, R. T. The implications of current and future urbanization for global protected areas and biodiversity conservation [J]. Biological Conservation, 2008, 141: 1695 – 1793.

[239] Pauchard, A. , Aguayo, M. , Pena, E. , et al. Multiple effects of urbanization on the

biodiversity of developing countries: The case of a fast-growing metropolitan area (Concepcion, Chile) [J]. Biological Conservation, 2006, 127: 272 - 281.

［240］ Rose, J. P., Halstead, B. J., Packard, R. H., et al. Projecting the remaining habitat for the western spadefoot (Spea Hammondii) in heavily urbanized southern California [J]. Global Ecology and Conservation, 2022, 33: e01944.

［241］ Ruas, R., Santana, L., Bered, F. Urbanization driving changes in plant species and communities-A global view [J]. Global Ecology and Conservation, 2022, 38: e02243.

［242］ Uchida, K. Blakey, R. V., Burger, J. R., et al. Urban biodiversity and the importance of scale [J]. Trends in Ecology and Evolution, 2021, 36 (2), 123 - 131.

［243］ Vimal, R., Geniaux, G., Pluvinet, P., et al. Detecting threatened biodiversity by urbanization at regional and local scales using an urban sprawl simulation approach: Application on the French Mediterranean region [J]. Landscape and Urban Planning, 2012, 104: 343 - 355.

［244］ Wang, Y., Zhu, L., Yang, X., et al. Evaluating the conservation priority of key biodiversity areas based on ecosystem conditions and anthropogenic threats in rapidly urbanizing areas [J]. Ecological Indicators, 2022, 142: 109245.

［245］ Wenzel, A., Grass, I., Belavadi, V., et al. How urbanization is driving pollinator diversity and pollination-A systematic review [J]. Biological Conservation, 2020, 241: 108321.

［246］ Wenzel, A., Grass, I., Nolke, N., et al. Wild bees benefit from low urbanization levels and suffer from pesticides in a tropical megacity [J]. Agriculture, Ecosystems and Environment, 2022, 336: 108019.

［247］ Xu, X., Xie, Y., Qi, K., et al. Detecting the response of bird communities and biodiversity to habitat loss and fragmentation due to urbanization [J]. Science of the Total Environment, 2018, 624: 1561 - 1576.

［248］陈婷，雍娟，何澳. 新加坡城市生物多样性保护经验对我国的启示 [J]. 园林与景观设计，2021，18 (401): 163 - 167.

［249］丛日晨，张颢，陈晓. 论生物入侵与园林植物引种 [J]. 中国园林，2003，3: 32 - 35.

［250］董笑语，黄涛，潘雪莲等. 深圳市陆域野生保护动植物热点分布区辨识及保护对策 [J]. 生态学杂志，2020，39 (11): 3722 - 3737.

［251］鞠瑞亭，李博. 城市绿地外来物种风险分析体系构建及其在上海世博会管理中的应用 [J]. 生物多样性，2012，20 (1): 12 - 23.

［252］刘晖，许博文，陈宇. 城市生境及其植物群落设计：西北半干旱区生境营造研究 [J]. 风景园林，2020，27 (4): 36 - 41.

［253］马克平. 生物多样性监测依赖于地面人工观测与先进技术手段的有机结合 [J]. 生物多样性，2016，24 (11): 1201 - 1202.

［254］毛齐正，黄甘霖，邬建国. 城市生态系统服务研究综述 [J]. 应用生态学报，2015，26 (4): 1023 - 1033.

［255］毛齐正，马克明，邬建国等. 城市生物多样性分布格局研究进展 [J]. 生态学报，2013，33 (4): 1051 - 1064.

［256］熊立春，程宝栋，曹先磊．居民对城市生物多样性的保护态度及其影响因素－以成都市温江区为例［J］．城市问题，2017，10：97－103．

［257］郭喜铭，邱长生．浅谈生态农业的可持续发展［J］．现代农业，2014（11）：1．

［258］Kiley-Worthington M．Problems of modern agriculture［J］．Food Policy，1980，5（3）：208－215．

［259］Kiley-Worthington M．Ecological agriculture. What it is and how it works［J］．Agriculture and Environment，1981，6（4）：349－381．

［260］廖允成，林文雄．农业生态学［M］．中国农业出版社．2011，246．

［261］叶谦吉．生态农业——我国农业的一次绿色革命［R］．全国首届农业生态经济学术讨论会，1982

［262］叶谦吉．叶谦吉文集——生态需要与生态文明建设［M］．社会科学文献出版社，1986：80．

［263］吴万夫．关于海洋渔业的持续发展问题［J］．海洋渔业，1998，20（1）：4．

［264］苟在坪．大力发展农业循环经济是实现农业可持续发展的有效途径［J］．再生资源与循环经济，2008（09）：43－46．

［265］农业部和发展改革委．全国农业可持续发展规划（2015—2030年）［EB/OL］．2015，http：//www. gov. cn/xinwen/2015－05/28/content_ 2869902. htm

［266］魏鼎才，徐一，江昊，等．种养结合型生态农业循环经济模式［J］．生态环境与保护，2020，3（5）：28－29．

［267］王军玺，聂申奥，唐奕妍．种养结合生态循环农业的模式研究与实践［J］．现代农业研究，2022，28（5）：3．

［268］王晓武．种养结合绿色循环农业模式研究——以玉米－牛羊－蚯蚓－鸡－肥模式为例［J］．山西农经，2016（9）：2．

［269］蒲蛰龙．昆虫病理学［M］．广东科技出版社，1994．13．

［270］农业农村部，国家发展改革委，科技部，自然资源部，生态环境部．国家林草局关于印发《"十四五"全国农业绿色发展规划》的通知（农规发［2021］8号）［J］．中华人民共和国农业农村部公报，2021（9）：6－20．

［271］秦思源，孙贺廷，耿海东等．野生动物与外来人兽共患病［J］．野生动物报，2019，40（01）：204－208. DOI：10. 19711/j. cnki. issn 2310－1490. 2019. 01. 035．

［272］Jiao Y，Lee T M．China's conservation strategy must reconcile its contemporary wildlife use and trade practices［J］．Frontiers in Ecology and Evolution，2021，9．

［273］Chinese Academy of Engineering（2017）．The strategic research report on the sustainable development of wildlife farming in China．

［274］邵光学．新中国成立以来野生动物保护法制建设回顾及展望［J］．野生动物学报，2021，42（03）．

［275］李禾．野生动物保护面临来自网络的新挑战［N］，科技日报社网，2022－08－08．

［276］王凤昆，李艳，姜广顺．东北虎栖息地历史分布、种群数量动态及其野外放归进展［J/OL］．野生动物学报，（2022－09－28）（1－12）. http：//kns. cnki. net/kcms/detail/23. 1587. S.

20220920. 1541. 002. html

[277] Qi, J., Gu, J., Ning, Y., Miquelle, D. G., Holyoak, M., Wen, D., et al., 2021. Integrated assess-ments call for establishing a sustainable meta-population of Amur tigers in NortheastAsia [J]. Biol. Conserv. 261, 109250.

[278] 赵乃政、刘帅、王超:《东北虎豹国家公园:探索野生动物保护新路径》[N],吉林日报,2022 – 03 – 05(https://www.cailianxinwen.com/app/news/shareNewsDetail?newsid = 310786).

[279] 陈丹,肖莉春,曾志燎. 中华穿山甲生态学及人工圈养研究现状 [J]. 南方农业,2021,15 (33):1 – 4 + 10.

[280] Hua L, Gong S, Wang F, et al. Captive breeding of pangolins: current status, problems and future prospects. Zookeys [J]. 2015 (507):99 – 114.

[281] 谭爱军,余玲江. 我国亚洲象的分布与保护 [J]. 防护林科技,2015 (05):89 – 91.

[282] 赵思桃,孔芳菲,田恬. 亚洲象迁移过程中与人类冲突现状调查及对策建议——以西双版纳傣族自治州为例 [J]. 中国林副特产,2022 (01):63 – 66.

[283] 王秋蓉. 探索面向碳中和的绿色建筑"中国方案"——访清华大学建筑学院教授朱颖心 [J]. 可持续发展经济导刊,2022 (03):32 – 35.

[284] 北京冬奥会排放的碳是怎么被"中和"的? [J]. 广西节能,2022 (01):22 – 23.

[285] 佚名:国内自愿碳减排第一单交易在北京环境交易所达成[J]/[OL]. (2015 – 10 – 12). https://www. cbeex. com. cn/article/cgal/201010/20101000024409. shtml.

[286] 王科,李思阳. 中国碳市场回顾与展望(2022)[J]. 北京理工大学学报(社会科学版),2022,24 (02):33 – 42. ?

[287] 习近平. 共同构建人类命运共同体——在瑞士日内瓦万国宫出席"共商共筑人类命运共同体"高级别会议上的演讲 [N],人民日报,2017 – 1 – 20 (2)。

[288] 邱海峰:共建"一带一路"取得新发展成果 [N],人民日报海外版,2022 – 08 – 19 (3)。

[289] Van Eeden L, Nimmo D, Mahony M, et al. Australia's 2019—2020 Bushfires: The Wildlife Toll. Australia: WWF, 2020.

[290] an Der Velde I R, Van Der Werf G R, Houweling S, et al. Vast CO2 release from Australian fires in 2019—2020 constrained by satellite. [J] Nature, 2021, (597):366 – 369.

[291] 习近平. 共谋绿色生活,共建美丽家园——在2019年中国北京世界园艺博览会开幕式上的讲话 [N].《人民日报》,2019 – 04 – 29。

[292] 周国梅,史育龙,阿班·马克·卡布拉基等. 绿色"一带一路"与2030年可持续发展议程:有效对接与协同增效 [M]. 北京:中国环境出版集团,2021.

[293] 国冬梅,涂莹燕. "一带一路"建设环保要求与对策研究 [M]//中国 – 东盟环境保护合作中心. "一带一路"环境保护研究蓝皮书:沿线重点国家生态环境状况报告. 北京:中国环境出版社,2014.

[294] 李丹,李凌羽. "一带一路"生态共同体建设的理论与实践 [J]. 厦门大学学报(哲学社会科学版),2020.

[295] Nedopil Wang C B. China's Investments in the Belt and Road Initiative (BRI) in 2020 [R]. Beijing: Green BRI Center, International Institute of Green Finance (IIGF), 2021.

［296］Liu X，Blackburn TM，Song T J，et al. Risks of biological invasion on the Belt and Road［J］. Current Biology，2019，29（3）：499－505.

［297］Li N & Shvarts E. The Belt and Road Initiative：WWF Recommendations and Spatial Analysis［R］. WWF，2017.

［298］Hughes Alice C. Understanding and minimizing environmental impacts of the Belt and Road Initiative［J］. Conservation Biology，2019，33，883－894.

［299］Narain D，Maron M，Teo H C，et al. Best-practice biodiversity safeguards for Belt and Road Initiative's financiers［J］. Nature Sustainability，2020，3，650－657.

［300］张准、周密、宗建亮：美国西进运动对环境的破坏及其对我国西部开发的启示［J］. 生产力研究，2008（22）.

［301］汤盈之. 解读｜绿色渐成"一带一路"的鲜明底色［J］. 环境与生活，2022（06）.

［302］Nedopil Wang C B. China's Investments in the Belt and Road Initiative（BRI）in 2020［R］. Beijing：Green BRI Center，International Institute of Green Finance（IIGF），2021.

［303］李巍、毛显强、周思杨等. "一带一路"重点区域（国家）环境影响评价体系研究报告［J］/［OL］.（2019－04－24）. http://www. nrdc. cn/Public/uploads/2019－04－24/5cbfd70c37eed. pdf.

［304］Ascensao F，Fahrig L，Clevenger A P，et al. Environmental challenges for the Belt and Road Initiative［J］. Nature Sustainability，2018，1，206－209.

［305］周国梅. 推动共建绿色"一带一路"凝聚全球环境治理合力［J］. 丝路百科，2021（01）.

［306］"一带一路"绿色发展国际联盟，生态环境部对外合作与交流中心. "一带一路"绿色发展案例报告（2020）［R/OL］.（2020－11－30）. http://www. brigc. net/zcyj/yjkt/202011/P020201129755133725193. pdf.

［307］Tumendemberel O，Proctor M，Reynolds H，et al. Gobi bear abundance and movement survey，Gobi desert，Mongolia［J］. Ursus，2015，26（2）：129－142.

［308］霍文：中国援蒙戈壁熊保护项目取得阶段性成果.［J］/［OL］.（2020－03－06）. http://world. people. com. cn/n1/2020/0306/c1002－31621042. html.

［309］Cyranoski D. Why Chinese medicine is heading for clinics around the world［J］. Nature，2018，561：448－450.

［310］民进中央. 构建大宗商品的全球绿色价值链推进绿色"一带一路"建设［J］. 民主，2017（09）.

［311］Hinsley A，Milner-Gulland E J，Cooney R，et al. Building sustainability into the Belt and Road Initiative's T raditional Chinese Medicine trade［J］. Nature Sustainability，2020，3，96－100.

［312］曹娜. 当前我国棕榈油进口快速增长的原因分析［J］. 中国油脂，2020（11）。

［313］"一带一路"绿色发展国际联盟. "一带一路"生物多样性保护案例报告［R/OL］.（2021－10－25）. http://www. brigc. net/zcyj/bgxz/2021/202110/P020211025594625270491. pdf.

［314］Cyranoski D. Why Chinese medicine is heading for clinics around the world［J］. Nature，2018，561：448－450.

［315］民进中央. 构建大宗商品的全球绿色价值链推进绿色"一带一路"建设［J］. 民主，2017（09）期.

［316］Hinsley A, Milner-Gulland E J, Cooney R, et al. Building sustainability into the Belt and Road Initiative's Traditional Chinese Medicine trade［J］. Nature Sustainability, 2020,（3）: 96 – 100.

［317］曹娜: 当前我国棕榈油进口快速增长的原因分析［J］. 中国油脂 2020 年（11）

［318］"一带一路"绿色发展国际联盟. "一带一路"生物多样性保护案例报告［J］/［OL］.（2021 – 10 – 25）. http://www.brigc.net/zcyj/bgxz/2021/202110/P020211025594625270491.pdf.

［319］Yang S, Liao B, Yang Z, et al. Revegetation of extremely acid mine soils based on aided phytostabilization: A case study from southern China［J］. Science of The Total Environment, 2016, 562: 427 – 434.

［320］Dobson A P, Bradshaw A D, Baker A J M. Hopes for the future: restoration ecology and conservation biology［J］. Science, 1997, 277（5325）: 515 – 522.

［321］Jia P, Liang J, Yang S, et al. Plant diversity enhances the reclamation of degraded lands by stimulating plant – soil feedbacks［J］. Journal of Applied Ecology, 2020, 57（7）: 1258 – 1270.

［322］Huang L N, Kuang J L, Shu W S. Microbial ecology and evolution in the acid mine drainage model system［J］. Trends in microbiology, 2016, 24（7）: 581 – 593.

［323］Kuang J L, Huang L N, Chen L X, et al. Contemporary environmental variation determines microbial diversity patterns in acid mine drainage［J］. The ISME journal, 2013, 7（5）: 1038 – 1050.

［324］Kuang J, Huang L, He Z, et al. Predicting taxonomic and functional structure of microbial communities in acid mine drainage［J］. The ISME journal, 2016, 10（6）: 1527 – 1539.

［325］Hua Z S, Han Y J, Chen L X, et al. Ecological roles of dominant and rare prokaryotes in acid mine drainage revealed by metagenomics and metatranscriptomics［J］. The ISME journal, 2015, 9（6）: 1280 – 1294.

［326］Chen Y, Li J, Chen L, et al. Biogeochemical processes governing natural pyrite oxidation and release of acid metalliferous drainage［J］. Environmental science & technology, 2014, 48（10）: 5537 – 5545.

［327］Li J T, Duan H N, Li S P, et al. Cadmium pollution triggers a positive biodiversity – productivity relationship: evidence from a laboratory microcosm experiment［J］. Journal of Applied Ecology, 2010, 47（4）: 890 – 898.

［328］Shu W S, Ye Z H, Zhang Z Q, et al. Natural colonization of plants on five lead/zinc mine tailings in Southern China［J］. Restoration Ecology, 2005, 13（1）: 49 – 60.

［329］Liao B, Huang L N, Ye Z H, et al. Cut-off Net acid generation pH in predicting acid-forming potential in mine spoils［J］. Journal of Environmental Quality, 2007, 36（3）: 887 – 891.

［330］Chen Y, Li J, Chen L, et al. Biogeochemical processes governing natural pyrite oxidation and release of acid metalliferous drainage［J］. Environmental science & technology, 2014, 48（10）: 5537 – 5545.

［331］《环境科学大辞典》编委会. 环境科学大辞典（修订版）［M］. 中国环境科学出版社, 2008.

［332］仝军生. 我国水污染现状及防治策略［J］. 统计与管理, 2015,（12）: 88 – 89.

［333］雷芳. 粪便污水处理技术的研究现状［J］. 广东化工, 2011, 38（04）: 170 – 172.

［334］陈利娟，朱哲，杨萍，裴浩言. 浅析新时代农村污水排放现状及治理对策研究［J］. 清洗世界，2020，35（12）：39-40.

［335］谢林花，吴德礼，张亚雷. 中国农村生活污水处理技术现状分析及评价［J］. 生态与农村环境学报，2018，34（10）：865-870.

［336］肖烨，黄志刚，李友凤，张泽模，李连声，张元渊. 城市生活污水处理技术优化与应用［J］. 广东化工，2021，48（18）：148-149.

［337］韩昆. 浅谈工业废水处理方法及回收利用［J］. 皮革制作与环保科技，2022，3（08）：16-18.

［338］Qu J，Wang H，Wang K，et al. Municipal wastewater treatment in China：Development history and future perspectives［J］. Frontiers of Environmental Science & Engineering，2019，13（6）：1-7.

［339］房阔，王凯军. 我国地下式污水处理厂的发展与生态文明建设［J］. 给水排水，2021，57（8）：49-55.

［340］夏云峰，周艳，王涛，等. 地下式污水处理厂 AAO + MBR 工艺的应用［J］净水技术，2022，41（8）：140-145，162.

［341］侯锋，王凯军，曹效鑫，等.《地下式城镇污水处理厂工程技术指南》解读［J］. 中国环保产业，2020（1）：20-25.

［342］陈贻龙. 地下式 MBR 工艺在广州京溪污水处理厂的应用［J］. 给水排水，2010，46（7）：51-54.

［343］邱明，杨书平. 地下式污水处理厂工程设计探讨与实例［J］. 中国给水排水，2015，31（12）：48-51.

［344］王雅楠. 江地下式集约化污水处理厂设计方案［J］. 净水技术，2020，39（6）：38-42.

［345］河北省自然资源厅（海洋局）. 论我国水生态安全及治理［J］/［OL］.（2018-10-24）. http://zrzy.hebei.gov.cn/heb/gongk/gkml/kjxx/kjfz/201540272372476.html

［346］顾兆洋. 市政污水处理工艺与污水回用利用技术［J］. 资源节约与环保，2022（05）：7275.

［347］史金卓. 膜法水处理技术在工业污水回用中的应用［J］. 天津化工，2022，36（03）：52-54.

［348］王鹤立，陈雷，程丽，李相峰. 再生水回用于景观水体的水质标准探讨［J］. 中国给水排水，2001（12）：31-35.

［349］李瑾. 城市景观水污染现状及处理技术［J］. 黑龙江科学，2021，12（18）：157-159.

［350］Philip J L. Air pollution and health［J］. Lancet，2016（2）：4-5.

［351］GBD 2015 Risk Factors Collaborators. Global，regional，and national comparative risk assessment of 79 behavioural，environmental and occupational，and metabolic risks or clusters of risks，1990-2015：a systematic analysis for the Global Burden of Disease Study 2015［J］. Lancet，2016（388）：1659-1724.

［352］Prüss-üstun A，Wolf J，Corvalán C，et al. Preventing disease through healthy environments. A global assessment of the burden of disease from environmental risks［R］. World Health Organization，Geneva. 2016，176. http://www.thelancet.com/journals/lanpub/article/PIIS2468-2667（16）30023-8/fulltext

［353］中国人民共和国自然资源部. 大气污染的历史［EB/OL］. 2008. https://www.mnr.gov.cn/zt/

hd/dqr/39/dzyhj/200804/t20080419_ 2052672.html.

［354］World Health Organization. WHO global air quality guidelines. Particulate matter（PM2.5 and PM10），ozone，nitrogen dioxide，sulfur dioxide and carbon monoxide［M］. 2021. ISBN 978 – 92 – 4 – 003422 – 8

［355］施惠平，单宝荣. 急性一氧化碳中毒对人体危害的研究近况（综述）［J］. 中国城乡企业卫生，2005（6）.

［356］聂书伟，许昌泰. 芳香烃受体及其对人体的危害研究现状［J］. 医学综述，2011（17）.

［357］李红，曾凡刚，邵龙义，等. 可吸入颗粒物对人体健康危害的研究进展［J］. 环境与健康杂志，2002（19）.

［358］中华人民共和国生态环境部. 2018—2020 年全国恶臭/异味污染投诉情况分析［EB/OL］. 2021. https://www.mee.gov.cn/xxgk2018/xxgk/sthjbsh/202108/t20210802_ 853623.html

［359］中华人民共和国统计局. 中国统计年鉴［M］. 北京：中国统计出版社. 2022.

［360］Bian R，Xin D，Chai X. A simulation model for estimating methane oxidation and emission from landfill cover soils［J］. Waste Management，2018（77）：426 – 434.

［361］Plaza C，Xu Q，Townsend T，et al. Evaluation of alternative landfill cover soils for attenuating hydrogen sulfide from construction and demolition（C&D）debris landfills［J］. Journal of Environmental Management，2007（84）：314 – 322.

［362］Solan P J，Dodd V A，Curran，T P. Evaluation of the odour reduction potential of alternative cover materials at a commercial landfill［J］. Bioresource Technology，2010（101）：1115 – 1119.

［363］Reddy K R，Yargicoglu，E N，Yue，D，et al. Enhanced microbial methane oxidation in landfill cover soil amended with biochar［J］. Journal of Geotechnical and Geoenvironmental Engineering，2014（140）：04014047.

［364］Huang，D. Odour and gas emissions，odour impact criteria，and dispersion modelling for dairy and poultry barns［D］. Ph. D. Thesis. Biological Engineering，University of Saskatchewan. 2018.

［365］乔娟. 畜牧业规模养殖用地难：问题与原因［J］. 中国畜牧杂志，2014（50）.

［366］杨彩春，陈琼，陈顺友，等. 我国楼房养猪发展现状的浅析及改进措施探讨［J］. 猪业科学，2020（37）.

［367］张晶. 典型生活垃圾填埋场恶臭污染特征研究［D］. 北京：清华大学环境学院，2012.

［368］国家环境保护局. GB/T 14675 – 1993 空气质量恶臭的测定三点比较式臭袋法［S］. 1994.

［369］CEN 13725：Air quality determination of odour concentration by dynamic olfactometry［S］. European Committee for Standardization，Brussels. 2003.

［370］杨伟伟，李振基，安珏，等. 植物挥发性气体（VOCs）研究进展［J］. 生态学杂志，2008（27）.

［371］路洋，郭阳，杜再江，等. 植物释放 VOCs 的研究［J］. 化工科技，2013（21）.

［372］何念鹏，韩兴国，潘庆民. 植物源 VOCs 及其对陆地生态系统碳循环的贡献［J］. 生态学报，2005（25）.

［373］王文兴，柴发合，任阵海，等. 新中国成立 70 年来我国大气污染防治历程、成就与经验［J］. 环境科学研究，2019（32）.

［374］Oficialdegui, F. J. Conquering the world: the invasion of the red swamp crayfish ［J］. Frontiers for Young Minds, 2020, 8: 26.

［375］Brynildsrud et al. Global expansion of Mycobacterium tuberculosis lineage 4 shaped by colonial migration and local adaptation ［J］. Science Advances, 2018, 4: eaat5869.

［376］［法］弗洛朗斯·蒂娜尔（著），［法］雅尼克·富里耶（绘）. 探险家的传奇植物标本簿［M］. 魏舒（译）. 北京：北京联合出版社，2017.

［377］van Kleunen, M., et al. The changing role of ornamental horticulture in alien plant invasions ［J］. Biological Reviews, 2018, 93: 1421–1437.

［378］Pimentel D., et al. Update on the environmental and economic costs associated with alien-invasive species in the United States ［J］. Ecological Economics, 2005, 52: 273–288.

［379］Howard, L. O. The spread of land species by the agency of Man; with especial reference to insects ［J］. Proceedings of the American Association for the Advancement of Science, 1897, 46: 3–26.

［380］Cardotte, M. W. Darwin to Elton: early ecology and the problem of invasive species ［M］. In: M. W. Cardotte, et al.（eds）. Conceptual Ecology and Invasion Biology. Springer: Netherlands, 2006.

［381］Dickie, I. A., et al. The emerging science of linked plant-fungal invasions ［J］. New Phytologist, 2017, 215: 1314–1332.

［382］Maron, J. L., et al. Rapid evolution of an invasive plant ［J］. Ecological Monographs, 2004, 74（2）: 261–280.

［383］Davis, M. et al. Don't judge species on their origins ［J］. Nature, 2011, 474: 153–154.

［384］Weidlich, E. W. A. et al. Controlling invasive plant species in ecological restoration: A global review ［J］. Journal of Applied Ecology, 2019, 57: 1806–1817.

［385］廖慧璇等. 外来入侵植物的生态控制 ［J］. 中山大学学报（自然科学版），2021，60（4）：1–11.

［386］王书平，汤奇婷. 严防外来物种入侵 用科技织牢国家生物安全防护网 ［N］. 科技日报，2022–03–04. 原文链接：http://www.customs.gov.cn/customs/xwfb34/mtjj35/4213249/index.html.

［387］张毅波. 加强国际合作 共同解决外来生物入侵问题. ［J］/［OL］.（2017–12–01）. https://www.caas.cn/xwzx/xzhd/284926.html.

［388］Giovos, I. et al. On Darwin's steps: Citizen science can help keep an eye on alien species ［J］. Frontiers for Young Minds, 2021, 9: 520201.

［389］蛋壳科普社. 假如老鼠消失，会给地球带来什么变化呢？［J］/［OL］.（2022–10–13）. https://baijiahao.baidu.com/s?id=1746558633516741457&wfr=spider&for=pc）.

［390］人民资讯. 如果地球上的老鼠全部消失，对人类有什么影响吗？［J］/［OL］.（2020–10–27）. https://baijiahao.baidu.com/s?id=1681660939395710118&wfr=spider&for=pc）.